延安大学 2016 年度校级科研项目"浅水三角洲分流河道砂体储层质量及内部构型研究"（YD2016-04）

鄂尔多斯盆地中南部延长组致密砂岩储层质量差异研究

吴小斌　著

西南交通大学出版社
·成　都·

内容简介

非常规致密油气的勘探开发是近年来油气公司增储上产取得突破的重要领域，本书结合作者及其团队多年的研究成果，以鄂尔多斯盆地内典型区块为例，介绍了河流三角洲沉积体系下低渗致密储层的质量差异。全书共 8 章，在参考大量翔实露头资料的基础上，分别对砂岩储层特征、成岩作用、储层宏观/微观结构、裂缝、储层质量主控因素及有效性评价进行了系统的研究，最后探讨了试验区不同开发模式下的效果评价。本书适合油气田开发地质研究人员、技术人员及石油院校相关专业师生参考使用。

图书在版编目（CIP）数据

鄂尔多斯盆地中南部延长组致密砂岩储层质量差异研究/ 吴小斌著. —成都：西南交通大学出版社，2020.3

ISBN 978-7-5643-7396-2

Ⅰ. ①鄂… Ⅱ. ①吴… Ⅲ. ①鄂尔多斯盆地 – 致密砂岩 – 砂岩储集层 – 研究 Ⅳ. ①P618.130.2

中国版本图书馆 CIP 数据核字（2020）第 043563 号

E'erduosi Pendi Zhongnanbu Yanchangzu Zhimi Shayan Chuceng Zhiliang Chayi Yanjiu

鄂尔多斯盆地中南部延长组致密砂岩储层质量差异研究

吴小斌　著

责 任 编 辑	李　伟
助 理 编 辑	韩洪黎
封 面 设 计	墨创文化
出 版 发 行	西南交通大学出版社 （四川省成都市金牛区二环路北一段 111 号 西南交通大学创新大厦 21 楼）
发行部电话	028-87600564　028-87600533
邮 政 编 码	610031
网　　　址	http://www.xnjdcbs.com
印　　　刷	四川煤田地质制图印刷厂
成 品 尺 寸	170 mm × 230 mm
印　　　张	18.75　　　　　字　数　318 千
版　　　次	2020 年 3 月第 1 版　印　次　2020 年 3 月第 1 次
书　　　号	ISBN 978-7-5643-7396-2
定　　　价	68.00 元

图书如有印装质量问题　本社负责退换

版权所有　盗版必究　举报电话：028-87600562

前言

近年来，非常规致密的勘探与开发是当今石油领域研究的重点与热点。以鄂尔多斯盆地延长组为典型的浅水河流-三角洲沉积，发育了多套组合，厚层、连片的致密砂岩储集体。然而，研究区内致密储层具有沉积相变快、砂体分布复杂、成岩及储层质量差异大等特点，其开发模式尚在探索之中。

本书以盆地内典型区块为例，通过露头、测井、岩心、测试分析等动静资料，对致密砂岩储层的特征及成岩作用、储层宏观/微观结构、裂缝、储层质量主控因素及有效性评价进行了系统的研究，探讨了试验区不同开发模式下的效果评价。研究成果对研究区油气资源的高效勘探开发具有一定的现实和指导意义。

取得了以下主要成果与认识：

（1）通过对露头及实际井地层构造数据的分析，结果表明各油层组起伏较为平缓，局部发育小型鼻状隆起构造；东北、西南物源在黄陵为混源交汇区，且受东北物源影响较大，浅湖发育三角洲前缘沉积，其中水下分流河道和河口坝是重要的储集砂体；半深湖发育深湖重力流沉积，可划分出浊积水道、浊积水道侧翼和深湖泥等微相类型。研究区长7烃源岩为主要油气来源，形成下生上储为主的近源成藏组合。长7烃源岩存在的异常过剩压力是延长组油气运移的主要动力，油气藏的形成和分布受沉积相及优质储层、烃源岩、微构造及裂缝等多重因素的控制。有利目标区块主要分布在有利沉积相带、优质储层区、过剩压力漏斗区，以及微构造隆起的复合重叠区域。

（2）储层主要为中-细粒、细粒长石砂岩，填隙物类型主要为自生黏土矿物和碳酸盐胶结物，发生压实作用、胶结作用以及溶蚀作用，成岩阶段处于中成岩的A期，储集空间以粒间孔和溶蚀孔隙为主；孔隙结构以中、中高排驱压力，微细、微喉道为主要特征，局部出现低排驱压力细喉型的毛管压力曲线。

通过选取孔隙度、渗透率、中值压力、门槛压力等参数，将研究区致密油储层分为Ⅰ~Ⅳ类，其中Ⅰ类最好，Ⅳ类最差。ⅠA 类储层其孔隙内可动流体饱和度大于 45%，大孔隙发育，可动流体都储存于大孔隙内，排驱压力小于 0.5 MPa，中值压力小于 5 MPa，主流喉道半径大于 0.7 μm，平均孔喉比小于 180，喉道半径较大，孔喉比较小，储层流动能力较强。直井开发表明，全年以一个产量稳定生产（约 0.3 t/d），含水率比较稳定。

（3）长 6 储层压裂缝，一般与天然裂缝产生耦合，形成沿最大水平主应力方向（北北东—北东东）延伸的垂直裂缝。通过"水平井+体积压裂"大幅提高了裂缝与储层的总接触面积。从研究区井下微地震的监测结果来看，入地液量与裂缝带长度均较大，保证了研究区水平井初期的生产能力。水平井生产动态整体表现为初期产量较高（10 t/d 以上），产量递减快，投产 3~5 个月后，产量递减均在 50%以上（日产油低于 5 t/d），投产 1 年后单井平均日产油 3 t/d。

本书由吴小斌编著。在编写过程中，得到了延长油田、长庆油田、西北大学、西安石油大学等单位专家学者的大力支持和帮助，并得到了延安大学 2016 年度校级科研项目"浅水三角洲分流河道砂体储层质量及内部构型研究"（YD2016-04）及延长油田横向课题的资助，书中还引用或摘录了其他研究者的研究成果，在参考文献中均予以列出，在此一并致谢。若有遗漏或引用不当，敬请批评指正。

当前，国内致密油气的研究仍处在一个探索研究阶段，部分认识、观点难免有表达不当之处，敬请广大读者批评指正。

作　者

2020 年 1 月

目录

第 1 章　绪　论 ··· 1
　　1.1　研究目的及意义 ·· 1
　　1.2　国内外研究现状及发展趋势 ····································· 2
　　1.3　实验室分析测试技术及研究技术思路 ······················ 15
　　1.4　主要工作 ·· 22
　　1.5　主要成果 ·· 23

第 2 章　野外露头调查 ·· 25
　　2.1　延河剖面 ·· 25
　　2.2　铜川剖面 ·· 40

第 3 章　地层划分与对比 ··· 55
　　3.1　延长组地层特征 ··· 56
　　3.2　地层划分与对比的依据和方法 ································ 59
　　3.3　地层分布特征 ··· 70

第 4 章　构造背景及微构造特征 ·· 74
　　4.1　胡尖山区域构造 ··· 74
　　4.2　彭阳-镇北区域构造 ·· 77
　　4.3　吴起油田区域构造 ··· 81

第 5 章　沉积微相研究 ·· 88
　　5.1　研究区区域沉积背景 ·· 88
　　5.2　沉积物源分析 ··· 94
　　5.3　沉积微相标志及类型 ··· 100
　　5.4　沉积微相分析 ·· 110

  5.5 延长组沉积相模式 ······ 114
  5.6 砂体及沉积微相平面展布特征 ······ 121

第 6 章 储层质量特征研究 ······ 127
  6.1 储层岩石学 ······ 127
  6.2 储层物性 ······ 158
  6.3 储层非均质性 ······ 162
  6.4 有效厚度标准 ······ 178
  6.5 渗流特征 ······ 204
  6.6 油藏特征 ······ 216

第 7 章 裂缝发育特征研究 ······ 219
  7.1 储层裂缝特征研究方法探讨 ······ 220
  7.2 黄陵探区裂缝研究 ······ 221
  7.3 吴起地区裂缝研究 ······ 233

第 8 章 储层质量及开发综合评价 ······ 250
  8.1 评价参数的选取 ······ 250
  8.2 储层综合评价 ······ 251
  8.3 试采验证 ······ 263
  8.4 生产数据验证 ······ 269
  8.5 水平井开发效果分析 ······ 271
  8.6 水平井衰竭式开发机理及影响因素分析 ······ 280

参考文献 ······ 284

第 1 章　绪　论

1.1　研究目的及意义

中国的石油总资源量为 9.4×10^{10} t，低渗透石油资源量为 2.107×10^{10} t，占 22.41%。国外也早已用事实证明了致密砂岩储层中储藏有可观的油气资源量。到 2020 年，美国在致密砂岩气藏中的天然气产量将增至全美天然气供给量的 1/3，到 2030 年将达到全美天然气总产量的 1/2。中国的准噶尔盆地、鄂尔多斯盆地以及四川盆地西部均发现了储量巨大的致密砂岩气藏；不仅如此，松辽、渤海湾、南襄、苏北、江汉、塔里木、吐哈等盆地也均发现了致密砂岩天然气储层的分布。

众所周知，大多数低渗透油藏为岩性圈闭油藏或岩性-构造圈闭油藏。致密砂岩储层在固结成岩之后，在深埋藏过程中，一般都经历了较强的机械压实作用和胶结作用，使得此类储层岩性致密、物性差、非均质性强、油气藏压力系数低、圈闭幅度低、自然产能低，这些特征决定了此类储层的勘探与开发的难度。要高效勘探此类储层，需从致密砂岩的形成机理入手，明确致密储层形成的主要因素，进而探寻优质储层的分布规律，而优质储层发育区域往往是油气富集区。

鄂尔多斯盆地延长组碎屑岩油气藏主要蕴藏于非构造及复合的低渗透砂岩圈闭中，勘探难度较大，储层砂体的精细对比、沉积体系的精细刻画与储层发育特征成为制约油气勘探的瓶颈，这些都是当前亟须解决的难题。由于受到多物源控制，储层特征纵横向差异较大，低渗透致密化特征明显，致密储层发育的控制因素、致密砂岩的致密化过程与油气富集的关系不清楚，延长组的勘探进展较为缓慢。致密砂岩储层是重要的储油砂体，同时也是今后剩余油挖潜的重要目标，特别是受"中观"规模和储层质量差异控制的剩余油，这些成为目前研究的重点和热点问题之一。然而，国内关于致密砂岩储层质量差异研究的著作并不多见。

本书在充分结合学科前沿及热点问题探讨的基础上，通过以鄂尔多斯盆地中南部延长组多个区块为研究对象，从高分辨率等时地层对比入手，在精细露头研究基础上，初步建立了露头与地下储层地层的对比关系，深化了对储层的宏观认识；综合应用地质、录井、测井、岩心等资料，分析了河流-三角洲及深湖重力流不同沉积模式控制的致密砂岩质量差异；采用铸体薄片、扫描电镜、核磁共振、恒速压汞等测试方法对储层岩石学特征、孔隙结构、裂缝发育特征、敏感性及渗流特征进行翔实刻画；结合储层成岩作用、孔隙定量演化、致密机理、流动单元等方面的研究，进一步分析探讨了砂体内部构成的不均一性，进而提炼出研究区致密砂岩储层发育控制因素及其致密化机理，从而为低渗透致密砂岩储层优势储集体刻画与预测提供地质依据，对鄂尔多斯盆地中南部有利油气藏勘探区带优选和井位部署具有非常重要的指导意义。

1.2 国内外研究现状及发展趋势

1.2.1 碎屑岩沉积学研究现状

自沉积学的概念引入地质学研究中以来，人类对自然界沉积物及沉积岩的认识迈出了从简单的基本特征表述到沉积岩形成沉积作用、沉积过程及其成因分析的巨大跨越，为人类认识不同沉积环境下沉积物的形成、发育、演化，以及对其空间分布、作用过程的预测反演奠定了坚实的理论基础。通常意义的沉积相研究主要表现为对各种沉积标志的表述与综合分析。利用从沉积物中挖掘出的各种关键信息对比当前已总结认识到的环境的产物表现信息，从而反演未知沉积物的形成过程及环境是沉积学研究的基本内容。

精细沉积模型的建立、沉积作用及沉积过程定量化刻画与表征是当前沉积学发展的主要方向，其为深入开展沉积物成因分析及时间展布规律细化研究奠定了坚实的理论及技术基础。

当前,基于现代沉积、野外露头、地下钻井等方法,运用高分辨率层序地层学和旋回地层学对露头、钻井岩心进行精细沉积建模已愈来愈引起地质学家和石油勘探家们的重视。地表露头和钻井岩心对识别高频旋回界面和高频单元的时空展布具有得天独厚的优势,并可动态地分析沉积体系随时间的变化规律,因此,取代了过去在单个时间段内所进行的静态沉积模式或相模式分析的做法,所建立的露头模型可客观地表征地下储层的分布。模型不仅可以揭示沉积体系内部构成要素的基本特征、古地形和地貌变化,还可以揭示各种沉积体系在等时格架中的空间分布和随时间的迁移变化规律。这些动态的概念模式对储集体的展布及储集物性提供了更好的预测。此外,随着新技术、新方法在地学研究方面的应用,学科交叉、渗透下产生的定量沉积学成为学科发展的重要方向之一。定量沉积学强调对现代沉积物的沉积标志进行定量化表征,通过与地表精细露头及地下有相关联系的沉积物特征的综合对比,利用实验模拟对沉积作用及过程进行恢复,从而实现精细建模。计算机技术及数字模拟技术在该方面的应用比较突出。

当前,国外相继出现了多种定性-半定量识别沉积相的方法,主要包括地震沉积学及地震地貌学。地震沉积学主要由曾洪流在 1998 年首次提出,他将其描述为利用地震资料进行沉积岩及其形成过程研究的一门学科。地震沉积学主要强调将高精度三维地震的地球物理解释技术与沉积学研究相结合,进行联合互馈,侧重于刻画沉积体系的平面展布、空间形态和演化过程的分析,进而进行储层分布预测。由于其能提供高精度的等时层序地层格架内的沉积相发育及展布特征,利用定量化的属性参数表征沉积体特征,从而实现构造、沉积及储层一体化研究,为勘探开发的开展提供了有利的指导,在有利储集体沉积相带预测方面取得了广泛应用。地震地貌学主要由 Posamentier 于 2000 年首次正式提出。地震地貌学强调利用三维地震成像资料研究沉积体系在时空上的展布特征。其主要运用 H 维地震平面及空间成像技术来恢复沉积相带的平面展布,从而达到更加精细的恢复沉积相及沉积环境的目的。该技术方法的应用极大地提高了石油勘探开发过程中的岩性预测、生储盖组合时空分布及配置的准确性,为提高勘探开发活动的效率做出了卓越贡献。

传统的沉积相研究更多的是强调野外露头及钻井岩心资料的精细描述与对比，而地震沉积学及地震地貌学的应用，使沉积学研究可以通过对骨架砂体的岩性组合特征、沉积构造特征、古水流方向恢复、古生物标志识别、空间结构形态特征、测井曲线形态、地震剖面反射结构、地震属性的提取，实现识别沉积相类型，并对其空间形态及展布进行刻画。高新技术及方法与沉积学基本分析方法的综合研究，提高了沉积相识别的精度及准确度，为未知区域沉积相类型及展布的预测提供了强有力的保证。精细的地质模型的建立为油气资源等的高效勘探开发提供了有利的支撑。

目前，沉积模型的建立主要存在两种研究方法与思路。一种思路是以北美沉积学家为主要代表所主导的沉积模型，该沉积模型的建立更多的是强调对发育的沉积体的内部结构单元构成及其相对的外部的空间展布形态进行深入研究，他们认为沉积环境与沉积体发育的集合形态特征息息相关，两者之间具有统一性。该研究思路在当前沉积模型建立研究方面相对处于上风。另一种思路是以英国沉积学家为主要代表所主导的对沉积体沉积作用及沉积过程的恢复与分析，从多个方面的参数与标志来表征沉积体环境的意义，从而建立精细化的沉积模型，以避免简单化地描述所建立的模型带来的模糊性认识的束缚。我国在这两方面的研究均比较欠缺，这是当前我国沉积学界需要引起重视的迫切问题。

沉积模型建立的最终目的在于对研究区沉积体系展布面貌的重建与恢复。由于沉积体系发育的控制因素众多，包括构造活动、海平面变化、物源供给量及速率、古气候条件等多种因素，其研究方面较多、内容繁杂，具有相对较大的难度。国内外学者对这方面的研究尚未形成系统的理论与方法体系，这是未来沉积学发展的重要方向之一。

1.2.2 致密砂岩储层特征及其成因研究现状

1. 致密砂岩储层的概念

由于能源供应紧张，近年来非常规致密砂岩油勘探开发的突破，引起了人们的广泛关注。美国巴肯致密砂岩石油的大规模开发揭开了致密砂岩研究的新篇章。目前，美国和加拿大拥有世界领先的致密砂岩勘探、开发理论及技术方法。经评价，美国的致密砂岩油气储量为常规储量的 29.8%~63.9%。由于致密砂岩的勘探与开发涉及具体的地质形成条件、资源概况及勘探开发的经济技术条件，目前存在多种致密砂岩的定义，通常致密砂岩具有比常规储层低得多的孔渗条件。美国政府将渗透率小于 0.1×10^{-3} μm^2 的砂岩储层，定义为致密砂岩。当前，国内评价标准众多，比较一致的评价标准认为孔隙度≤10%、储层地面空气渗透率≤1×10^{-3} μm^2、覆压基质渗透率≤0.1×10^{-3} μm^2 的砂岩储层为致密储层。致密砂岩储层根据其成因主要可分为受沉积作用影响的原生低渗透储层、受后期成岩作用改造影响的次生低渗透储层，以及受构造作用影响的裂缝型低渗透储层。致密储层相对于常规同等条件下的储层具有相对更大的脆性，因此对应力变化反应明显，而表现为储层内部微裂缝发育的特征。

2. 砂岩储层基本特征的研究

当前国内外储层特征研究主要动向包括，储层描述从宏观向微观方向发展、储层描述与储层预测从定性向半定量或定量方向发展。致密砂岩储层的岩石学研究及其微观孔隙结构特征研究是储层基本特征研究的重点。随着科学技术的不断创新及应用，储层微观孔隙度研究手段及理论取得了长足的发展，是进行致密砂岩储层特征研究的关键。最具代表性的技术主要包括高分辨率扫描电镜、CT（计算机体层摄影）扫描电镜、核磁共振技术、恒速压采技术、力学实验与模拟、计算机技术的应用等。其主要表现为场发射扫描电镜、纳米 CT、数字岩心及原位矿物成分的分析等新技术的应用，这极大地提高了储层特征的直观化、精确化的表征程度。常规的储层微观结构分析方法在储层特征研究中起到了关键性的支撑作用。普通薄片及铸体薄片的制作是开展岩石组分类型、含量表征、孔隙类型、大小及含量的观察与统计的重要方法，是储层岩石学特征研究的基本手段。孔隙结构的研究主要依据扫描电镜、毛管压力曲线、铸体薄片等数据从不同方面对储层的微观孔隙结构特征进行表征并综合分析。通过对样品进行压力测试，获取孔隙大小、类型及其含量等孔隙结构参数，这是储层微观结构认识的基本途径，是现今比较成熟的研究手段。多种技术的交叉应用，可以直观地观察孔隙结构特征，因此明显地提高了研究者对孔隙微观结构的直观认识。高新技术的应用使得对孔隙和喉道分布、填隙物类型和填隙方式的描述更加定量化。

致密储层的特征研究更偏重于储层孔隙类型、大小、分布及其组合特征和成岩作用的研究。储层成岩作用与储层评价及储层预测紧密相关，对储层形成、保存及改造等具有重要意义。致密砂岩储层中影响储集性能的主要成岩作用类型包括压实作用、胶结作用、交代作用、溶解作用、重结晶作用等。如何排除干扰辨认成岩作用类型及其形成演化机理，并从储层发育潜力的角度来阐述后期成岩过程对砂岩储层改造致密化的影响，是致密砂岩储层成岩作用研究的重要内容。

3. 致密储层发育的主控因素及成因

在致密低渗透储层表征的基础上，需重点分析其致密化成因机理，归纳其发育规律，从而进行储层空间分布预测。目前，研究储层致密化机理的手段主要表现为宏观与微观、定性与定量的协同运用，综合沉积相分析、测井资料、物性分析资料、储层岩石类型及储层微观结构特征等多方面信息，确定致密化控制因素，恢复并重建储层致密化过程。

当前，围绕砂岩储层发育控制因素及致密化成因，国内外学者对储层形成及保存机理、储层差异性进行了大量研究。大量学者认为沉积作用、成岩作用是造成储层致密化的主要控制因素。先期发育的沉积作用形成了储层致密的物质基础，决定了成岩作用发育的类型及其强度。而后期成岩作用的发育是储层致密化发育的关键。强烈的压实导致了高塑性颗粒含量的岩石的快速致密，大量胶结物广泛发育的胶结作用改变了储层储集空间的性能，成岩过程中沉淀的大量自生黏土矿物造成了孔喉堵塞储层致密。同时，成岩与成藏之间的耦合也决定了储层储集性能的优劣。

国内外学者对储层致密化控制因素的认识多种多样，主要围绕沉积作用、成岩作用及成藏作用对储层的致密化控制展开了广泛的讨论。Maast 通过成岩作用对北海地区中到上侏罗统砂岩的储层质量的影响进行了研究。研究结果表明，4 000 m 以下孔隙度平均变化为 5%～25%。从孔隙-深度关系趋势可以看出，正常孔隙砂岩、低孔隙砂岩、高孔隙砂岩 3 种孔隙类型被识别出。高孔隙砂岩中，石英胶结被微晶石英颗粒包壳所抑制，因此孔隙得到了保存。然而低孔隙砂岩中，由于广泛的石英胶结导致了更高程度的热成熟度，从而导致了孔隙度较低。Trendell 研究了沉积及成岩对美国亚利桑那州石化林国家公园的上三叠统的 Chinle 组的 Sonsela 段储层的影响。分析认为，砂岩中具有火山成因的组分并遭受了由于自生黏土的沉淀所导致的完整的成岩孔隙度损失。潘晓添研究了准噶尔盆地乌尔禾地区风城组云质致密油储层特征及其致密化控制因素，认为储层致密化主要受到沉积相、成岩作用、构造和异常高压复合控制。刘焕对川西坳陷中段致密钙屑砂岩储层特征及主控因素进行了系统研究，认为强烈的压实作用和钙质胶结作用是导致储层致密化的重要原因，而高岭石胶结作用对储层有一定的建设性作用，溶蚀作用是使储集物性改善的主要原因。Mork 对挪威的上三叠统—中侏罗统低渗透率储层砂岩的成岩作用和石英胶结物分布特征进行了研究，认为由于多个压实、胶结、溶解过程，砂岩孔隙主要是单个铸模孔以及与纤维状伊利石和绿泥石有关的微孔，从而解释了低渗透率的原因。刘明洁系统分析了鄂尔多斯盆地西峰-安塞地区延长组致密砂岩储集层致密与成藏之间的耦合关系，认为砂岩储集层先成藏后致密，为砂岩致密后形成的油藏。成藏期之后，在压实作用、胶结作用的综合作用下，延长组砂岩才逐渐向储集层致密化方向发展。

1.2.3　鄂尔多斯盆地中南部沉积相及储层致密化机理研究现状

沉积相是沉积环境以及在该环境中形成的沉积岩特征的综合。沉积相决定了生、储、盖层的特征及其配置关系，从而控制着油气的分布。中生代是鄂尔多斯盆地重要的成油地质时期，其中三叠系延长组属大型内陆淡水湖泊河控三角洲沉积，具有浅水、缓坡的特征。油藏以岩性油藏为主，其分布主要受沉积相带与成岩后生作用所控制。侏罗系延安组除了古地貌油藏外，各种成藏条件配置良好的河道砂岩，也是有利的油气储集场所。因此，沉积特征的研究对认识油气富集规律、指导勘探开发具有重要意义。

以靖边中山涧地区为例，区域地质研究表明，鄂尔多斯盆地从晚三叠世开始进入内陆坳陷盆地发展阶段，发育了大型内陆湖泊，沉积了厚逾千米的生油岩和储集层，延长组是湖盆形成、发展和萎缩全过程的沉积记录。

延长组沉积时期，鄂尔多斯盆地具有面积大、水域广、深度浅、地形平坦和分割性较弱的特点。盆地轴向呈北西—南东向，湖盆沉积中心在北纬38°线以南。相带分布略呈环带状，其中西南缘湖岸线在石沟驿—平凉—永寿一带，沿湖岸线发育近源近岸水下扇沉积。北部湖岸线在乌审旗—靖边—横山—子洲一带，沿湖岸线发育一系列自北向南、自北东向西南或自东向西推进的湖泊三角洲沉积。湖盆呈不对称形态，西陡东缓。

长10~长8油层组沉积时[见图1.1（a）]，湖盆一直处于下沉状态，至长7油层组时达到最大深度，湖泊发展达到鼎盛阶段，深湖相沉积广布，从而形成鄂尔多斯盆地中生代最重要的生油岩沉积[见图1.1（b）]。长6期湖盆开始收缩，沉积补偿大于沉降，为湖泊三角洲建设的高峰期[见图1.2（a）]。长4+5油层组沉积时期，长6期形成的许多大型三角洲发生平原沼泽化，三角洲平原、交织河以及浅湖沉积较为发育[见图1.2（b）]。长2+3油层组沉积期，湖盆进一步收缩，三角洲进一步平原沼泽化，发育了以辫状河、曲流河为特征的河流相沉积体系。长2到长1，湖盆萎缩并逐渐衰亡，仅在子长、蟠龙等局部地区长1期有深湖环境残留；至长1结束，湖盆大部抬升露出地表，全区大面积平原化及沼泽化，随之结束了延长组的沉积过程。

从侏罗纪早期充填性河流相开始到延安组煤系地层结束，是鄂尔多斯内陆坳陷盆地的第二沉积阶段，盆地中部为汇水区，沉积中心与沉降中心基本一致。早侏罗世早期，为古地貌丘陵中的粗碎屑河流相体系，沿沟谷发育了古甘陕、宁陕等水系，沉积了厚20~260 m呈树枝状展布的近$3\times10^4 \text{km}^2$的河道砂体。

第1章 绪 论

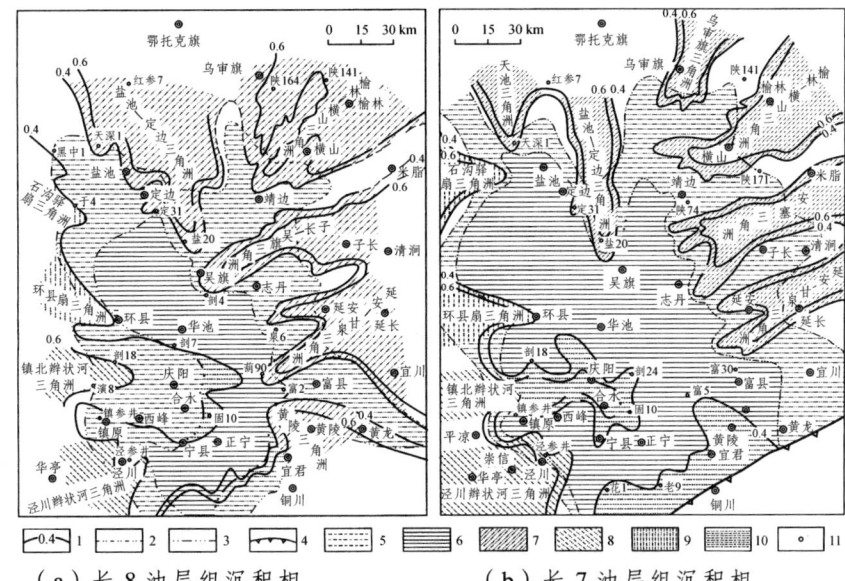

（a）长 8 油层组沉积相　　　　（b）长 7 油层组沉积相

1—砂/地比等值线；2—湖岸线；3—深湖线；4—地层缺失线；5—浅湖；6—深湖；
7—三角洲；8—辫状河三角洲；9—扇三角洲；10—浊积扇；11—井位。

图 1.1　鄂尔多斯盆地延长组长 8、长 7 油层组沉积相

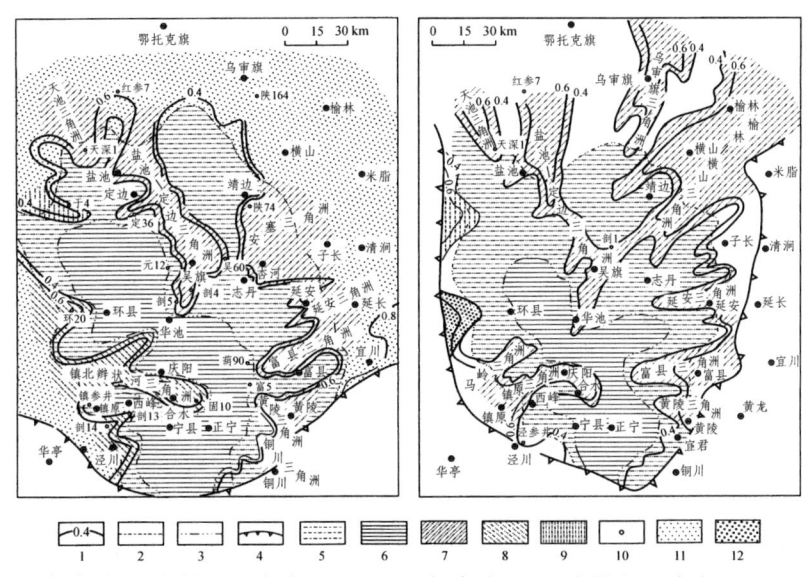

（a）长 6 油层组沉积相　　　　（b）长 4+5 油层组沉积相

1—砂/地比等值线；2—湖岸线；3—深湖线；4—地层缺失线；5—浅湖；6—深湖；7—三角洲；
8—辫状河三角洲；9—扇三角洲；10—井位；11—河流；12—冲积扇。

图 1.2　鄂尔多斯盆地延长组长 6、长 4+5 油层组沉积相

富县期盆地由上升趋于稳定，气候干旱，出现红层。河流沿延长统古地貌沟谷填平补齐式沉积，水动力较强，地质作用以侵蚀氧化为主，所以粗碎屑的河道砂多呈红色，砂泥岩互层呈杂色。由于不同地区有不同的物源和地形条件，所以沉积作用具有明显的差异，地层厚度变化较大，地层厚 0~160 m，一般为 70~110 m，基本不含油。延 10 期由于地壳运动稳定，气候转入半潮湿状态。先期仍为古地貌限制性河谷充填沉积，形成了东西向展布并嵌入三叠系油源层之上，成为油气向上运移的通道。后期随着沟谷填平补齐，转入泛滥平原到沼泽相沉积；河流水动力由强变弱。所以延 10 中、下部大套灰色中砂岩厚度差异较大，顶部的一套煤系地层（部分地区为炭质泥岩）分布较稳定。随后盆地沉积转为湖沼盆地的三角洲泛滥平原沉积体系。延 9 期（见图 1.3）盆地开始下沉，在延 10 期末泛滥平原的基础上逐渐形成了泛滥盆地中边积水边发育的泥砂型三角洲，沉积了一套中、细砂岩与泥岩及煤层的交互层。延 8 期盆地处于继续下沉阶段，湖泊水体不断扩大，河流的沉积作用减弱，三角洲分流平原河道的规模远远小于延 9 期。至延 7、延 6 期，鄂尔多斯盆地渐趋平原化，气候转向温暖潮湿，植被茂密，湖塘、沼泽星罗棋布，形成静水环境的浅湖、沼泽沉积体系，沉积物以浅湖泥岩为主，并形成广泛分布的延安组河流与沼泽相的煤系地层。河流的分布范围狭小，局部地区发育泛滥平原河道砂体。

综合前人对研究区构造背景、层序地层学特征、沉积体系发育特征、储层特征和油气成藏等方面做过的大量研究工作，主要包括以下几方面：

（1）构造特征研究方面：李思田等认为三叠纪中晚期，即印支构造阶段，盆地强烈沉降，在西缘及西南缘发育有巨厚的粗碎屑沉积楔。这一时期的沉降与来自西南侧的挤压和逆冲构造有关，其机制类似于前陆盆地。但鉴于板块构造位置上与典型的前陆有明显的区别，故称之为与挤压应力场有关的挠曲盆地。鄂尔多斯盆地西缘的强烈挠曲变形与四川盆地西缘的变形具有同步性，时间上恰恰与发生在我国西南部特提斯构造域的俯冲和碰撞有关，属于板块碰撞的远程效应。李思田等还认为晚三叠世华北陆块主要处于特提斯板块和扬子陆块的向北挤压之中。特提斯板块的运动过程是通过一系列微大陆块体的相继向北漂移和碰撞表现出来的，晚三叠世羌塘块体与其北联合体聚

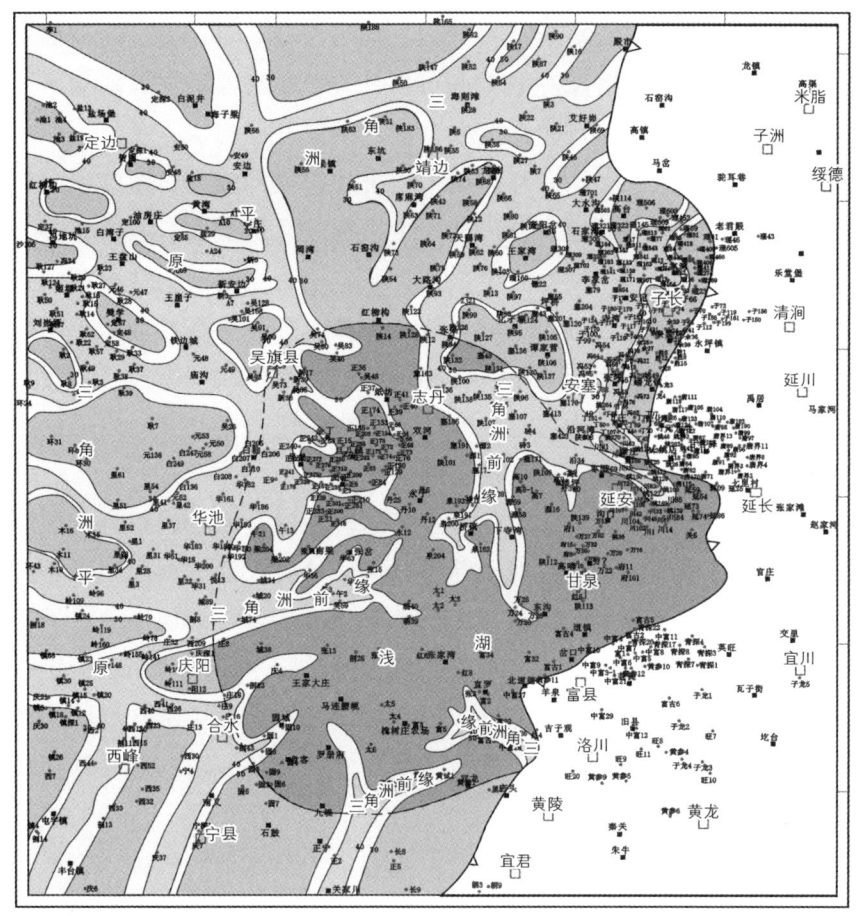

图 1.3 鄂尔多斯盆地中侏罗统延安组延 9 沉积相

合作用的强大远程效应加之华北与扬子古陆碰撞，导致了鄂尔多斯盆地西南缘发生大规模的向北东方向具有走滑的逆冲。在逆冲事件及其逆冲席载荷作用下，盆地西南缘岩石圈发生挠曲沉降，从而形成了前陆盆地。邓秀芹等通过分析早印支运动对延长组沉积演化的控制，认为长 8 沉积末期为延长期湖盆沉积演化的重要转折期，盆地西南缘及西缘存在由印支运动早期第一幕运动下的强烈的构造地质事件。王昌勇等通过分析鄂尔多斯盆地早期构造演化与沉积响应的关系，认为西南部秦岭造山带约在长 8 早期开始隆升，而西南部六盘山的隆升则发生在稍晚的长 7 沉积期。鄂尔多斯盆地的演化在长 7 沉积期之前主要受到南缘构造活动控制。王峰等探讨了早印支运动与鄂尔多斯盆地的沉积响应过程，认为长 10～长 9 沉积期，晚海西期形成的构造格架继续发展，印支运动相对作用较弱，湖盆在此阶段开始形成；长 8 末期后，盆地南缘构造活动增强，秦岭—祁连山造山带快速逆冲隆起，使盆地南部海相碳酸盐岩基底开始遭受剥蚀，盆内砂岩中出现较多碳酸盐岩岩屑；进入长 7 期，印支运动最为强烈，湖盆发生强烈扩张，该时期幕式构造运动、板块碰撞拼接活动活跃。邓秀芹等通过对秦岭造山带与鄂尔多斯盆地印支期构造事件年代学对比分析，认为延长组底部和顶部的两个沉积间断面分别对应于秦岭造山带印支早期和晚期构造活动开始或结束阶段，并在盆地内识别出了中期构造事件，该事件造成盆地快速沉降。

（2）层序地层研究方面：大量学者对鄂尔多斯三叠系延长组进行了层序地层研究，从研究中可以看出，对于鄂尔多斯盆地延长组的层序地层学研究，主要以两种研究思路开展，其中一种思路是 Vail 等传统的层序地层学研究思路对延长组进行层序划分；另一种思路则是基于鄂尔多斯盆地延长组时期为湖盆环境，以 Cross 等的基于基准面的高分辨率层序地层学开展研究。主要依据地层旋回变化及岩性变化，进行了层序序列划分，与构造背景相结合的层序成因分析较少。

（3）沉积体系研究方面：大量学者对鄂尔多斯盆地西南部三叠系延长组长 8 油层组的沉积相进行了研究工作，普遍认为发育有三角洲和湖泊沉积体系，但是对于具体三角洲沉积体系的类型，如辫状河三角洲、曲流河三角洲，目前还存在分歧。王力等通过对鄂尔多斯盆地西峰油田长 8 沉积相研究分析，认为发育于鄂尔多斯盆地陕北斜坡中段的庆阳鼻褶带上的西峰油田，三叠系延长组长 8 油层组构成了其主要产油层，并综合岩心资料、测井资料，深入分析了储层岩性、粒度分布及沉积构造等特征，认为长 8 油层组主要发育河控三角洲沉积相。杨友运等通过对鄂尔多斯盆地西峰油田长 8 油组辫状河三角洲沉积特征与层序演化分析，认为长 8 油层组沉积时期，主要发育辫状河三角洲沉积体系，其发育与展布受到湖盆演化的控制。罗静兰等通过对鄂尔多斯盆地周缘及西峰地区延长组长 8 沉积物源分析，认为长 8 沉积期的物源主要来自西南方向，其次为东南方向。地球化学特征与源区母岩性质及其构造背景分析结果表明,长8沉积母岩主要来自盆地西南缘过渡型大陆和基底隆起陆块及少量混合再旋回造山带源区的变质岩与沉积岩以及少量火成岩。杨斌虎等对鄂尔多斯盆地庆阳地区晚三叠世延长期长8沉积期物源与沉积体系进行了分析,认为研究区长8沉积期古水流主要为南西—北东方向,其次为北西—南东、南东—北西方向,重矿物特征具有明显的分区性。长8油层组微量元素协变图特征与盆地西南缘陇西古陆中的陇山群基本一致。推测庆阳地区长8油层组母岩主要来自盆地西南缘陇西古陆中上元古界—古生界、祁连造山带花岗岩类和秦岭造山带奥陶系—二叠系,源区母岩主要为变质岩和火成岩。刁帆等通过对鄂尔多斯盆地陇东地区长8油层组浅水三角洲沉积特征分析,认为鄂尔多斯盆地陇东地区上三叠统长8油层组形成时期,盆地构造背景稳定,气候较为湿润,地形坡度仅为0.1°,主要发育浅水三角洲沉积相类型。

(4)储层发育控制因素及致密化机理研究方面:前人主要对鄂尔多斯盆地内延长组储层基本特征,沉积作用、成岩作用对储层发育的控制作用,埋藏史-热史、烃类充注史等方面进行了深入研究,预测了有利储集相带,建立了储层评价预测方法及标准。夏青松等通过对陇东地区长8储层评价分析,认为研究区内主要发育4种类型储层,Ⅰ类好储层不发育,Ⅱ类中等储层仅占9.4%,Ⅲ类差储层占51.1%,Ⅳ类非储层占37.4%,以Ⅲ类储层为主。高辉等通过对合水地区长8储层成岩作用分析,认为长8油层组储层物性较差,孔喉整体细小,岩性整体以细-中粒长石岩屑砂岩为主,碎屑颗粒成分复杂,成分成熟度低,结构成熟度低或中等。研究区内压实作用是导致储层砂岩储集空间大量减少的主要原因,而胶结作用破坏了部分原生残余孔隙和部分次生溶孔,造成储集性能降低,溶解作用使储层物性得到了改善。钟大康等通过对鄂尔多斯盆地陇东地区三叠系延长组储层岩石学特征及成岩作用研究分析,认为岩屑类型及含量、云母类矿物含量及碎屑颗粒粒度对成岩作用影响最大。张纪智等通过对华庆地区长8致密砂岩储层特征及其成因分析,认为长8段砂岩为一套典型的低孔-低渗到特低孔-特低渗的储层。压实和胶结等破坏性成岩作用使储层的原生孔隙大大减少,且长8储层在镜下发现沥青充填孔隙,降低了储层的物性,导致储层致密。高辉等应用恒速压力定量评价西峰油田长 8 储层特低渗透砂岩的微观孔喉非均质性，认为不同渗透率级别的样品，孔隙参数的差异小，非均质性弱，孔隙半径介于 80～300 μm；微观孔喉的非均质性主要体现在喉道特征上，喉道参数制约着储层品质，从而影响开发效果。

1.2.4　存在的问题

鄂尔多斯盆地延长组碎屑岩油气藏主要蕴藏于非构造及复合的低渗透砂岩圈闭中，勘探难度较大，储层砂体的精细对比、沉积体系的精细刻画与储层发育特征成为制约油气勘探的瓶颈，这也是当前面临的亟须解决的难题。目前，鄂尔多斯盆地延长组沉积和储层研究主要面临以下 3 个方面的问题：

（1）层序界面的识别、地质意义不清楚，导致层序划分混乱。

层序格架是砂体预测的前提，砂体预测是建立层序格架的目的。尤其是针对研究区内油层组等时地层格架尚未真正得以构建，未明确其层序充填发育的地质背景意义，导致研究区层序单元对比困难。此外，研究区对三级层序地层划分与内部次级构成特征认识不清楚，导致对沉积体系及其沉积微相的空间展布特征描述不够精细。因此，进一步的高精度层序地层学研究有待深入开展。

（2）研究区物源体系、沉积微相、沉积演化规律及成因机制等缺乏系统研究。

前人开展了大量的沉积学研究工作，但对研究区内物源入口及其输送路径研究不够细致。虽然识别出多种沉积相类型，但缺乏综合利用露头、岩心、测井、地震资料对这些沉积体的综合三维刻画，导致对沉积体发育特征、几何形态、空间展布及演化、成因机制探讨不够深入，从而引起储层预测的偏差。因此，有必要对沉积相进一步深入研究，进而恢复等时格架下砂分散体系分布。

（3）对致密储层发育主控因素及成因机制尚未明确，有必要总结砂岩致密的成因特征，从而指导储层评价与预测。

储层的致密化过程涉及储层岩石学特征、储层孔隙结构、成岩作用及孔隙演化、盆地埋藏史-热演化史、烃类充注史等多方面因素的控制作用。当前对研究区内的储层的发育及致密化多强调静态要素的研究，缺乏储层的成岩-孔隙演化与以上因素的综合动态分析，需要加强储层在多期成岩作用及烃类充注作用下的储集空间和成岩环境的变化研究，提出储层致密化成因并恢复致密化过程。

1.3 实验室分析测试技术及研究技术思路

1.3.1 实验室分析测试技术

实验室分析测试技术是油气系统工程的重要组成部分，与地质调查技术、井筒技术所不同的是，它是以实验室仪器设备、测试工具、模拟装置为手段，对油气勘探过程中所采集的岩石、沥青、油气水等样品进行直接分析，这些分析数据可为地质研究提供资料。

随着仪器仪表工业的发展，新仪器的不断涌现，同时伴随计算机技术的广泛应用，石油地质实验室测试分析有了飞跃发展，为油气勘探提供了越来越多的研究手段。目前，国际上石油地质实验测试仪器正向自动化、计算机化和多机联机（显微镜、计算机图像处理）方向发展。为了适应油气勘探开发的需要，近年来世界上相继提出并发展了一系列新的分析测试技术，主要集中在有机地球化学、沉积储层、地层学研究等领域。

1. 地层学测试分析

地层学是地质勘探工作的基础，由于常规的古生物地层学对地层的划分与对比存在一定的局限性，近年来一些非常规的地层学测试及研究方法相继出现，并取得了迅速发展，主要表现在磁性地层学、同位素地层学两个主要方面。

（1）磁性地层学分析。

磁性地层学研究主要是通过采集样品送实验室进行退磁处理之后，再利用原生剩余磁性的方向进行数据处理、换算，得出研究岩石剩余磁性的极性、平均剩余磁方向以及所在地质时期的古地磁极位置与产地所处的古纬度；还可以利用原生剩余磁性的强度数据经过换算得出当时的地球磁场强度。因此，它主要是依据岩石层序中的磁学属性所建立的极性单位，来进行地层层序划分与对比。与生物地层学相比，它具有可以在不同地区、不同沉积相地层中进行对比的特点。

（2）同位素地层学分析。

同位素地层学分析实际上包括了同位素地质年代学和稳定同位素地层学两个主要方面。同位素地质年代学的理论依据是，当岩石或矿物在某次地质事件中形成时，放射性同位素以一定的形式进入岩石、矿物内，以后不断地衰减，放射成因的稳定子体含量随之逐渐增加。因此，只要体系中母体和子体的原子数变化是放射性衰变形成的，那么通过准确测定岩石、矿物中母体和子体的含量，就可以根据放射性衰变定律计算出该岩石、矿物的地质年龄（同位素年龄）。然而稳定同位素地层学则是利用稳定同位素组成在地层中的变化特征进行地层的划分和对比，确定地层的相对时代，探讨地质历史中发生的重大事件。目前，稳定同位素地层学分析主要集中在氧同位素和碳同位素两个方面。

2. 岩矿测试分析

岩矿测试分析是在矿物岩石样品的预处理基础上，利用光、电、声、热、磁、重等技术方法来获得其性质与特征的技术。岩矿测试分析的内容主要包括岩石类型、矿物组成、矿物结构与构造等。

（1）直观观察法。

最为古老的岩矿测试分析是通过肉眼或者利用显微镜观察矿物岩石的组成和结构。尽管各种新的技术手段不断发展起来，但该方法依然是最基本的手段之一。

（2）湿化学法。

20世纪80年代之前，较为广泛使用的岩矿测试分析以湿化学法为主。该方法利用酸碱来溶解样品，通过加入各类化学试剂构成不同的化学反应（例如氧化还原反应、酸碱反应等），进而分析不同样品的元素含量。

（3）物理测试法。

物理测试法是以晶体化学、晶体物理学和量子力学为基础理论，并同射波谱学、结晶学和矿物学相互渗透、相互结合而确立起来的。其中包括测试 X 射线谱、电子谱、紫外光电子谱、发光热发光谱、红外光谱、拉曼谱、激光拉曼谱、质谱、核磁共振谱和顺磁共振谱等的大型仪器及技术，用以深入测试、研究晶体超显微、超 X 射线的微结构，以及晶体的位错、出溶、晶畴和反相，晶体的有序无序，晶体的择优取向，晶体晶介分布规律等一系列微结构、微形貌现象。X 射线荧光光谱（XRF）是一种广泛应用的多元素分析技术，特别在地球化学勘探和填图中贡献巨大。由于 XRF 可担当大规模的主、次量组分分析，且精准快速、环保洁净，很多实验室已经逐渐用 XRF 代替传统手工操作的全分析流程。然而全反射（HRF）是近年来发展出的一种仅需极微量样品的超痕量分析技术，检出限极低，对稀少、罕见样品分析有重要价值。

（4）化学分析法。

由于矿产资源的探索已从地表转至深部，从陆地转至海洋和天体，地质学家将注意力转向环境地质等诸多领域。这就使岩矿分析技术发生重大变革，采用化学分析仪器来进行岩矿测试分析盛行起来。化学分析仪器包括光学法中的分光光度计法、比色比浊法、荧光测定法、原子吸收光谱法、发射光谱法、电子探针和离子探针法；核技术法包括中子活化分析技术、辐射测量技术、下射线光谱法、X 射线荧光测定法等；色谱法包括气相、液相、热解色谱法等；此外，还有电化学法和热分析法。

3. 烃源岩测试分析

烃源岩分析测试是目前地质实验分析技术最活跃的领域，具有代表性的前沿技术主要包括以下 5 种：

（1）岩石超临界抽提技术。

传统的抽提方法都是用液态氯仿进行抽提，研究表明，这种方法对可溶有机质抽提很不完全。近年来，发展为采用超临界方法抽提，选用一种抽提物并将其加热到液态至气态的临界状态，这种高密度流的气态物质具有很强的抽提能力，尤其对煤和碳酸盐岩等吸附性强的烃源岩，可以明显改善抽提效果。

（2）有机岩石学分析测试技术。

采用全岩光薄片新技术可以将烃源岩不经过干酪根处理直接磨成光薄片，同时在显微镜下进行透射光、反射光、荧光分析和鉴定，以及确定烃源岩中有机质显微组分丰度、类型及成熟度，为显微组分的生烃特征研究提供直观资料，是一种评价烃源岩的新手段、新方法。

（3）岩石热解分析技术。

岩石热解分析技术最早由法国石油研究院提出，近年来发展很快，尤其经我国北京石油勘探开发科学研究院实验中心对岩石热解仪进行改造，大大扩展了其功能和研究价值。除了可以对烃源岩进行分析评价外，该技术还能对储层进行含油气性和油气性质的评价。

（4）碳同位素分析测试技术。

近年来应用于石油地球化学的碳同位素分析技术发展较快，在以往测总碳同位素的基础上，发展成为测单体的碳同位素，目前已能测正构烃、异构烃。环烷烃单体的碳同位素，对油气源对比、形成环境研究具有重要意义。

（5）显微红外分析技术。

目前，世界上把有机质显微组分观察与红外光谱测定结合起来，对干酪根显微组分的化学组成、结构研究更加深入，对各显微组分的生烃潜力评价提供了更有效的参数。

4. 储盖层测试分析

较为成熟的储盖层测试分析技术包括油藏地化分析技术、包裹体分析技术、图像分析技术。对于天然气聚集成藏而言，盖层显得尤为重要，因此，出现了针对盖层的物性封闭、超压封闭和烃浓度封闭等不同机理的测试分析。

（1）油藏地球化学分析技术。

由于地球化学与储层研究的紧密结合，开始形成一门新兴学科——储层地球化学。在勘探阶段，经常利用储层地球化学分析技术开展两方面的研究。第一是储层次生孔隙分布预测。20 世纪 80 年代末由 Sudam 等提出的有机、无机相互作用为主导的次生孔隙成因机制的研究，使得人们将源岩、储层和孔隙流体作为一个完整的成岩系统，来研究储层孔隙演化的过程和规律，并可以根据地球化学趋势来预测次生孔隙发育带。第二是油藏注入史的研究。该技术以直接的地球化学标志来探讨烃类注入油藏空间的发育历史，解决仅仅依靠地质及地球物理资料无法解决的成藏机制和成藏史的研究问题。勘探家可以通过高密度采样分析，观察油样中原油的细微变化，去认识烃类向储层集汇的成熟度差异和时间差异，用以研究油藏注入史。

（2）包裹体分析技术。

包裹体分析除了可以利用均一法及冷冻法测定包裹体流体的形成温度、压力、盐度、密度、pH、EH值（溶液氧化性或还原性强弱的衡量指标）外，还可以开展包体成分、同位素组成测定，尤其是烃类（包括液体烃类）包体成分的测定。然而流体包裹体记录了烃类流体和孔隙水的性质、组分、物化条件和地球动力学条件，对储集岩成岩矿物中流体包裹体进行类型、特征、丰度、组分等对比研究，为了解盆地流体（烃类和水）的动力状况和相对时间，确定烃类运移的时间、深度、运移相态、方向和通道，为重建储层的孔隙演化史、油气运移史、构造运动史的研究提供最直接、最可靠的地质信息资料。

（3）图像分析处理技术。

目前，国内外正大力发展图像处理技术，以研究储层的微观孔隙结构及其非均质性，主要表现在以下3方面：① 荧光显微镜彩色图像处理，主要对储油气岩石中烃类发光颜色、含量、范围进行图像处理，并得到定量分析结果；② 扫描电镜能谱图像处理，对砂岩孔隙结构图像进行处理，得到孔隙结构的定量数据；③ 薄片图像处理。

（4）盖层分析测试。

针对盖层的毛细管封闭机理，主要测定的是盖层岩样的微孔隙结构、盖层岩样粒度分布、盖层的突破压力等参数。

由于盖层的超压封闭主要表现为盖层样品具有异常高的孔隙度，通过盖层岩样的孔隙度测定及孔隙结构分析测定，可以初步判定盖层是否具备超压封闭。

盖层的烃浓度封闭可以通过密闭取心岩样的烃含量测定和盖层岩样的扩散系数的分析来确定。

油气勘探实践表明，大多数油气田的盖层是以物性封闭为主。因此，盖层岩样的微孔隙结构分析是盖层研究和评价的主要测定方法。

5. 流体测试分析

油气田勘探开发的主要对象是地层中的石油和天然气。由于石油和天然气总是与地层水相伴生，所以在开采油气的同时，总是要有一定的水产出。地层中流体（油、气、水）的物化性质的差异，反映了油气成因上的不同。研究者可以根据油、气、水物理化学性质的特征，判断油气的成因，进行油气源追索，指导油气勘探；也可以根据油、气、水物理化学性质的特征，分析判断油气在储层中的流态，采取合理的开发方案和开采措施，以达到高效快速开发油气的目的。

（1）石油的分析测试。

原油的分析测试项目很多，常规的原油测试分析包括相对密度、黏度、凝固点、含蜡量、含硫量，以及原油的组分组成和馏分组成等。非常规原油测试分析包括原油中的碳、氢、氧、硫、氮的同位素分析，原油的全烃色谱分析、原油的生物标志化合物分析和石油中的金属元素含量分析等。

（2）天然气的分析测试。

天然气的分析测试与石油相比，相对简单。常规分析测试主要包括气体的相对密度、黏度、溶解性，烃类气体中甲、乙、丙、丁烷的含量，非烃气体中二氧化碳、硫化氢、一氧化碳、氮气、氢气的含量。非常规分析测试项目包括碳、氢稳定同位素测定，汞蒸汽含量测定和天然气生物标记化合物检测等。

（3）油田水的分析测试。

由于油田水埋藏于地下，长期与围岩和油气相接触，使得油田水的化学成分变得极其复杂。通过分析测试油田水中与油气相关的化学成分，对指导油气勘探具有重要的意义。

油田水的分析测试项目很多，常规油田水分析化验包括油田水中的阴离子和阳离子数量测定、水型（苏林分类）和水类（帕勒梅尔分类）的划定等。非常规分析测试包括水中几十种微量元素（如溴、碘、硼）、十几种有机组分（如烃类、酚、有机酸）的分析化验。

油田水中的某些微量元素的组合特征、异常值或比值，能反映油田水的起源、沉积环境、浓缩程度及水文地质封闭性。油田水中的环烷酸、酚的含量通常可作为油气田勘探的重要水化学标志。

1.3.2 研究技术思路

本研究以高分辨率层序地层学和沉积学理论为指导，进行地层精细划分对比；以 13 口重点取心井资料为基础，进行测井相分析，并进行单砂体级别沉积微相研究；最后运用实际岩心的资料通过大量翔实的室内测试分析，为储层的特征研究打下坚实的基础，并通过对储层裂缝以及烃源岩及成藏期分析，对有利区域进行预测和地质储量计算，结合储层动态分析资料，对目标区域剩余油进行研究并调整开发井网部署，最后编制动态监测方案，为油田的高效开发提供理论依据。本次研究采用的技术路线如图 1.4 所示。

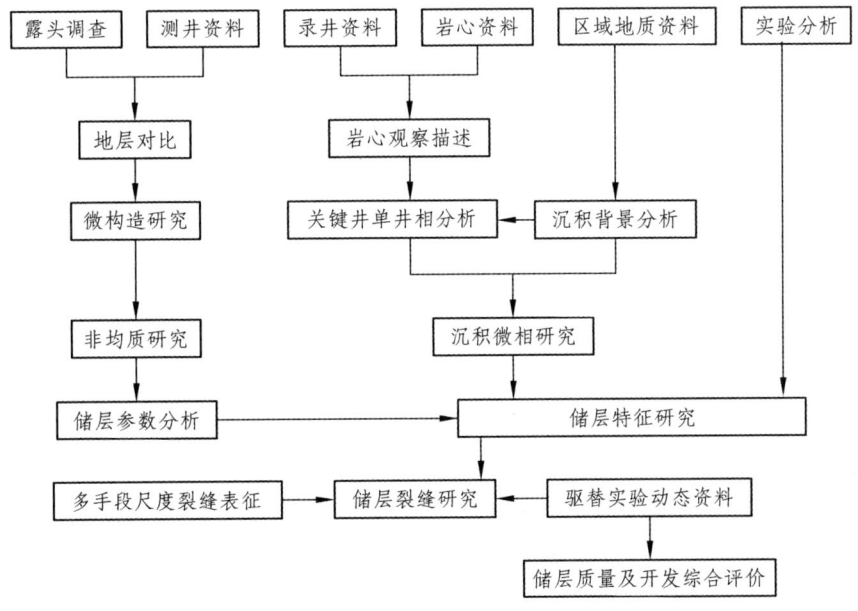

图 1.4　研究技术路线图

1.4 主要工作

在研究技术思路及研究方法指导下，本书依据研究内容涉及的研究方面逐步进行了各项研究工作。在广泛调研国内外大量相关参考文献及科研报告的基础上，结合野外露头观察、岩心观察与描述、测井资料及地震资料的收集与处理、室内分析测试，对研究区块进行了深入系统的研究，主要完成了以下工作：

（1）广泛收集及查阅了国内外相关文献及科研报告，共计文献500余篇，报告30余份，书籍50余部。收集了300多口井的钻井地质报告、完井地质报告、测井曲线、录井资料，收集了30多口钻井的岩心照片、普通薄片、铸体薄片、阴极发光、粒度分析、物性分析、X衍射分析测试数据、压汞资料。

（2）岩心库观察探井40余口，共计长约1 000 m。

（3）系统观察与描述了3条野外露头剖面，共计长约5 000 m。

（4）室内观察岩石薄片100余片，拍摄照片300余幅。

（5）测试样品流体包裹体150块。

（6）编绘了区域地质图、构造演化分析图、层序地层及充填序列综合柱状图等10幅。

（7）编绘了层序地层学相关界面及垂向序列分析图件、地震剖面、层序格架对比图、模式图等30幅。

（8）编绘了物源分析、典型沉积特征、粒度分析、岩心柱状图、单井柱状图、连井沉积断面图、砂体及沉积相平面展布图、模式图等各类图件80余幅。

（9）编绘了储层基本岩石类型、物性特征、孔隙结构特征、典型成岩作用等各类图件约40幅。

（10）编绘了储层发育控制因素、储层致密化成因、孔隙演化、流体包裹体测试、有利储层平面分布图等各类图件50余幅。

1.5 主要成果

（1）针对工区内 40 口评价井测井图片进行数字化及初步分层，优选关键的 22 口井进行岩心系统观察及描述，针对沉积、含油性、裂缝、储层非均质性特征等采集照片 300 张，取样 150 块，并进行样品整理和送样计划共 10 项，总计 134 块，形成了较为丰富的基础研究资料。

（2）依据区域标志层，结合旋回划分、分级控制的原则进行了研究区的精细地层划分与对比。长 6 可以细分为长 6_1^1、长 6_2^1、长 6_1^2、长 6_2^2、长 6_1^3、长 6_2^3 单砂层，建立了研究区等时地层格架。地层发育特征为工区北北西部地层较厚，南部地层厚度稳定，中部新 259 附近地层厚度较薄。

（3）在地层对比基础上，整理出长 6_1^3 和长 6_2^3 地层厚度，完成工区地层厚图 2 幅，推测物源方向可能由北东至南西存在 3 条水下分流河道沉积。综合岩石的颜色、沉积构造、粒度曲线、植物化石等信息，认为研究区主要为三角洲平原亚相，依据沉积和测井相标志，可以进一步划分为分流河道、天然堤及分流间洼地 3 种微相类型。研究区内分流河道微相的砂体是重要的含油砂体，在垂向上长 6_1^3 是砂体发育最主要的层位，沉积厚度相对大于长 6_2^3。长 6^3 整体表现为由下向上湖盆萎缩、水退的趋势，发育多套反旋回沉积序列。研究区共发育 3 条水下分流河道；南部发育 2~3 个河口坝；河口坝微相及水下分流河道微相是有利储层发育的相带。

（4）绘制了研究区 2 m 间距的等高线，揭示了在东高西低的西倾单斜的背景下，形成了 3 个鼻状构造，局部发育背斜圈闭。鼻状构造在平面上成排发育，轴向以近东西向为主；纵向上，构造形态具有较好的继承性。

（5）岩石类型以长石砂岩为主，填隙物以自生黏土矿物和碳酸盐胶结物、硅质胶结物为主。粒度 ϕ 值总体分布区间为 1~5，平均粒径为 2.64，平均偏度 0.04，尖度 2.53，标准偏差 0.54，为极细砂质细砂岩。薄片观察，砂岩储层的胶结类型以孔隙胶结为主；颗粒大小均一、分选性好，颗粒磨圆度以次棱为主；颗粒以线接触为主，部分为凹凸接触。孔隙类型多样，包括粒间孔、长石溶孔、岩屑溶孔、粒间溶孔、晶间孔等多种类型。粒间孔、粒间溶孔及长石溶孔为本区最主要的储集空间。成岩作用主要有压实、压溶、胶结、溶解作用。储层为中等压实程度，胶结作用以自生黏土矿物胶结为主，后期的溶解作用增加了储层的孔渗性。

（6）统计 185 个样品物性分析，平均孔隙度为 10.14%，平均渗透率为 $0.68 \times 10^{-3} \mu m^2$。发育 4 种喉道类型，其中孔隙缩小型、点状喉道平均宽 5~10 μm，喉道内充填物相对较少，是最好的渗流通道之一。此外，还发育微破裂缝。微裂缝细而直，一般长 50 μm，平均宽 1~5 μm，裂缝内壁黏土矿物不发育，也是最好的流体渗流通道。

（7）从整体上看，研究区的渗透率非均质性很强，2 个小层中以长 6_1^3 小层非均质性中等，砂体连通性较好，有利于后期的注水开发。运用多参数聚类分析评价法对储层进行综合评价（分为 3 类），并对有利的储层分布进行了合理预测。通过对流动单元的研究，可将其划分为 5 个泛砂体连通体，依据流动系数和储集系数又可将其划分为 4 类，即相对中低孔中高渗、低孔高渗、低孔中渗、低孔低渗。前 2 类的流动单元在河口坝及水下分流河道中部较为发育。

（8）结合相渗及驱替实验，对流体的渗流动态变化及渗流机理有了一个较为清楚的认识。相渗特征显示束缚水饱和度较大，平均为 33.37%；残余油饱和度（Sor）也较高，平均为 37.5%，油田开发难度大；随着水相饱和度增加，油相相对渗透率急剧下降，而水相相对渗透率上升幅度出现差异。

（9）综合利用地应力、露头、岩心、成像测井资料、镜下薄片资料对高角度构造缝和层理缝 2 种不同规模、不同尺度的裂缝进行描述；结合最大曲率法和渗透率级差法对裂缝进行了综合预测，并对人工缝和天然裂缝的耦合进行了初步探讨。

（10）长 6 储层压裂缝，一般与天然裂缝产生耦合，形成沿最大水平主应力方向（北北东—北东东）延伸的垂直裂缝。通过"水平井+体积压裂"大幅提高了裂缝与储层的总接触面积。从研究区井下微地震的监测结果来看，入地液量与裂缝带长度均较大，保证了研究区水平井初期的生产能力。水平井生产动态整体表现为初期产量较高（10 t/d 以上），产量递减快，投产 3~5 个月后，产量递减均在 50%以上（日产油低于 5 t/d），投产 1 年后单井平均日产油 3 t/d。

第 2 章　野外露头调查

野外露头调查是为准确了解沉积构造所进行的一项基本工作，同时也是后续研究工作的基础。在鄂尔多斯盆地南缘延长组地面露头或钻井剖面可见到一些呈"脉状"产出的砂岩，部分"砂岩脉"分布于油页岩中，而且与油页岩接触处可见与岩层大致平行的"擦痕"。有些"砂岩脉"规模较大，厚近 1 m，与油页岩呈斜交状产出；然而有些"砂岩脉"的规模则很小，由厚仅数厘米的薄板状至逐渐尖灭。本章着重介绍区域延长组野外露头的层位分布、岩性特征以及分布特点等。

2.1　延河剖面

研究区位于陕西省延安市延长县，剖面延长组长 10～长 2 自黄河西岸沿延河向西经白家河、张家滩镇、延长县城至甘谷驿镇，长 1 由姚店向西至延安桥儿沟镇一带沿 210 国道出露。延长县延河剖面位置如图 2.1 所示，剖面名称及观察点位置如表 2.1 所示。

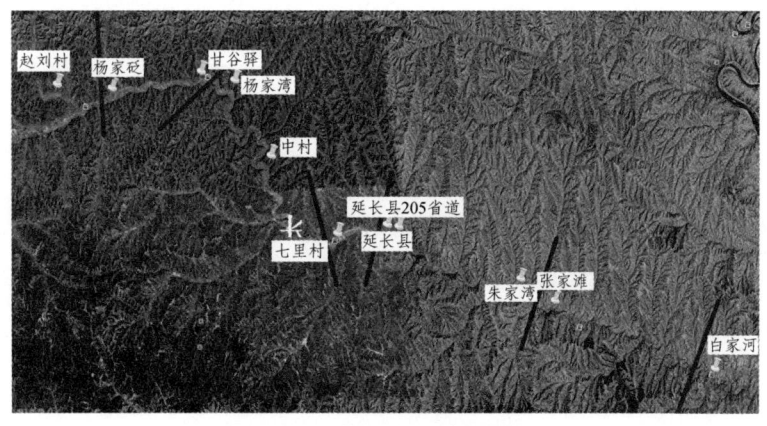

图 2.1　延长县延河剖面位置

表 2.1 剖面名称及观察点位置

剖面名称	观察点	内容		说明
		地层	界限	
	铜川高速公路入口	长 10	长 10/纸坊组	
	白家河	长 8、长 9	长 8/长 9	
	白家河往西 1 km	长 8 中部		
	白家河往西 2 km	长 8 上部		
	张家滩	长 7	长 7/长 8	张家滩页岩
	朱家湾	长 7		
	205 省道 93 km	长 6、长 7	长 6/长 7	
	延长县往西 1 km	长 6		
	七里村油矿	长 6、长 4+5	长 3/长 4+5	
	曹区村	长 4+5		
	曹区村往西 3 km	长 3、长 4+5	长 3/长 4+5	
	中村	长 3		
	杨家湾	长 2、长 5	长 2/长 5	
	甘谷驿	长 2		
	杨家砭	长 1		

2.1.1 岩性分类

下三叠统延长组自下而上按岩性可区分出 5 个岩性段,按岩性、电性及含油气性又可划分为 10 个油层组,即第一段(长 10),第二段(长 9~长 8),第三段(长 7~长 4+5),第四段(长 3~长 2),第五段(长 1)。延长县延河延长组柱状剖面如图 2.2 所示。

地层			层号	层厚/m	比例尺/m	剖面	岩性
系	统	组	油层组					

系	统	组	油层组	层号	层厚/m	比例尺/m	剖面	岩性
三叠系	上统	延长组	长7	22	16.9	700		灰绿色中厚层细砂岩与泥岩、粉砂质泥岩、泥质粉砂岩及粉砂岩不等厚互层,夹大量灰黑色页岩及油页岩
				21	13.0			
				20	28.3			
				19	38.3			
				18	14.0			
			长8	17	18.4	800		灰、灰绿色中厚层细砂岩夹灰绿、深灰色泥岩、粉砂质泥岩、泥质粉砂岩
				16	15.0			
				15	20.3			
				14	40.3			
			长9	13	16.7	900		肉红、灰及灰绿色中厚层细砂岩与泥岩、泥质粉砂岩及粉砂岩不等厚互层
				12	16.0			
				11	14.1			
				10	17.4			
				9	18.0			
				8	16.0			
				7	12.0			
			长10	6	20.1	1000		肉红、灰绿、灰紫色及杂色厚层-块状中-细粒砂岩夹粉砂质泥岩及粉砂岩
				5	24.1			
				4	36.2			
				3	15.4			
				2	28.4	1100		
				1	25.4			

(a)

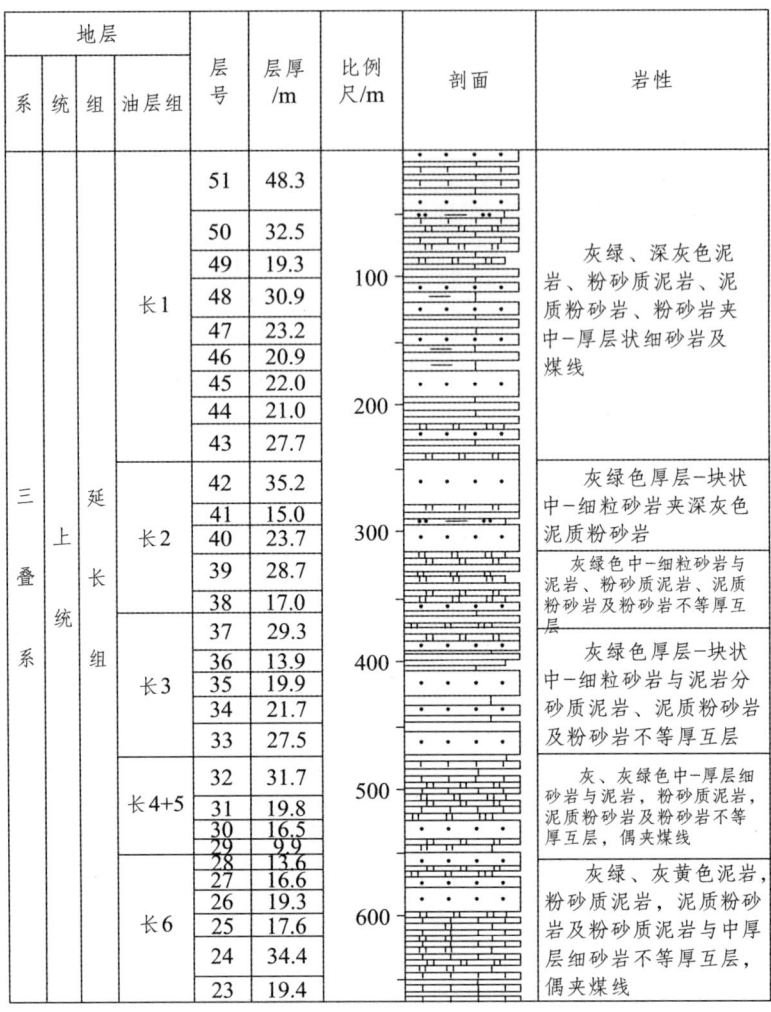

图 2.2　延长县延河延长组柱状剖面图

2.1.2　油层组分类

1. 长 10 油层组

长 10 油层组在盆地东缘为一套河流相沉积。岩性以灰绿色、褐红色厚层块状细至粗粒长石砂岩为主，夹深灰色泥岩，厚度一般为 250～350 m，如图

2.3 所示。砂岩中因富含肉红色斜长石及浊沸石,表面常呈肉红色斑点,俗称"麻斑砂"或"愚人花岗岩",它与下部中统纸坊组地层呈整合接触关系,如图 2.4 所示。

图 2.3 长 10 油层组岩石

图 2.4 麻斑岩

2. 长 9 油层组

长 9 油层组沉积时期，鄂尔多斯盆地大面积积水成湖。在盆地东缘，为一套河流-湖泊相沉积。中下部为一套浅灰色、浅灰绿色厚层状中细粒长石砂岩，夹灰黑色泥岩。上部为灰黑色泥岩与浅灰绿色粉细砂岩的不等厚互层。整个油层组厚度为 90 ~ 120 m（见图 2.5）。

图 2.5　长 9 油层组岩石

3. 长 8 油层组

长 8 油层组在盆地东缘为一套湖泊三角洲相沉积。岩性以浅灰绿色、浅灰色厚层状中细粒长石砂岩为主，夹薄层深灰色、灰黑色泥岩。厚度为 80 ~ 100 m，单层砂厚可达 20 m 以上。在河道砂岩中常见楔状交错层理，底部有大量泥砾发育（见图 2.6 ~ 图 2.9）。

图 2.6　长 8 ~ 长 9 油层组岩性分界

第 2 章　野外露头调查

图 2.7　延河剖面白家河东长 8 分流河道砂体特征
（曲流河三角洲平原多期分流河道垂向叠置）

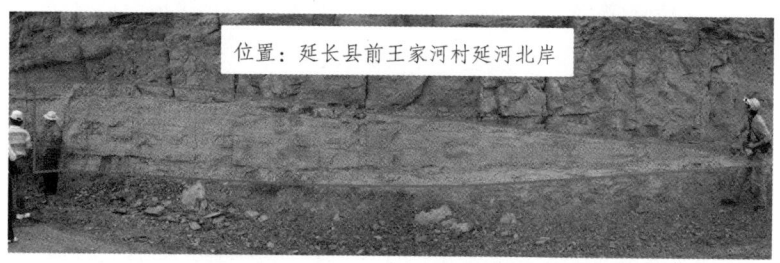

图 2.8　延长县前王家河村延长组长 8_1 河口坝沉积

（a）　　　　　　　　　　　　　（b）

图 2.9　延长组长 8_1 "愚人花岗岩"

4. 长 7 油层组

长 7 油层组是湖盆发展演化的鼎盛时期，全区湖水伸展范围最大，在盆地东缘为一套浅湖相沉积。岩性以深灰色、灰黑色、黑色泥页岩夹薄层粉细砂岩、砂岩透镜体。底部发育的黑色油页岩，俗称"张家滩页岩"，属于延长组的主要生油岩系，厚度达 60 m，区域分布范围广，是地层对比的重要标志层（见图 2.10）。

图 2.10　长 7 油层组岩石

河道下切明显，河道砂体厚度 20 m 左右，宽度 250 m 左右（见图 2.11）。

图 2.11　延河剖面长 7 大型砂岩透镜体

5. 长6油层组

长6油层组是鄂尔多斯盆地一次重要的三角洲建设时期，在盆地东缘主要为滨浅湖相沉积。岩性以灰绿色厚层状中细粒长石砂岩为主，夹薄层灰色、深灰色、灰黑色泥岩。砂岩厚度大、粒度粗、分选好、物性好，是有利的储层，常见板状、槽状交错层理（见图2.12和图2.13）。

图2.12　长7~长10油层组岩性分界

图2.13　长6油层组内分流河道

流入湖砂体的前积式沉积时期，湖盆属于退缩期，河流是主要的沉积单元，换一个角度，可以看到河流侧向加积的形态（见图2.14）。

图 2.14　长 6 油层组岩石

6. 长 4+5 油层组

长 4+5 油层组沉积时，发生小型湖侵，湖水范围扩大，在盆地东缘为滨浅湖三角洲前缘相沉积。岩性主要为灰绿色中、薄层状长石细砂岩、粉砂岩与深灰色、灰黑色、黑色泥岩的薄互层（见图2.15）。

图 2.15　长 4+5～长 6 油层组岩性分界

长 4+5 油层组分为长 $4+5_1$ 和长 $4+5_2$ 两段,每段均为小型正旋回沉积(见图 2.16)。

图 2.16 长 4+5 油层组

7. 长 3 油层组

长 3 油层组沉积时期,湖泊萎缩,在盆地东缘主要发育三角洲平原相沉积。岩性从下向上,砂岩含量增加。底部为砂泥岩互层,中上部为厚层块状砂岩夹薄层泥。单层砂岩厚度大,可达 10~20 m,内部常发育板状、楔状等交错层理(见图 2.17 和图 2.18)。

图 2.17 长 3~长 4+5 油层组岩性分界

图 2.18　长 3 三角洲前缘砂体展布特征
（多期的水下分流河道的侧向迁移与叠置）

8. 长 2 油层组

长 2 该油层组沉积时，湖泊进一步萎缩，在盆地东缘为河流相沉积。岩性为灰绿色，厚层状中细粒长石砂岩，夹薄层灰色泥岩。砂岩单层厚度大，常见板状、槽状等大型交错层理（见图 2.19～图 2.23）。

图 2.19　长 2～长 3 油层组岩性分界

第 2 章 野外露头调查

图 2.20 长 2 油层组内厚层状砂岩夹薄层泥

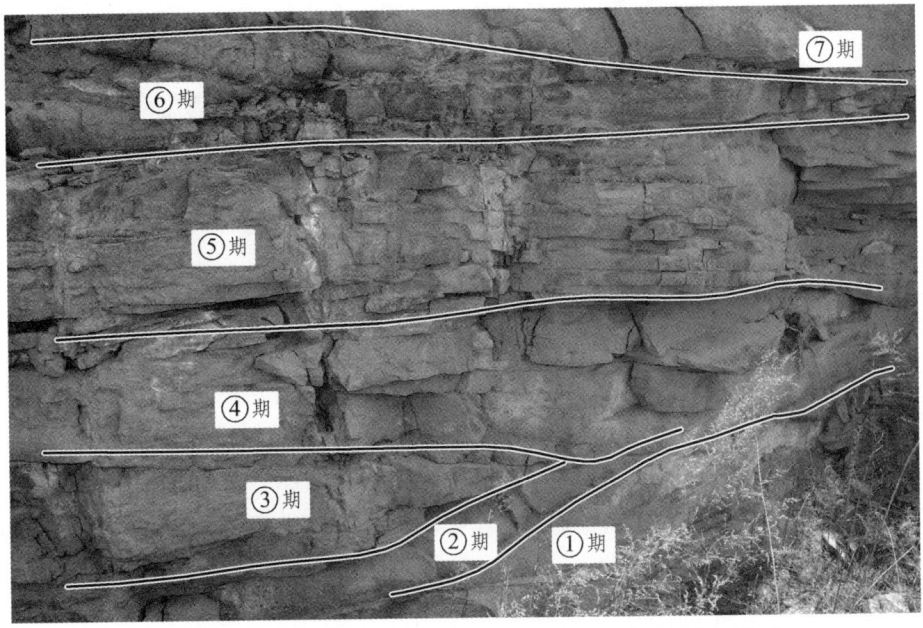

图 2.21 长 2 油层组内多期河道砂体的切割与叠置关系

图 2.22　长 2 油层组岩石

图 2.23　长 2 油层组顶部与第三系地层的分界

9. 长 1 油层组

长 1 油层组沉积时，湖盆进入衰亡阶段，盆地内大面积沼泽化，在盆地东缘为河湖沼相沉积。岩性以灰色、深灰色泥岩、炭质泥岩夹煤层、煤线为主。下部发育灰绿色、灰白色长石细砂岩，常见小型斜层理，泥岩中炭化现象严重（见图 2.24 和图 2.25）。

第 2 章　野外露头调查

位置：杨家砭

长1油层组中发育的薄煤层

图 2.24　长 1 油层组

图 2.25　长 1 油层组内发育的砂泥岩互层

2.2 铜川剖面

2.2.1 耀州柳林三叠系剖面

剖面位于陕西省铜川市耀州区北西方向约 30 km 的柳林川一带。耀州区柳林镇三叠系露头由安里（刘家沟组）、柳林镇南—陈家楼子（纸坊组）、陈家楼子—史家湾（长 10～长 7）、走马湾—核桃庄（长 6～长 4+5）、崔家沟煤矿南铁道口（长 3～长 2）、杏树坪（长 1）构成一个完整的剖面（见图 2.26）。

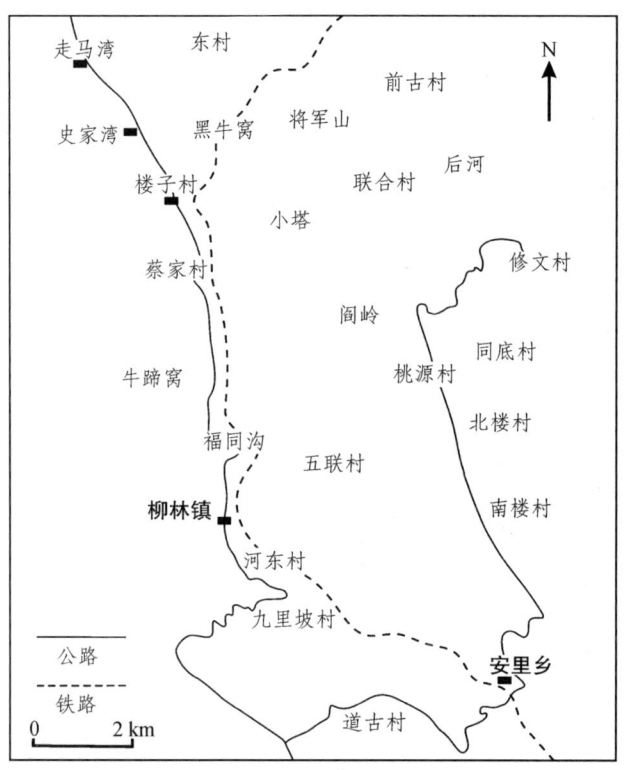

图 2.26 耀州柳林三叠系剖面路线图

1. 中三叠统纸坊组顶部曲流河点坝沉积剖面

（1）位置：耀州区柳林镇九里坡村东南（见图 2.27）。

图 2.27　耀州区柳林镇曲流河露头位置

（2）出露地层：中三叠统纸坊组顶部曲流河沉积。

（3）沉积岩性：纸坊组在耀州柳林川一带沉积分为上、下两段。下段为灰绿色块状砂岩夹紫红色粉砂质泥岩（295 m）；上段为灰绿色砂岩与暗紫红、深灰绿色粉砂质泥岩不等厚互层夹少量黑色页岩（447 m），如图 2.28 所示。

图 2.28　露头区曲流河沉积体系剖面

（4）沉积特征：露头为两个河道单元复合而成，该河道复合体共由6级内部构成单元组成，由大到小分别是河道复合体、河道单元、点坝、点坝内部侧积体、交错层系组（岩性相区）和交错层系（岩性相），它们的分布被5级、4级、3级、2级、1级界面所限定。

① 河道单元Ⅰ：现保存宽度120 m，厚5 m，其内部由a、b、c、d、e和f等6个依次向东侧积的点坝形成；在每个点坝内部均发育多个侧积体、侧积层，侧积体内部结构均一，由分选极好的块状中粒砂岩组成（见图2.29和图2.30）。

② 河道单元Ⅱ：总宽度260 m，厚5 m左右，其内部由a、b、c、d、e、f和g等7个依次向西侧积的点坝和规模较小的废弃河道构成（见图2.29和图2.31）。

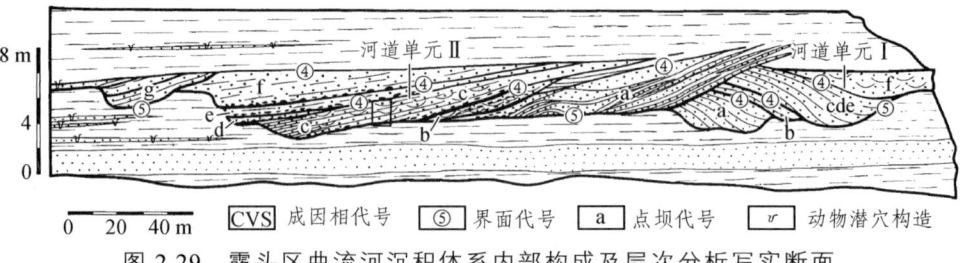

图2.29 露头区曲流河沉积体系内部构成及层次分析写实断面

图2.30 河道单元Ⅰ

图 2.31　河道单元 Ⅱ

2. 下三叠统延长组剖面

研究区域位于耀州区柳林川一带，延长组地层出露情况较好，构成一个完整的剖面。代表性出露情况有陈家楼子—史家湾（长 10～长 7）、走马湾—核桃庄（长 6～长 4+5）、崔家沟煤矿南铁道口（长 3～长 2）、杏树坪（长 1）、（见图 2.32）。

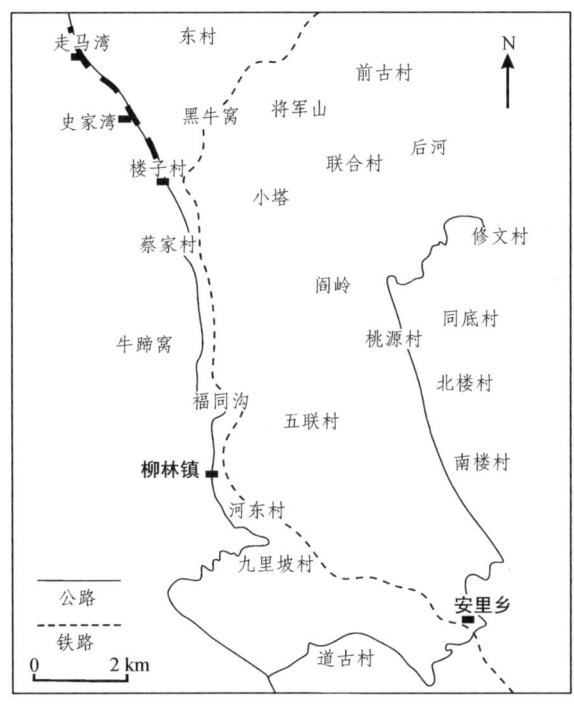

图 2.32　耀州柳林三叠系剖面路线图

下三叠统延长组自下而上按岩性可区分出 5 个岩性段，按岩性、电性及含油气性又可划分为 10 个油层组（见图 2.33 ~ 2.37）。

地层				层号	层厚/m	比例尺/m	剖面	岩性
系	统	组	油层组					
三叠系	上统	延长组	长1	51	21.6	100		淡黄、灰黄、绿黄色泥岩、粉砂质泥岩夹块状细-中粒砂岩及煤线
				50	20.2			
				49	26.6			
				48	24.7			
				47	60.3			
			长2	46	19.3	200		棕黄、浅灰色砂岩夹浅蓝灰、浅黄绿色粉砂质泥岩
				45	36.3			
				44	15.0			
			长3	43	29.1			黄灰色细-中粒块状砂岩与泥岩，粉砂质泥岩互层
				42	24.6			
			长4+5	41	16.8	300		浅灰色粉砂质泥岩夹黄灰、黄绿色砂岩
				40	39.6			
				39	26.8			
				38	37.3	400		
				37	37.1			
			长6	36	20.3			浅灰绿、黄灰色块状砂岩与黄灰色粉砂质泥岩不等厚互层
				35	38.1	500		
				34	11.4			灰黑、黄灰色泥岩夹薄层砂岩
				33	32.3			
				32	14.0			灰黄、棕黄色块状砂岩夹灰黑、灰绿色泥岩、粉砂质泥岩及泥质粉砂岩
				31	19.6			
				30	20.8	600		
				29	22.6			
				28	12.1			浅灰、灰黑色泥岩，劣质油页岩、油页岩夹暗灰、棕灰、黄绿色砂岩
				27	45.2			
				26	18.6	700		
				25	22.2			黄绿、灰黄色粉砂质泥岩夹灰黄、棕灰色砂岩及粉砂岩
				24	23.0			
			长7	23	14.3			黑色油页岩与灰黑色泥岩夹薄层粉-细砂岩
				22	13.3			
				21	14.6			
				20	15.4	800		
				19	16.6			

（a）

地层				层号	层厚/m	比例尺/m	剖面	岩性
系	统	组	油层组					
三叠系	上统	延长组	长8	18	25.8	900	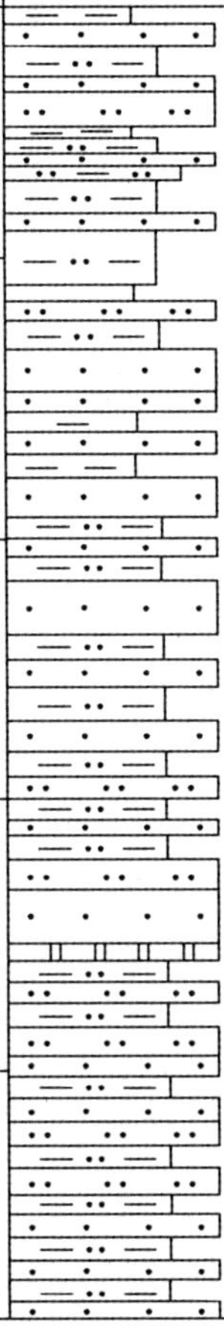	灰黑、黄灰色粉砂质泥岩与灰黄、浅黄绿色砂岩
				17	12.8			
				16	21.6			
				15	38.5			
			长9	14	23.5	1000		黄绿、灰绿色砂岩夹深灰、黄绿色粉砂质泥岩
				13	16.4			
				12	32.4			
				11	14.4			
				10	24.5			
			长10	9	18.7	1100		灰绿色砂岩夹灰、深灰色粉砂质泥岩
				8	20.2			
				7	24.1			
				6	49.6			灰、深灰、灰黑色粉砂质泥岩与粉砂岩互层夹块状砂岩
				15	25.7	1200		灰绿色砂岩,底部为砾岩
				4	36.9			灰、深灰、灰黑色粉砂质泥岩与粉砂岩互层
				3	24.1			灰绿色砂岩夹粉砂质泥岩
				2	34.4			灰、深灰色粉砂岩与粉砂质泥岩互层
				1	38.0			灰绿色砂岩夹灰、深灰色粉砂质泥岩

(b)

图 2.33 耀州柳林三叠系延长组柱状剖面图

图 2.34 陈家楼子纸坊组粉砂质泥岩与延长组长 10 厚层细砂岩分界

图 2.35 延长组长 9 粉砂质泥岩与长 8 细砂岩分界

图 2.36 聂家沟延长组长 7 油页岩

图 2.37 长 6 薄-中厚层砂岩与泥岩及少量劣质油页岩互层

2.2.2 铜川金锁关三叠系剖面

研究区位于陕西省铜川市以北 15 km 处金锁关附近,延铜川—焦坪煤矿公路,由纸坊镇经金锁关镇至柳林沟(见图 2.38)。由于该剖面所含丰富的动、植物化石,使之成为鄂尔多斯盆地上三叠统延长组生物地层研究的标准剖面。

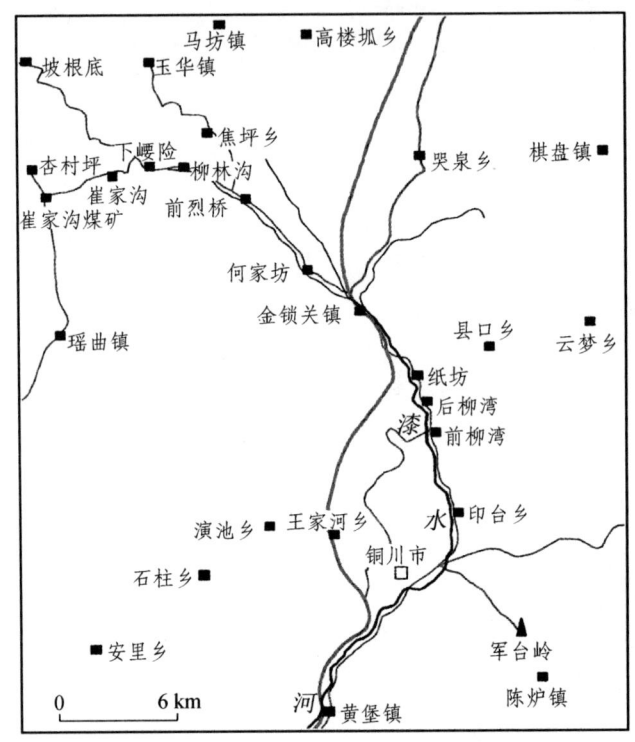

图 2.38 铜川金锁关剖面路线图

下三叠统延长组自下而上按岩性可区分出 5 个岩性段;按岩性、电性及含油气性又可划分为 10 个油层组(见图 2.39)。

第 2 章 野外露头调查

地层				层号	层厚/m	比例尺/m	剖面	岩性
系	统	组	油层组					
三叠系	上统	延长组	长6	23	33.0	800		灰绿色砂岩与深灰、灰黑色泥岩互层
				22	28.0			
				21	21.0			
				20	25.0	900		
			长7	19	21.0			灰黑色泥岩、油页岩夹薄层细-粉砂岩
				18	27.0			
				17	32.0			
			长8	16	25.0	1000		灰绿、灰黄色细-粉砂岩夹灰色泥岩，粉砂质泥岩
				15	30.0			
				14	17.0			
				13	31.0			
			长9	12	38.0	1100		灰色粉砂质泥岩和粉砂岩夹灰绿色中层状砂岩
				11	32.0			
				10	53.0	1200		
			长10	9	19.0			灰绿、灰黄色含砾砂岩、细砂岩与深灰、灰黄色炭质泥岩、粉砂质泥岩、粉砂岩不等厚互层
				8	21.0			
				7	24.0			
				6	17.0	1300		
				5	33.0			
				4	29.0			
				3	47.0	1400		
				2	45.0			
				1	38.0			

（a）

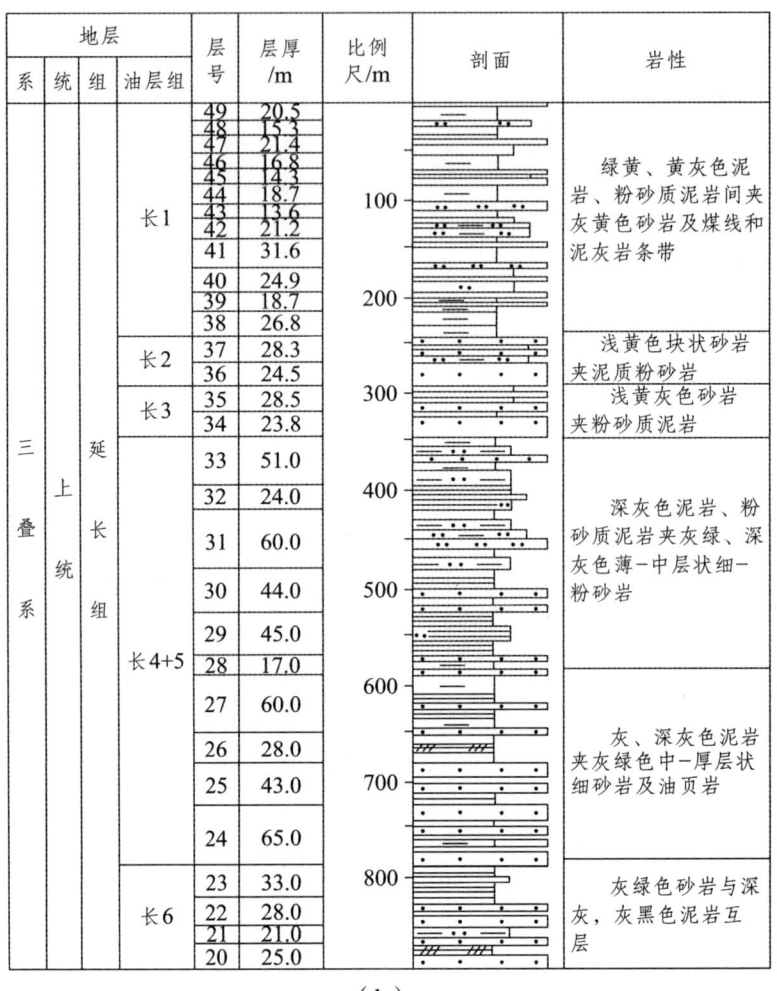

(b)

图 2.39 铜川金锁关三叠系延长组柱状剖面图

纸坊组顶部为暗紫红、灰绿色粉砂质泥岩夹黄绿、紫灰色粉-细砂岩,延长组长 10 为灰绿、灰黄色含砾砂岩、细砂岩(见图 2.40 ~ 图 2.43)。

图 2.40　金锁关纸坊组与延长组的分界

图 2.41　金锁关长 9 粉砂质泥岩夹薄-中厚层砂岩与长 8 分界

图 2.42　长 8 油层组顶部河口坝沉积

图 2.43　三岔路口约 2 km 处延长组长 8 顶部河口坝沉积

沉积特征：垂向上两期河口坝叠置；单一河口坝厚度 6 m 左右；其间发育较为稳定的隔层，隔层厚度为 10~15 cm，为黑灰色泥岩，含炭屑；在单一河口坝内部，发育多个增生体，3 级构型界面处发育泥岩夹层，岩性与隔层相似，厚度 5 cm 左右。

滑塌构造发育；岩性以粉砂岩-细砂岩为主，呈下细上粗的反韵律特征；前积特征较为明显，应为典型的河口坝沉积（见图 2.44~2.47）。

图 2.44　滑塌构造

图 2.45　前积特征

图 2.46　何家坊延长组长 7 油页岩

图 2.47 延长组长 3 中-厚层细砂岩

第 3 章　地层划分与对比

在充分熟悉已有的勘探评价情况（包括钻井、录井、取心资料、测井资料等）和前人研究成果的基础上，根据露头调查、岩心观察；综合录井测井资料以及油藏静、动态资料，利用高分辨层序地层学理论和观点，确定油田各地质单元的划分标准，反复对比、闭合，在原地层划分的基础上和邻区地层进行对比统层，建立地层划分与对比的基础数据库，对全区地层进行精细小层对比，建立等时地层对比格架。

本区钻井资料揭示的地层自上而下为：第四系、白垩系洛河组；侏罗系安定组、直罗组、延安组、富县组。研究井仅部分钻穿三叠系延长组，大部分完钻层位于长6~长8。各层组岩性特征除安定组发育泥灰岩外，其他均由砂泥岩地层构成。侏罗系下统富县组与三叠系上统延长组不整合接触。本区内侏罗系富县组、三叠系延长组长1油层组残留厚度变化较大，而其他层段厚度比较稳定。

本次研究的重点层位是延长组的长2、长4+5、长6油层组，在地层划分对比的过程中，以实际地层的岩性、电性组合特征为出发点，考虑到生产单位的习惯，同时借鉴了原地矿系统及长庆油田对陕北地区三叠系地层及油层组的划分标准（见表3.1），遵循了先寻找区域标志层，再寻找辅助标志层，先对大段，再对小段，旋回控制与参考厚度等方法相结合的原则。张家滩页岩是代表性的湖进沉积产物，为盆地内部统一的最大湖泛面，在盆地南部分布稳定，是盆地三叠纪地层对比的标志层。因此，在地层划分对比过程中首先按标志层控制住各油层组的大致范围，然后按旋回确定具体的油层组界限。如果在厚度上不协调，再考虑厚度原则。本次研究按照上述划分对比原则，将研究区内181口井延长组所钻遇层位进行了认真研究与对比。

表 3.1　黄陵探区延长组地层划分简表

系	统	组	段	油层组	油层亚组	厚度/m	电性特征	标志层
侏罗系	中下统	延安组						宝塔砂岩段
		富县组						
三叠系	上统	延长组	第五段（T_3y^5）	长1		27~90	灰黑、黑色泥岩、碳质泥岩夹绿灰色细砂岩、粉砂岩。呈高伽马、高时差特征	瓦窑堡煤系地层（K9）
			第四段（T_3y^4）	长2		103~131	黄绿、绿灰色厚层砂岩夹泥岩。低伽马、低时差、自然电位呈箱状，局部高电阻与上覆地层相区别	
				长3		105~137		
				长4+5		72~90	砂、泥岩互层性段。声波时差、自然伽马起伏较上覆地层大、电阻略显高值与上覆地层区别	高阻泥岩段（K5）
			第三段（T_3y^3）	长6	长6^1	28~43	砂岩以细砂、粉细砂为主，砂夹泥或砂泥岩互层段。低时差、低伽马自然电位偏负小与上覆地层相区别	斑脱岩（K4）
					长6^2	28~40		斑脱岩（K3）
					长6^3	16~24		斑脱岩（S2）
					长6^4	12~20		斑脱岩（K2）
				长7		80~100	泥岩夹粉细砂岩、粉砂岩段，以高电阻、高伽马、低时差、自然电位平直（局部偏正）为特征	张家滩页岩（K1）
			第二段（T_3y^2）	长8				李家畔页岩（K0）
				长9				
			第一段（T_3y^1）	长10				

3.1　延长组地层特征

　　研究区上三叠统延长组是盆地形成后接受的第一套生储油沉积岩系，也是本区主要的生、储、油层。自20世纪30年代王竹泉和潘钟样建组以来，

第3章 地层划分与对比

经过广大地质工作者,特别是长庆油田、延长油矿和地矿部第三石油普查大队,以及西北大学等单位的地质工作者的辛勤劳动,其时代和地层细分工作已经取得重大进展。目前,多数地质工作者认为延长组的时代属于晚三叠世。

按照岩性特征通常将延长组自下而上分为 5 个岩性段:T_3y^1 长石砂岩段、T_3y^2 油页岩段、T_3y^3 含油砂岩段、T_3y^4 块状砂岩段和 T_3y^5 瓦窑堡煤系。随着勘探工作不断向盆地内部的扩展和钻井资料的增多,在原来五分法的基础上,按照岩性、电性和含油性特征再将其自上而下细分为 10 个油层组,即长 1~长 10(见表 3.2)。根据生产需要,又将每个油层组分为 2~3 个油层段。其中,长 1~长 3、长 6 和长 7 为三分,长 4+5 和长 8 为二分。

延长组是本区的主要含油层系之一,也是本次研究的目的层。根据岩性及古生物组合,延长组可划分为 5 个岩性段及 10 个油层组(见表 3.2)。

第一段(长 10)为河流、三角洲及部分浅湖相沉积,以厚层块状细-粗粒长石砂岩为主,在陇东至铜川一带为浊沸石胶结,普遍见麻斑构造,在陇东地区常见含油显示,在马家滩油田,其为主要产层之一。在盆地南缘崇信汭河为一套厚 400 余米的砂岩沉积,在陇县普陀河为厚 100 余米的砂岩及粉砂岩与泥岩互层沉积,在平凉一带则尚未见相当于延长组第一段的沉积。

表 3.2 鄂尔多斯盆地三叠系延长组地层划分方案

谢庆辉(1954)			地科院三室(1965)			三普(1974)			长庆油田(1974)			
侏罗系	下统	富县组	侏罗系	下统	富县组	中下统	延安群		侏罗系	下统	富县组(J_1f)	
三叠系	上统	延长组	瓦窑堡煤系	三叠系	上统	延长组	三叠系	上统	延长组	第五段($T_3y_5^{1-5}$)	三叠系	上统	延长组	T_3y_5	长1
			块状砂岩带							第四段(T_3y_4)				T_3y_4	长2
															长3
			含油带							第三段($T_3y_3^{1-3}$)				T_3y_3	长4+5
															长6
			油页岩带			铜川组			第二段($T_3y_2^{1-2}$)				T_3y_2	长8
														长9
			长石砂岩段			中统				第一段(T_3y_1)				T_3y_1	长10
	中统	纸坊群	第二段 T_2zf_2		中统	纸坊组		中统	纸坊组	第二段(T_2zf_2)		中统	纸坊组	第二段(T_2zf_2)	
			第一段 T_2zf_1							第一段(T_2zf_1)				第一段(T_2zf_1)	

第二段（长9、长8）除在盆地东北部局部地区和盆地西南缘的平凉一带缺失外，在其他地区均广泛分布；除部分井为含砾砂岩外，在盆地南部广泛发育黑色页岩及油页岩。该段下部（长9）为一套黑色泥页岩，是延长组重要的生油层之一；上部（长8）岩性相对较粗，细砂岩相对集中，故在陇东地区为重要的储油层，在黑色页岩及油页岩井段为高电阻层。在盆地东部佳芦河以北到窟野河地区，中段油页岩分布稳定，俗称"李家畔页岩"，为地层对比的重要标志。

第三段（长7、长6、长4+5）除在盆地西南部的局部地区因后期遭受剥蚀而缺失外，在盆地内的广大地区均有分布，主要为一套灰绿色、灰黑色砂、泥岩互层；在盆地南部，其顶、底部均以厚层黑灰色泥岩为主，尤以底部最为发育，呈油页岩或炭质页岩，俗称"张家滩页岩"，是区域地层对比的标志层。在盆地东部，其为灰绿色细砂岩和灰黑色泥、页岩互层；在盆地南部，砂岩主要集中发育于中部，上下以泥岩为主，底部发育厚层黑色油页岩；在盆地西南部汭河一带，为一套黄绿色、灰绿色砂岩，岩性与盆地内部不同，不含碳酸盐岩屑；在平凉大台子至崆峒山一带为紫红色、灰绿色复成分巨砾岩夹紫红色砂岩条带，俗称"崆峒山砾岩"；在盆地北部东段，为浅灰绿色、黄绿色块状中、粗粒砂岩，局部含砾，夹紫红色、暗绿色砂质泥岩；在西部，本段为灰色细-中粒砂岩夹深灰色泥岩。按沉积旋回，本段可划分为长4+5、长6、长7油层组，长4+5及长7均以泥页岩为主，是本区的主要生油层；长6以砂岩为主，安塞、靖边、吴旗、定边一带及延长、甘谷驿、庆阳等地区均已发现油田，在长7中的浊积砂岩也是陇东地区的主要储油层之一。

第四段（长3、长2）除在盆地西南因遭受剥蚀而缺失外，在全盆地均有分布。本段岩性比较单一，主要为一套浅灰色、灰绿色中-细粒砂岩夹灰黑色、深灰色粉砂质泥岩，砂岩呈块状，具微细层理。按沉积特征，它可分为长2、长3油层组，在华池、城壕、悦乐、镇北、安塞、靖安、葫芦河等地区均有油层分布。

第五段（长1）由于遭受后期剥蚀，在马坊—姬原—庆阳—正宁—马栏一线以西全部被剥蚀，在庆阳—华池一带仅分布在"残丘"上。在盆地的南部和北部，岩性有所不同，在盆地北部的鄂尔多斯以东岩性较粗，为灰绿色、灰白色中粗粒含砾砂岩，并与第四段不易划分；在鄂尔多斯以西，其顶部为薄层油页岩，黑色页岩及含砾砂岩；中部为灰白色、灰绿色细-中粗粒砂岩及炭质页岩；下部为灰绿色细砂岩夹黑色砂质泥岩。在盆地东部的秀延河、大理河一带，该段可细分为三部分：下部为含煤的砂岩、泥岩构成的韵律层，富含植物化石，厚 117 m；中部为浅灰色中-厚层粉、细砂岩与深灰色粉砂质泥岩互层，夹薄煤层及泥灰岩，中夹灰色粉细砂岩，厚 82 m；顶部主要为油页岩，厚 80 m。在盆地南段为灰色、黄色中-厚层状粉砂岩、细砂岩夹砂质泥岩、炭质页岩及数层煤线，上部以泥岩为主，下部为砂、泥岩互层。在盆地西南缘的华亭、汭河一带为一套灰绿色、灰黑色砂质泥岩夹砂岩和煤线，厚 800 m。

3.2 地层划分与对比的依据和方法

正确的地层划分与对比是准确进行地质研究、油藏预测的基础。地层划分的依据是在沉积旋回对比的基础上，结合储层非均质性，各级次的层组应反映层段内储层开发地质特征的相对近似性、层段间的差异性和相对稳定性。在油藏研究中，测井曲线对比在地层对比中占有绝对优势。测井曲线的形态特征是岩性、物性及其所含流体的综合反映，其对比实质上是岩性对比，而岩性剖面上相序和岩相组合的变化，是高分辨率地层对比的基础。因此，利用测井曲线及岩性剖面，可以对研究区地层进行精细划分与对比。

（1）划分依据一：研究区延长组内部发育几个分布较稳定的标志层，本书依据主要标准层 K1、K5、K9 对研究区内延长油层组展开划分。其中长 7 顶、底均以厚层黑灰色泥岩为主，底部最为发育，呈油页岩或碳质页岩，俗称"张家滩页岩"，是区域对比的标志层。此外依据长 6 内部的 K2、K3 标志层，对长 6 进行亚段划分，由此依据可以找出各层的大概位置。

（2）划分依据二：沉积旋回控制。本区延长组底部长 10 以河流辫状河沉积为主，往上转变为三角洲前缘沉积，至长 7 水体加深为深湖相沉积，黄陵探区长 6 油层组发育浊积水道沉积，往上逐渐变化为滨浅湖、三角洲前缘、平原沉积，整体呈现一个正旋回和逆旋回的组合形式，各层内部次旋回丰富。研究区主要钻遇的层位长 1~长 7 以正旋回为主。其中，主力层长 6 油层组在纵向上按标志层控制后，表现为多旋回组合的韵律特点（见图 3.1）。

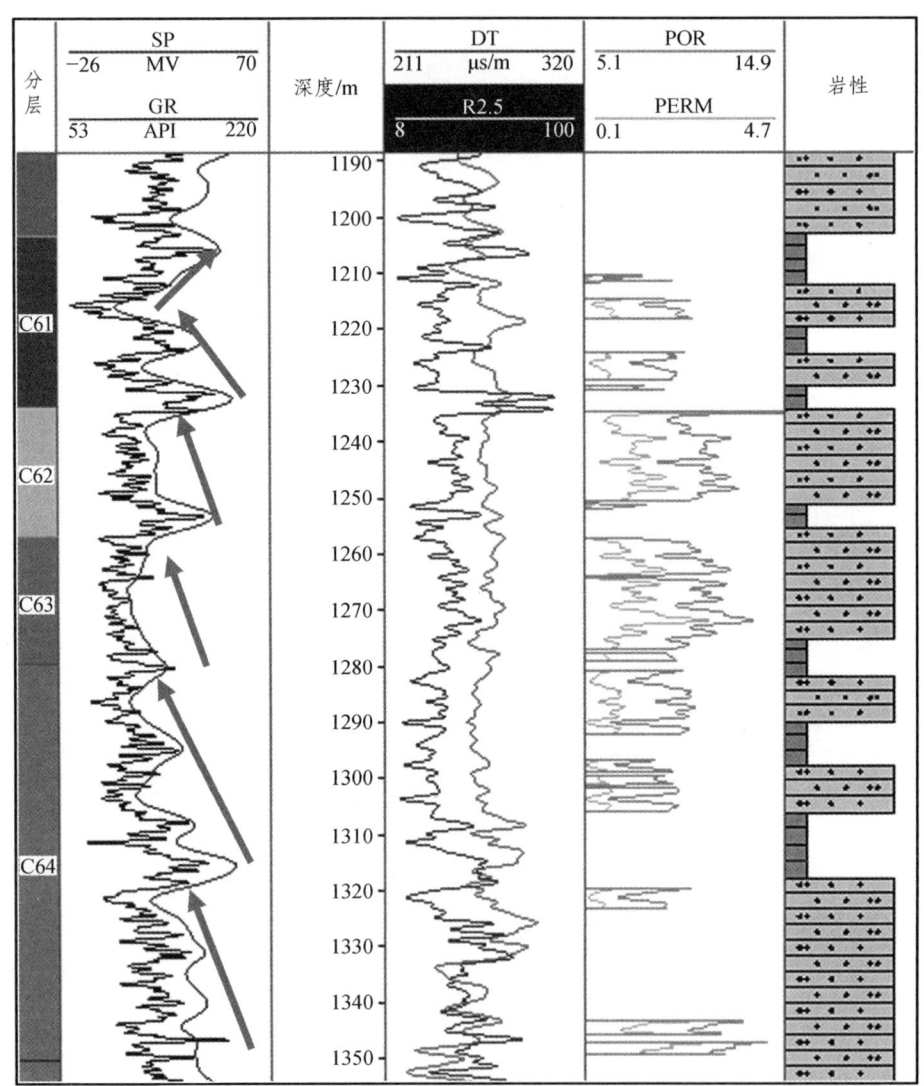

图 3.1　黄陵探区黄 58 井长 6 沉积韵律特征

（3）划分依据三：研究区内除长 1 地层厚度变化较快外，其他层段在沉积时期具有沉积厚度大致相当的原则。因此，在地层对比划分过程中，还同时参考地层厚度的变化趋势，依据沉积旋回特征、砂泥岩性组合特征以及单砂层沉积变化特征对延长组进行划分，保证分层的准确性。

3.2.1 标志层特征

陕北地区延长组普遍发育 K0~K9 十个标志层，黄陵地区 KO、K1、K2、K4、K6 五个标志层较为明显（见图 3.2）。目前，延长组地层划分对比中广泛采用的各标志层特征如下：

（1）K1 标志层：位于长 7 油层组中部，为一套深湖、半深湖相油页岩，即张家滩页岩。地表剖面将其定为 KT 标志层，该层段在盆地南部分布稳定，厚度 10~30 m。电性特征具有高伽马、高时差、高电阻、自然电位比较平直的特点（见图 3.2）。标志层厚 10~16 m，本区仅少数探井钻穿该层。

（2）K2 标志层：是长 7 与长 6 的分界，出现 3~4 个厚度小于 1 m，岩性为棕灰色、微带黄色的斑脱岩（凝灰质泥岩），具有水平层理，电性特征为高声波时差、高自然伽马、高自然电位、低电阻和大井径。

（3）K3 标志层：位于长 6^2 的底部，是控制长 6 油层组的重要标志，其厚度约为 1 m，岩性为棕灰色、微带黄色的斑脱岩，具有水平层理，电性特征为高声波时差、高自然伽马、高自然电位、低电阻和大井径。

（4）K4 标志层：是长 6 和长 4+5 的分界，距 K5 标志层还有 40~50 m，该标志厚度 1 m 左右，电性特征为高声波时差、高自然伽马、高自然电位、低电阻和大井径。上部紧挨的是长 4+5 为 40~50 m 的"细脖子段"。

细脖子段位于延长组第三段上部（相当于长 4+5），为一套深灰、灰黑色泥岩、粉砂岩和炭质泥岩沉积，夹煤线。底部为砂泥岩互层沉积，区域分布较为稳定。下段储层岩性主要为浅灰色、灰色细粒长石砂岩与深灰、灰黑色砂质泥岩及黑色泥质岩不等厚互层，部分砂岩段含油。电性特征为自然电位呈微小波状、泥岩段曲线大段偏正，自然伽马曲线和视电阻率曲线为指状高值，俗称"细脖子（或高阻泥岩）段"，为三叠系延长组地层对比的区域性辅助标志层

（5）K5 标志层：位于长 4+5 的中部，绝大多数井电测曲线显示明显，出现 5~6 层单层厚度小于 1 m 的尖峰状或尖刀状声波时差、电阻率曲线，电性特征为高声波时差、高自然伽马、高自然电位、低电阻和大井径。

（6）K6 标志层：长 4+5 和长 3 的分界，岩性为浅灰色、灰褐色细砂岩夹暗色泥岩，电性特征为高声波时差、高自然伽马、高自然电位、低电阻和大井径。

（7）K9 标志层：长 2 和长 1 的分界，瓦窑堡煤系灰绿色泥岩夹粉细砂岩、炭质页岩及煤层，电性特征为高声波时差、高自然伽马、高自然电位、低电阻和大井径。

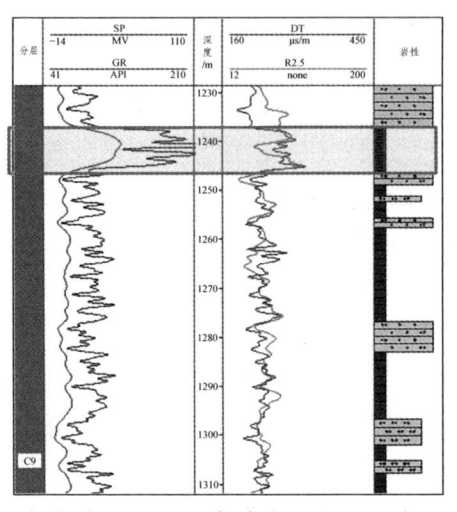

（a）上 118：K0 标志层—长 9 顶部　　（b）上 118：K1 标志层—长 7 中下部

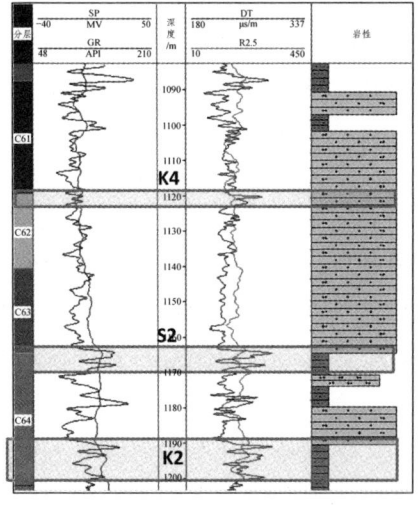 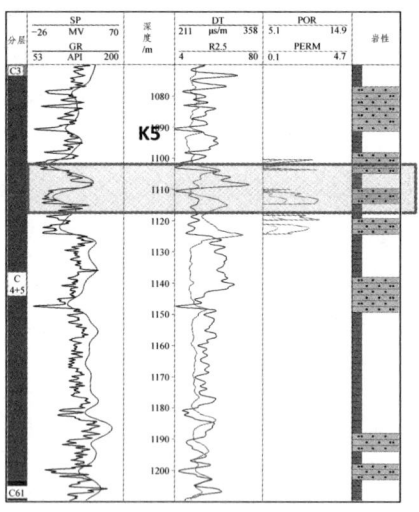

（c）上 141：K2、S2、K4—长 6 小层　　（d）槐 58：K5 标志层

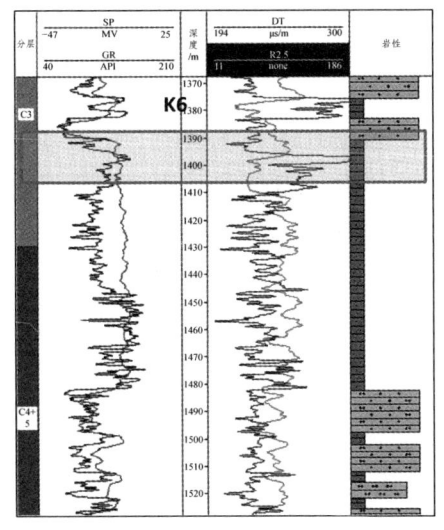
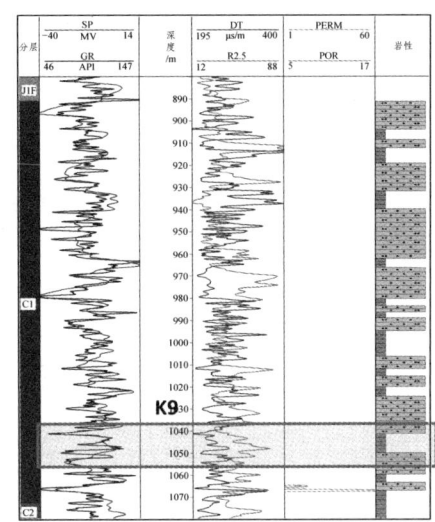

（e）上170：K6—长3底部　　　（f）上140：K9标志层

图3.2　黄陵探区地层对比主要标志层

（8）辅助标志层：该标志层在区内普遍发育，位于长 6^1 油层段的中部，厚度 1 m 左右，电性特征为高声波时差、高自然伽马、高自然电位、低电阻和大井径的特征。

K2 标志层距长 6^1、长 6^2 油层最近，可控制长 6^1、长 6^2 油层的变化；K9 标志层是划分长 1、长 2 油层组的重要依据。K5 标志层位于长 4+5 油层组的中部，本区为一套炭质泥岩，电性特征表现为高时差、高电阻，与长 $4+5^1$ 泥质岩相连，表现为典型的"细脖子"特征。以标志层为依据，参考沉积构造序列、微相组合序列、沉积旋回等将本区延长组划分为 10 个油层组，自下而上分别为长 10～长 1 等。其中，长 2、长 4+5、长 6 油层组为主要含油层系。

在对黄陵探区 175 口井延长组的岩、电特征研究的基础上，对长 6 小层分层以次一级的小型湖泛面为边界，依据在相同时间形成的一套岩石应具有相同的岩性特征进行地层划分和对比，划分和对比过程中除应用自然电位、自然伽马等主要曲线外，声波时差和电阻率曲线是用得最多的辅助曲线。同时，依据延长组内部的 K1、K2、K3、K4、K9 标志层及长 4+5 的中部湖泛面（K5）标志层的特征及位置，结合据沉积旋回与岩相组合逐步展开延长组大层，进而进行小层的划分。

3.2.2 划分方法与结果

划分对比过程中的具体方法是：选取测井和录井较为齐全、特征明显的井作为标准井，建立骨干剖面，根据上述原则进行地层的划分对比，做到从标志明显的点开始，从点到线，从线到面，由近及远逐渐展开，注意纵横向剖面地层相互"闭合"，并寻找各小区标准井之间地层纵横向变化的规律，有效建立了区内的对比关系，完成全区井的地层划分。最后，编绘油层顶面构造图，检验地层和油层组划分的正确性，避免地层划分对比出现"错位"。在油层组及油层亚组对比过程中，突出了沉积旋回及岩性变化规律的应用，总体对比效果较好，并将延长组划分为 10 个油层组，根据现场生产需要，本次研究中将长 6 油层组进一步划分为长 6^1、长 6^2、长 6^3、长 6^4 四个小层。

1. 长 3/长 4+5 油层组的界限划分（K7 标志层）

长 3 与长 4+5 油层组在岩性上有明显不同。长 4+5 油层组以泥质岩、粉砂岩和中厚层砂岩为主，砂体相对较少，厚度很少超过 20 m，横向连续性差，多为孤立状透镜。电性上泥岩段自然电位曲线大段偏正，称之为"细脖子段"。长 4+5 油层组总体上自然电位曲线主要为齿状、指状负异常，局部箱状负异常，自然伽马曲线呈指状、箱状，视电阻率曲线为齿状低值，局部中高阻。长 3 则主要为三角洲相沉积、砂岩较发育，连续性较好。在电性上，自然电位曲线主要表现为箱状负异常，个别为钟状负异常，自然伽马曲线基本与自然电位曲线同形。

2. 长 6 油层组顶界的确定（K5 标志层）

长 4+5 下部发育的一套高阻泥岩段，在电阻率曲线上一般有 3~4 个指状高阻尖子，全区分布稳定，是地层划分和对比的良好标志。长 6 上部为厚层-块状细砂岩，顶部为一段逐渐变细的泥质粉砂岩或泥岩，其顶部在电阻率曲线上一般也有 1 个高阻尖子，此高阻尖子距前述高阻泥岩段底部 10 m 左右，其间为一套砂岩或砂岩夹泥岩互层，将其砂岩底部作为长 6 与长 4+5 的分层界面[见图 3.2（d）]。

3. 长6油层组底界的确定（K2标志层）

长 6_4 的底部为反旋回沉积，自然电位、自然伽马曲线为倒三角形，一般分布有 1~3 层相距很近的斑脱岩，该标志层是区内比较稳定的一套斑脱岩，一般位于张家滩黑页岩（B1）之上约 50 m，具有高自然伽马、高声速和中低电阻，自然电位接近泥岩基线。长 6_4 内部的斑脱岩分布稳定，钻遇率接近 100%，是长6油层组的典型标志，厚 0.2~0.5 m[图 3.2（c）]。

4. 长6油层组内部亚组划分

长6油层组内部亚组的划分依据凝灰质泥岩横向转变为泥岩大概判断各亚段所处的位置，按沉积旋回为主控，并参照厚度控制进行。各亚组主要砂层在横向上都可追踪对比。

（1）长 6^1 油层亚组/长 6^2 油层亚组。

长 6^1 与长 6^2 分界是以长 6^2 顶部一层不太稳定的斑脱岩组成，横向过渡为泥岩或粉砂质泥岩分界。对应的电性特征为高伽马值，自然电位为泥岩基线，电阻率为中-低阻。组界放在其顶部或上段部砂岩的底部。

（2）长 6^2 油层亚组/长 6^3 油层亚组。

长 6^2 与长 6^3 的分界是以长 6^3 顶部一套薄的斑脱岩（一般为一层）为标志层，该套斑脱岩横向上有时过渡为泥岩与粉砂质泥岩，厚度为 1~2 m，测井曲线上显示为明显的高自然伽马值，自然电位为泥岩基线，电阻率为中-低值，声速曲线呈高尖单峰。组界放在其顶部。

（3）长 6^3 油层亚组/长 6^4 油层亚组。

长 6^3 与长 6^4 的分界是以长 6^4 上部分布的 2 套薄斑脱岩，两者相距为 4~6 m。上层斑脱岩是长 6^3 与长 6^4 的分界线，电性特征为高伽马值，声波时差呈高的尖峰状，电阻率为中-低值，自然电位接近泥岩基线。声速尖峰常成对出现，两者相距 1.5~2.0 m，组界放在标志层的顶部。

黄陵地区延长组沉积物源方向主要来自北东方向。因此，在地层对比剖面的选择上，以关键的 16 口岩心观察井为核心，选取顺物源（北东—南西向）剖面 7 条，垂直物源方向（北西—南东方向）9 条，其他方向 8 条，共 24 条剖面线。基本上全部覆盖了研究区约 50 口井（见图 3.3）。

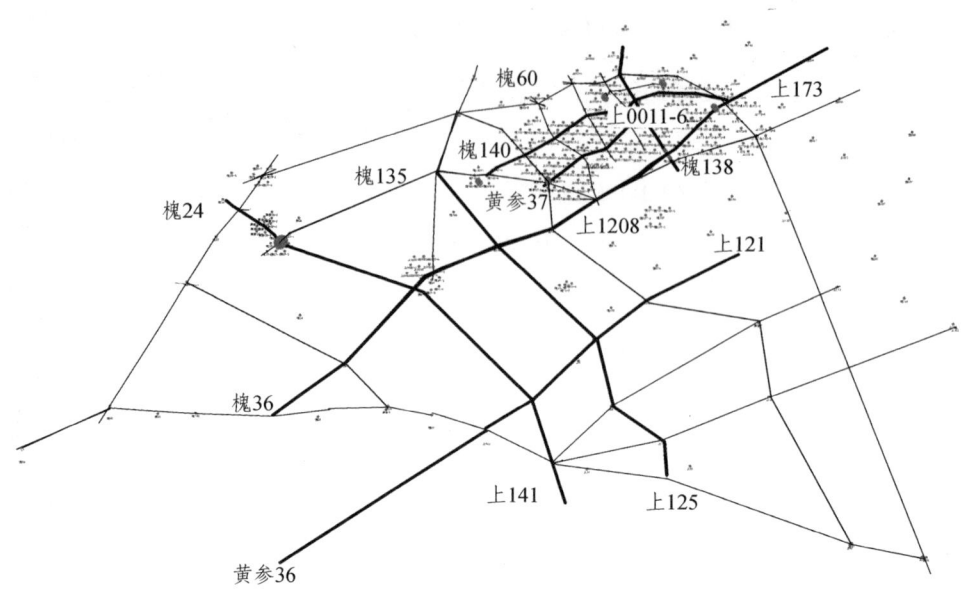

图 3.3 黄陵探区连井剖面位置

在地层划分对比过程中，总体呈现长 1 厚度变化大，最小 45 m，最大达 290 m，其他各层厚度较稳定的特征。图 3.4～图 3.11 为选取的 8 条地层对比剖面，从地层对比图可以看出，研究区主力层位长 2、长 4+5、长 6 地层厚度总体较稳定，长 2 一般为 60～120 m 厚，长 4+5 和长 6 的厚度分别约 110 m 和 135 m。

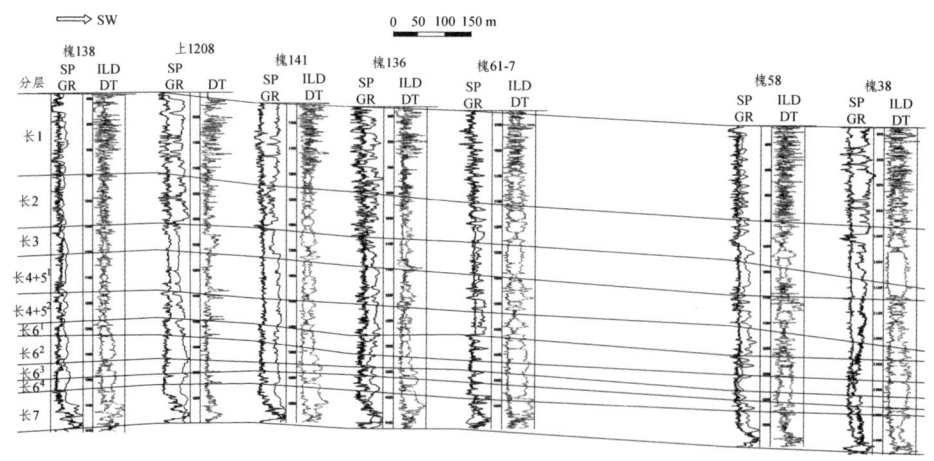

图 3.4 黄陵探区槐 138～槐 38 井延长组地层对比剖面图

第 3 章 地层划分与对比

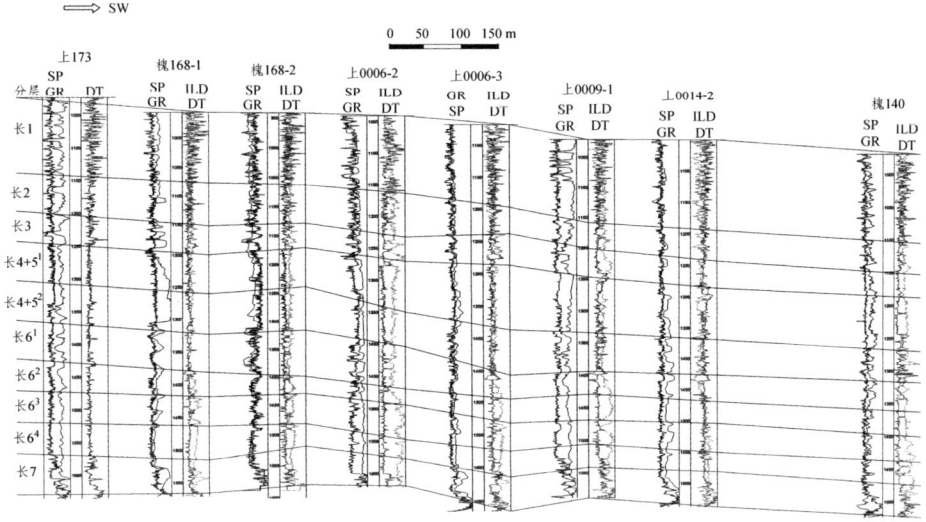

图 3.5 黄陵探区上 173～槐 140 井延长组地层对比剖面图

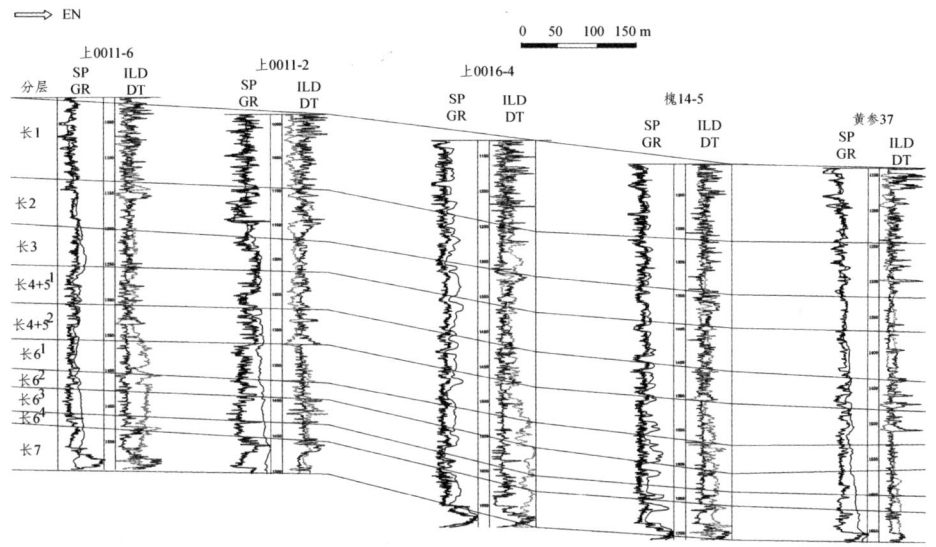

图 3.6 黄陵探区上 0011-6～黄参 37 井延长组地层对比剖面图

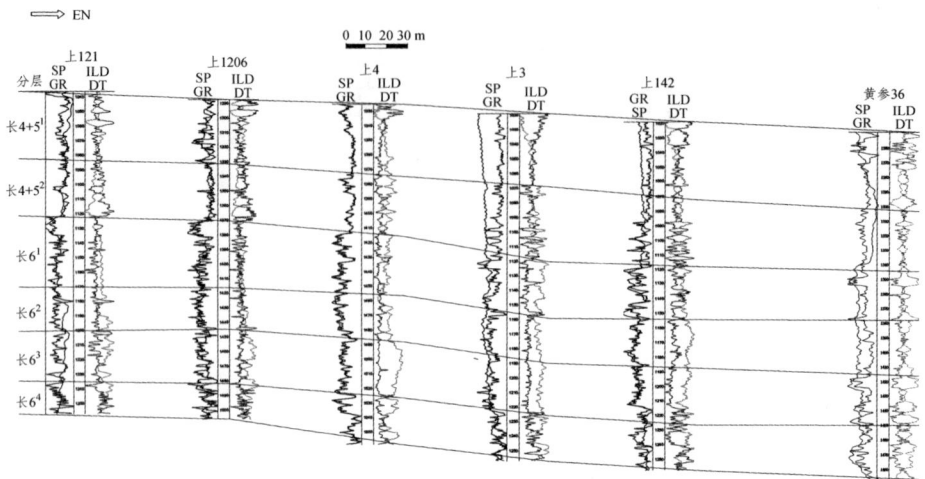

图 3.7 黄陵探区上 121~黄参 36 井延长组地层对比剖面图

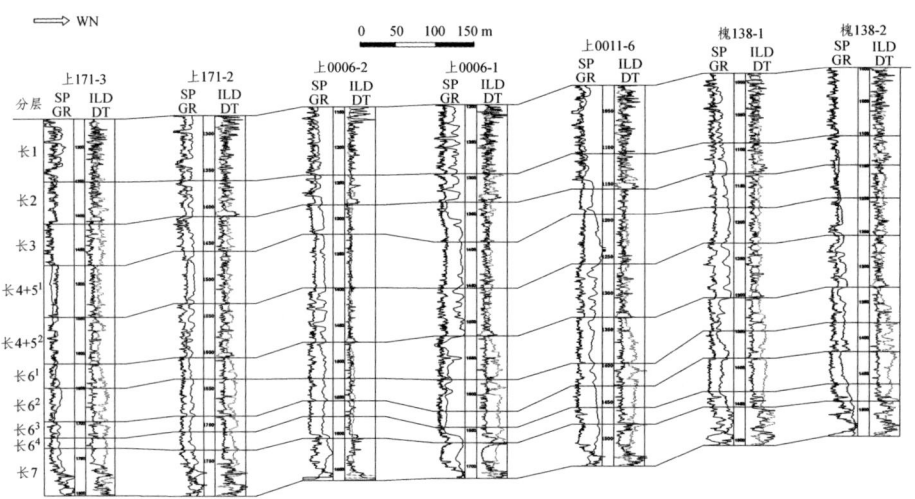

图 3.8 黄陵探区上 171-3~槐 138-2 井延长组地层对比剖面图

第 3 章 地层划分与对比

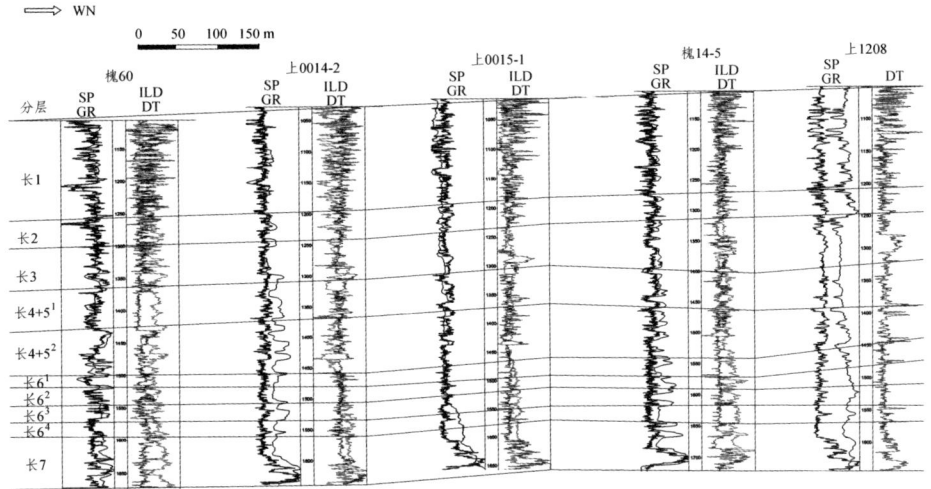

图 3.9　黄陵探区槐 60~上 1208 井延长组地层对比剖面图

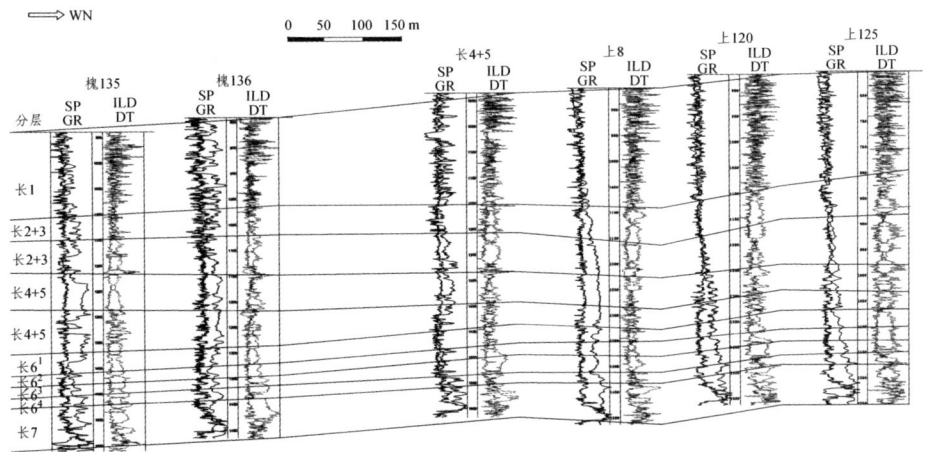

图 3.10　黄陵探区槐 135~上 125 井延长组地层对比剖面图

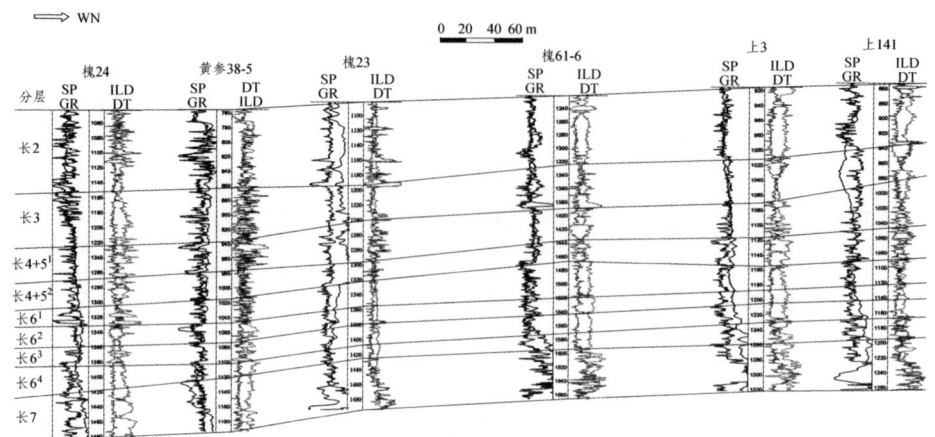

图 3.11 黄陵探区槐 24～上 141 井延长组地层对比剖面图

3.3 地层分布特征

黄陵探区延长组各油层组厚度总体与普遍认为的物源方向一致，受东北向的物源方向及由东北向西南发育的水下分流河道的快速沉积，以及其他物源方向（西北、东南方向）的影响，地层厚度从长 10 至长 1 呈现以北东、南西向薄厚相间平行排列条带状展布为主，北西—南东向带状分支逐渐减少的特征。研究区内的主要油层组展布特征如下（见图 3.12）：

（1）长 2 油层组。

深度为 855～988 m，棕黄、浅灰色细砂岩、泥质细砂岩与灰色、深黄绿色泥岩或粉砂质泥岩不等厚互层，由 2～4 个韵律层组成（正、反韵律均有），为三角洲平原及前缘亚相沉积。自然电位、自然伽马呈漏斗形、钟形、指形，局部见箱形，具有中低电阻。

（2）长 4+5 油层组。

深度为 1 150～1 160 m，在铜川一带为深灰色、灰黑色泥岩夹少量薄层细粒砂岩，为滨浅湖环境下三角洲前缘亚相沉积。地层厚度从北东方向往研究区中部厚度逐渐增厚，厚度主要为 80～160 m，至中部槐 58—槐 166—上 34～槐 28 区域及槐 137 一带地层厚度达最大。

（3）长 6 油层组。

深度为 1 160~1 272 m，长 6 油层组是本区三叠系延长组主要含油层系，为灰色细砂岩、浅灰色细砂岩、粉砂岩夹深灰色灰黑色泥岩、粉砂质泥岩，发育多套薄层凝灰岩，鲍马序列多见，为典型的浊积岩相沉积。自然电位、自然伽马曲线呈中幅箱-钟形、中低幅漏斗-齿形，具有中高电阻。地层厚度主要为 101.8~177.6 m，最高值出现在槐 173 井一带。

（4）长 8 油层组。

深度为 1 312~1 440 m，野外露头显示，铜川北部靠黄陵方向延长组长 8 上部以三角洲前缘相沉积为主，下部以三角洲平原相为主，整体为湖泊三角洲沉积体系。岩性主要为灰黄、黄灰色粉砂质泥岩和灰黄、浅黄绿色砂岩。野外剖面中可见长 8 底部胶结疏松的河道砂岩，并发育有 5 m 左右的厚层砂体。研究区长 8 油层组中部地层厚度变化较大，北东—南西向厚度差异大，可能与物源方向改变有关。槐 140 一带厚度超 150 m，长 8 地层厚度平均为 107.1 m。

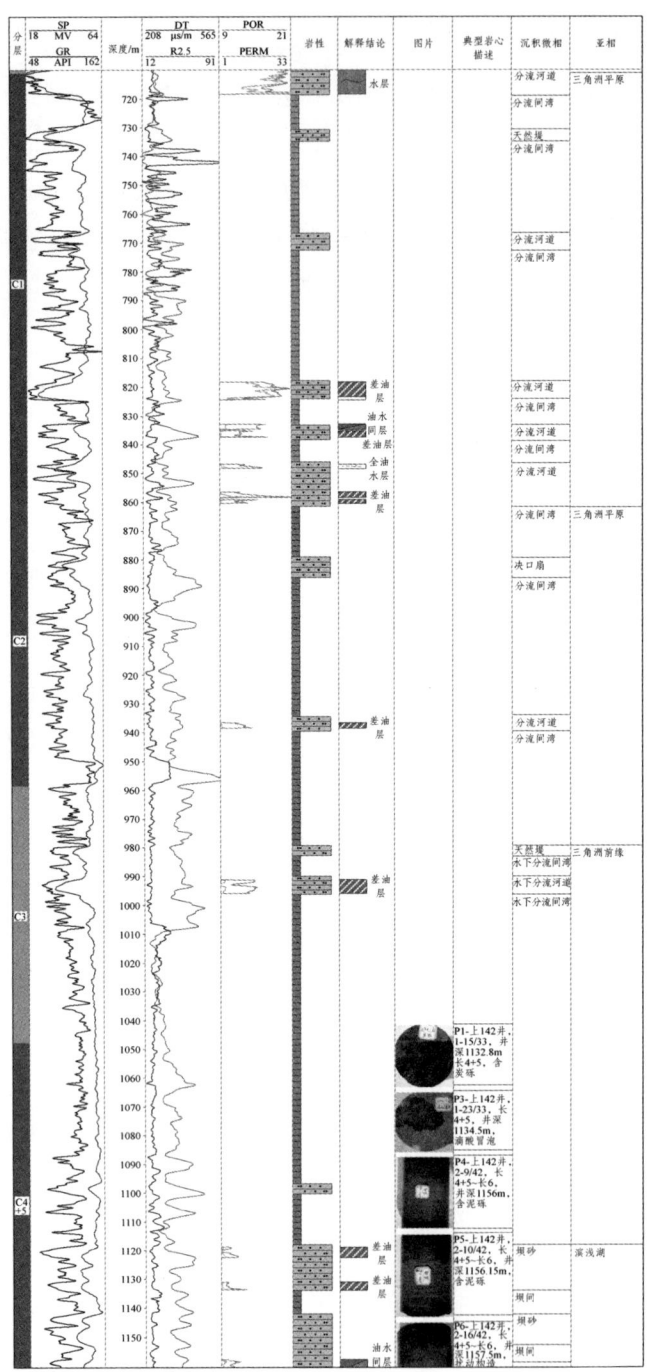

(a)

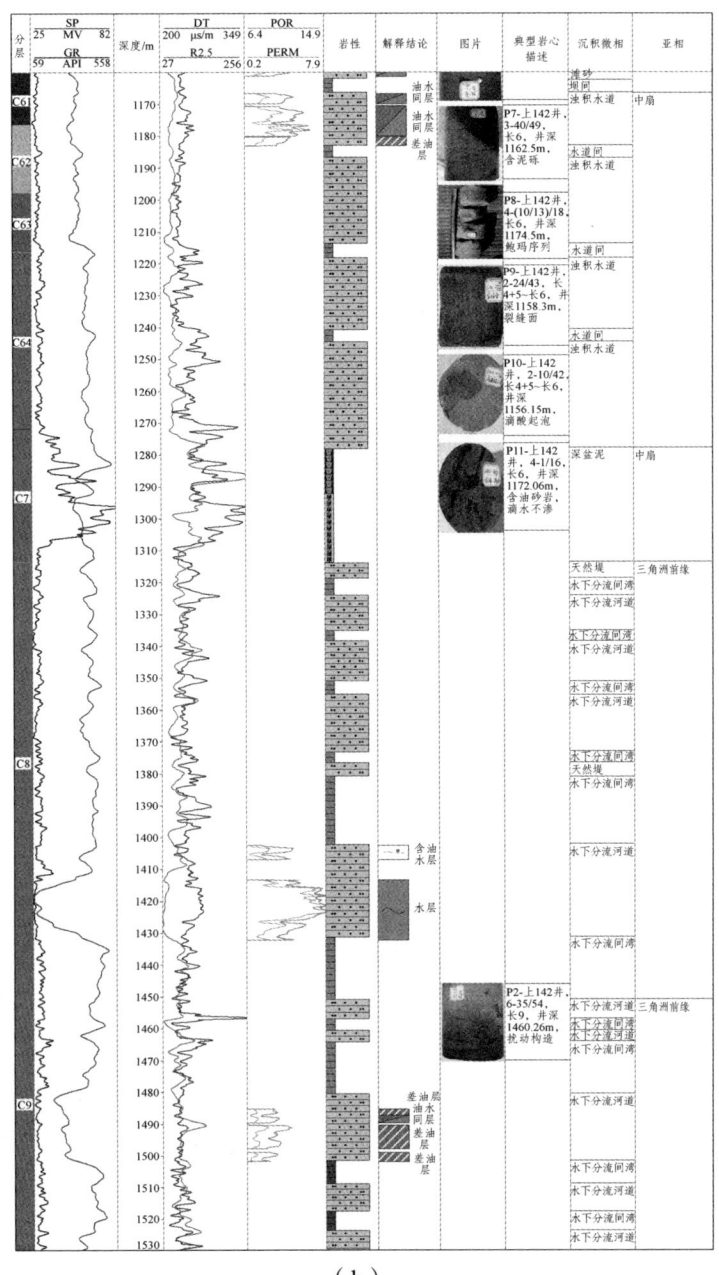

图 3.12 黄陵探区上 142 井单井柱状图

第4章 构造背景及微构造特征

在分层结果及井斜、补心距校正的基础上，编制研究区 2~5 m 的砂体顶面微构造图，勾画出目的层顶面微构造特征。从研究区域高点位置开始向北西、南东、东西等方向分析油水分布边界，进一步分析不同微构造类型对剩余油的控制。微构造的研究，可以更加真实地反映出构造的形态，揭示出岩性构造控油的发育特征。

4.1 胡尖山区域构造

4.1.1 油区构造背景

胡尖山地区位于鄂尔多斯盆地中北部，其三叠系上部延长组长 2 油层在区域构造上属于鄂尔多斯盆地 II 级构造单元——陕北斜坡之上，总体为一平缓的西倾大单斜，地层倾角一般小于 1°，平均地层倾斜梯度 10 m/km 左右。区内构造简单，断裂褶皱极不发育，仅局部可能存在低幅度背斜或鼻状构造。研究表明，盆地腹部地区中生界局部（鼻状）构造形成并非构造应力作用所致，而是由于沉积时岩性差异以及古地形起伏导致充填式差异、沉积差异压实而形成的披覆构造。圈闭类型主要为岩性尖灭或成岩圈闭，可能还有少数透镜体圈闭。A21 区长 2 构造背景如图 4.1 所示。

第 4 章 构造背景及微构造特征

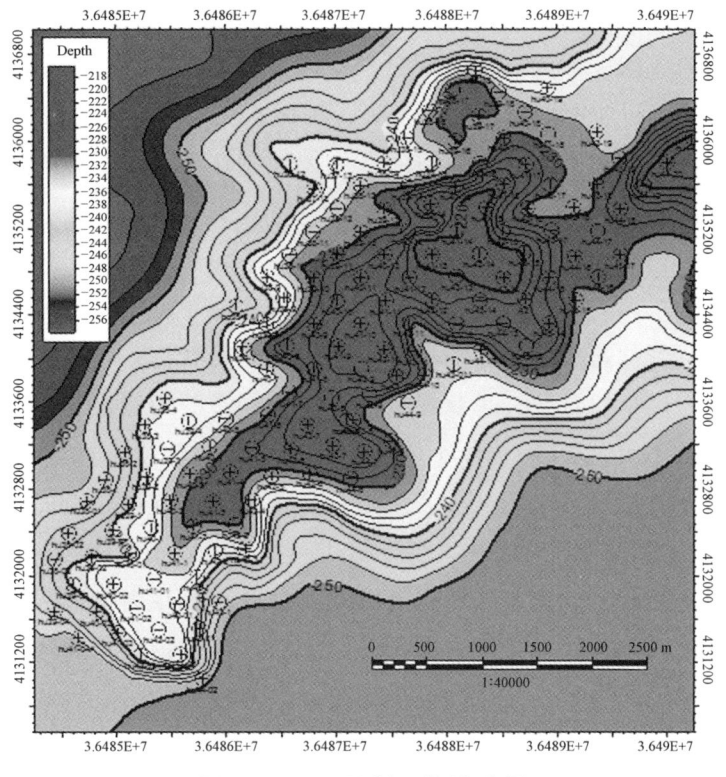

图 4.1 A21 区长 2 构造背景

4.1.2 油区构造特征

油区构造继承了陕北斜坡的主要特征,表现为平缓的西倾单斜,整体呈现东高西低的特点,但在微西倾单斜背景上发育沿北东—南西向(排状)展布的微型构造,这些微型构造的发育为油区内油气富集提供了一定的构造环境。

4.1.3 微构造特征

为了进一步研究各砂层局部构造变化,预测开发中后期剩余油分布规律,进行了砂顶微构造研究。砂顶微构造图是指在油田总的构造背景上,砂顶本身的细微起伏变化,其包括构造形变及沉积、压实变形等因素。砂顶微构造图的编制是构造描述的重要内容，是落实各含油砂体含油面积的基础性图件。

微构造的成因一般为砂体沉积过程中河床的下切作用，沉积后的差异压实作用，以及沉积前古地形的影响等，各种因素互相影响，互相制约。其次，古地貌特征对微构造的形成及其分布起主要控制作用，古地貌的分异是形成微构造的主要因素。

研究表明，A21区长2_1各小层顶面构造在平缓的西倾单斜背景上发育大量东西向或近东西向的低幅度排状鼻状隆起构造带（见图4.2），同时还发育一些低幅度、延伸略短的东西向鼻状构造。这些鼻状构造带总体近于平行，形成了区域西倾单斜背景，鼻状隆起呈东西向展布的构造格局，对油气成藏有重要的控制作用，长2_1各个小层构造在纵向上具有较好的继承性。长2_1^1顶面构造最高点主要位于胡43-18附近，工区其他地方往西南方向构造起伏明显减缓；长2_1^{3-1}顶面构造最高点于胡43-14、胡43-15、胡43-16井一带，呈片状分布，在胡42-10井一带也有分布；从各小层顶面构造图可以看出，各小层构造最高点都位于工区东北部，且在工区范围内大致呈现自东向西构造起伏逐渐减缓的趋势。

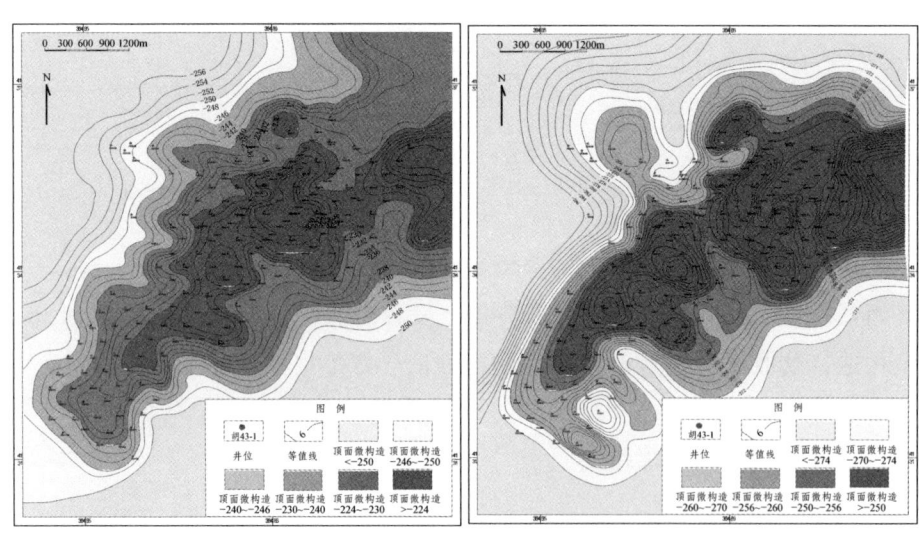

（a）长2_1^1顶面构造　　　　　　（b）长2_1^2顶面构造

图4.2　A21区各个小层构造分布

4.1.4 微构造特征与油气分布

A21区发育有大量的微型鼻状隆起,对油气成藏有重要控制作用。鼻状隆起构造在区域内形成局部构造高点,由于油区内长 2_1 广布三角洲平原相分流河道沉积,同时还分布有天然堤微相沉积,这些隆起构造与呈条带状展布的河道及天然堤沉积砂体相配合,为油区内油气的聚集创造了有利的圈闭条件。后续研究中的测井解释结果也很好地验证了这个结论,在构造高点区域内的单井测井解释显示了较厚的油层,且产液量较高。但是,在原油采出过程中一些微型构造形成的构造遮挡作用会造成在该区域内剩余油的富集,在一定程度上为剩余油研究指明了方向。

4.2 彭阳-镇北区域构造

4.2.1 区域构造背景

研究区上三叠统延长组位于鄂尔多斯盆地,现今盆地构造形态总体显示为一东翼宽缓、西翼陡窄的不对称大向斜的南北向矩形盆地,可划分出伊盟隆起、渭北隆起、晋西挠褶带、陕北斜坡、天环坳陷,以及西缘冲断构造带6个一级构造单元。盆地内镇28井区在构造上属于陕北斜坡边缘,西与天环坳陷相连,如图4.3所示。

鄂尔多斯盆地在晚三叠系延长组沉积前是一个北高、西高、中低、向东开口的内陆盆地。在这种古构造格局和古地理面貌控制下,开始了上三叠统延长组的沉积,并在不同地区形成不同的岩相组合。延长组是在中三叠世秦岭海槽最终关闭之后的内陆湖盆条件下形成的一套河湖相沉积物,其沉积过程先后经历了湖盆发育初期的平原河流和三角洲环境、中期的湖泊环境、晚期的三角洲环境和泛滥平原河流环境3个阶段。湖盆发育到延长组第三段(长7)初期达到鼎盛。之后,随着河流的不断注入充填,湖盆走向萎缩。该岩系客观地记录了这个大型淡水湖盆从初始坳陷湖盆形成、强烈坳陷湖盆扩张、稳定湖盆收缩、抬升湖盆消亡 4 个不同阶段的发展演化。中生代沉积厚度达数千米，有相当好的生储盖配置，具备巨大的油气勘探潜力。

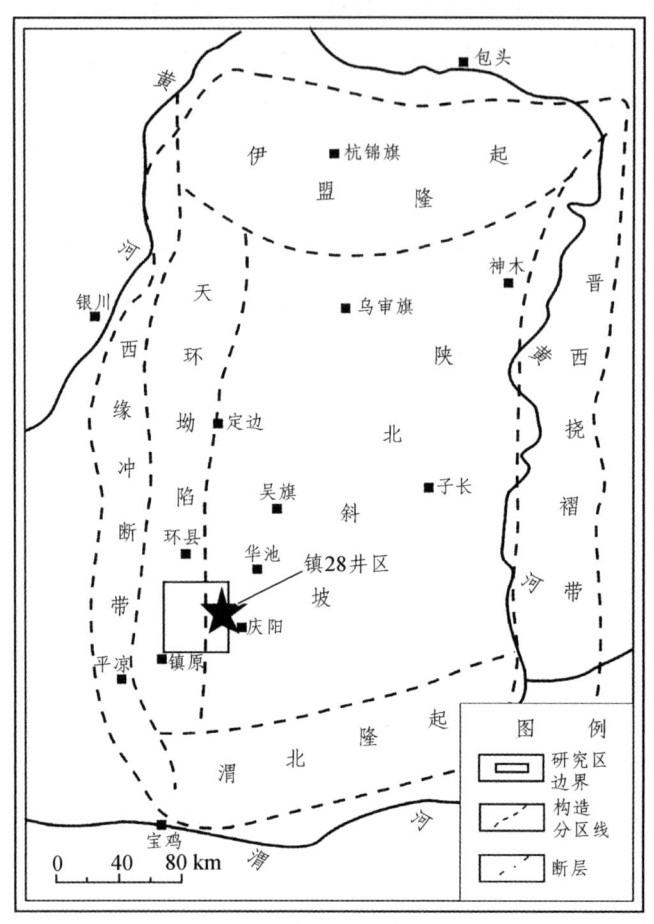

图 4.3　构造单元划分及研究区位置

三叠纪末期，由于受印支运动晚期不均衡抬升作用的影响，鄂尔多斯盆地中生界庆阳以南地区呈现西高东低的古地貌特征，西部的抬升幅度大，遭受的剥蚀作用明显强于东部,造成位于西部的地区延长组保留地层少于东部，普遍缺失长 1～长 2 地层（见表 4.1），仅保留长 3～长 10 地层，地层厚度明显薄于东部。

表 4.1 镇 28 井区地层简表

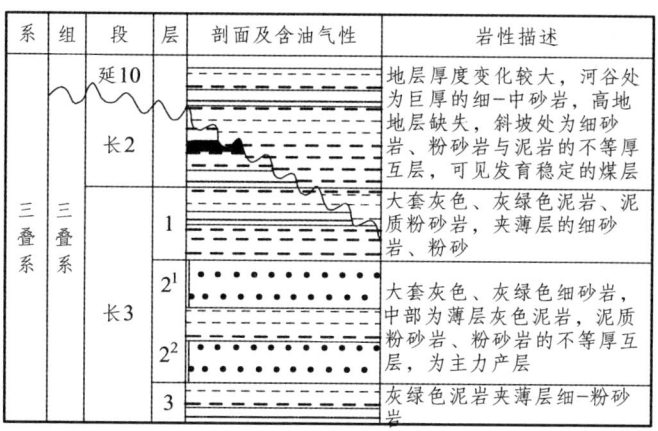

在长 6～长 8 段沉积期，该区处于盆地西南缘辫状河三角洲沉积体系发育的三角洲前缘主体上，储集砂体比较发育，同时与北东方向的半深湖-深湖区紧密毗邻，转折过渡，生油条件有利，油源比较充足，封盖条件良好，形成自生自储式成油组合。

晚三叠世原型盆地经过多期次改造，在盆地内部形成诸多规模不等的宽缓鼻状构造，为岩性油藏石油富集提供了构造背景。

4.2.2　长 3_2 顶面构造特征

研究区上三叠统延长组长 3_2^2 油藏顶面构造图（见图 4.4）显示，顶面构造整体特征与区域构造背景基本一致，地层产状具有西低东高的特点，且在东南部多发育鼻状隆起。鼻状隆起的构造幅度为 10～15 m，顶面海拔高程普遍为 -570～-500 m。长 3_2^2 油藏单砂层发育 3 个鼻状构造，主要位于镇 201 井—镇 90 井、镇 203 井—镇 30 井、镇 206—镇 28 井一线。与长 3_2^1 相比，3 个鼻状构造发育的位置及轴向方向变化不大，而其平均闭合幅度略有增大，平均在 20 m 左右。

长 3_2^1 单砂层顶面构造特征与长 3_2^1 相比具有一定的继承性，形成 3 个宽缓、低幅的鼻状构造，主要位于镇 201 井—镇 90 井、镇 203 井—镇 30 井、镇 206—镇 28 井一线。3 个鼻状构造平均闭合幅度为 15 m，在平面上成排发育，轴向以近东西向为主（见图 4.5）。长 3_2 油藏的油气富集主要受岩性和构造两种因素的控制，在岩性与构造相互配置关系好的区带，是有利的勘探目标。

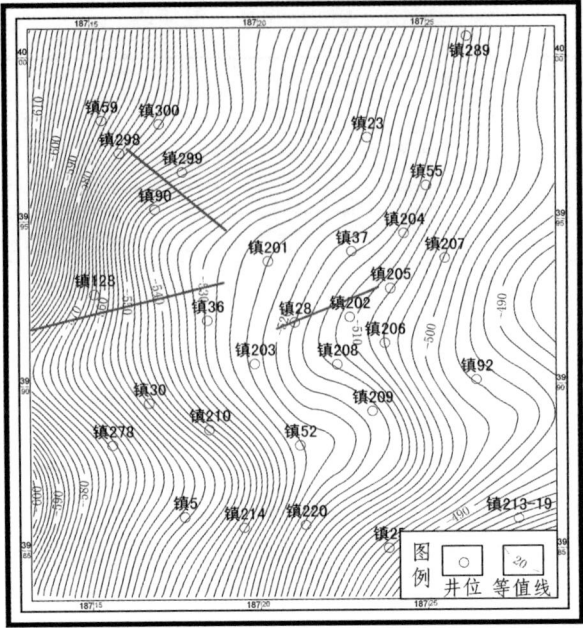

图 4.4 彭阳-镇北地区镇 28 井区长 3_2^2 顶面构造图

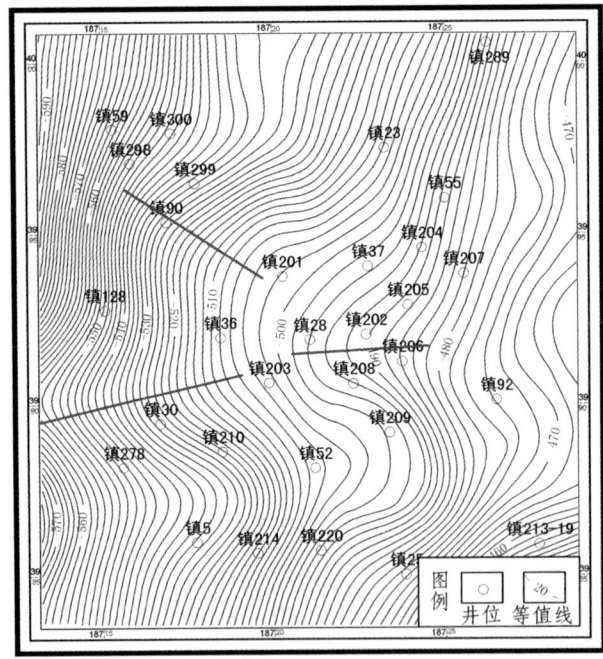

图 4.5 彭阳-镇北地区镇 28 井区长 3_2^1 顶面构造图

4.3 吴起油田区域构造

4.3.1 区域构造背景

盆地内吴起油田位于鄂尔多斯盆地的中部陕北斜坡二级构造单元西南部,位于陕西省吴起县境内,东起薛岔与靖安油田相邻,西至庙沟,北到五谷城,南至金鼎,勘探面积 1 040 km² (见图 4.6)。

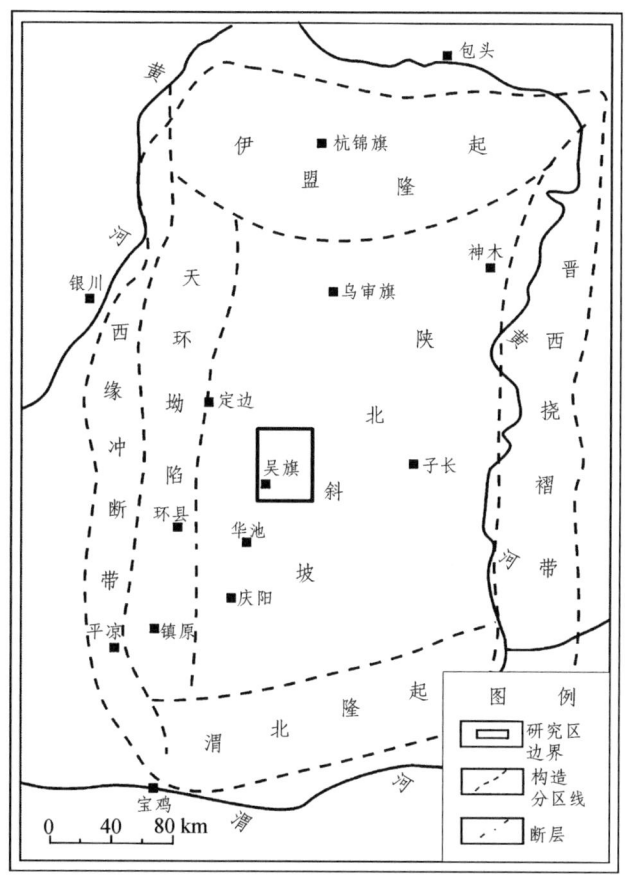

图 4.6 构造单元划分及研究区位置

鄂尔多斯盆地晚古生代末期,盆地进入了内陆坳陷差异沉降阶段,晚三叠纪演化为大型内陆淡水湖泊。在晚三叠系延长组沉积前是一个北高、西高、中低、向东开口的内陆盆地。在这种古构造格局和古地理面貌控制下，开始了上三叠统延长组的沉积，并在不同地区形成不同的岩相组合。延长组是在中三叠纪秦岭海槽最终关闭之后的内陆湖盆形成、发展和萎缩全过程的沉积记录，其沉积过程先后经历了湖盆发育初期的平原河流和三角洲环境、中期的湖泊环境、晚期的三角洲环境和泛滥平原河流环境 3 个阶段。长 8 油层组属于半深湖-深湖相沉积环境，沉积时期发育曲流河三角洲相，沉积砂体分布受物源和沉积体系展布控制，砂体以水下分流河道为主；长 7 油层组代表的是湖盆发育的最大水进期，以半深湖、深湖相沉积为特征，生油岩发育；长 6 油层组代表的是湖盆萎缩早期的沉积，湖盆北东缘河控三角洲沉积体系发育，以分流河道与河口坝相沉积为主体的砂体大面积连片分布；长 4+5 油层组以三角洲平原相沉积为主，形成区域性盖层；长 4+5 期之后，全区进入了长 3 至长 1 期的河流、沼泽化沉积期。晚三叠世末期，印支运动使盆地整体抬升，延长组顶部遭受不同程度的侵蚀，形成起伏不平、残丘与河谷交错分布的古地貌特征，从而导致油气向上逸散，进入侏罗系地层形成侏罗系油藏。本区前侏罗纪古地貌属于甘陕古河与蒙陕古河中间的指状残丘，在此背景上，沉积了侏罗系延安组的一套河流-沼泽相煤系地层。

吴起地区位于鄂尔多斯盆地南部沉积中心，主要含油层系为三叠系延长组和侏罗系延安组地层（见表 4.2）。三叠系延长组的含油层主要集中在长 6 油层中，长 4+5 以浅湖相砂泥岩形成良好盖层，长 6 以碎屑岩为主的内陆湖泊-三角洲沉积，三角洲分流河道砂和河口坝砂体是良好的储层，长 7 油层组盆地沉积中心的暗色泥岩、油页岩是良好的生油层，同时也是良好的盖层，长 8、长 9、长 10 都发育有良好的储集砂体。在长 6～长 8 段沉积期，该区处于盆地西南缘辫状河三角洲沉积体系发育的三角洲前缘主体上，储集砂体比较发育，同时与北东方向的半深湖-深湖区紧密毗邻，转折过渡，生油条件有利，油源比较充足，封盖条件良好，形成自生自储式成油组合。

表 4.2　吴起油田延长组及延安组地层划分简表

地层单元				地层厚度/m	岩性特征	标志层
系	组	段	油层组			
侏罗系		富县组		30~40	紫红色、杂色泥岩	
三叠系	延长组	第五段 T_3y^5	长 1	0~240	暗色泥岩、泥质粉砂岩、粉细砂岩不等厚互层，夹炭质泥岩及煤线	K9
		第四段 T_3y^4	长 2_1	40~45	灰绿色块状细砂岩夹暗色泥岩	K8
			长 2_2	40~45	浅灰色细砂岩夹暗色泥岩	
			长 2_3	45~50	灰、浅灰色细砂岩夹暗色泥岩	K7
		第三段 T_3y^3	长 3	100~110	浅灰、灰褐色细砂岩夹暗色泥岩	K6
			长 4+5	80~110	浅灰色粉细砂岩与暗色泥质岩互层	K5
			长 6_1^1	6.5~18.0	黑色泥岩、粉砂岩、中-细砂岩互层，砂岩主要产于中部，局部夹炭质页岩和煤线	K4
			长 6_1^2	12~28	粉砂岩、中-细砂岩互层，中-厚层状为主	
			长 6_2^1	15~25	黑色泥岩、粉砂岩、中-细砂岩互层，砂岩主要产于中下部，以中-厚层状为主	
			长 6_2^2	10~20	黑色泥岩、粉砂岩、中-细砂岩互层，砂岩主要产于中部，以中-厚层状为主	K3
			长 6_3^1	20.5~27.5	黑色泥岩与粉砂岩互层，中、上部夹较多的薄-中层状细砂岩	
			长 6_3^2	14.5~23.9	黑色泥岩、炭质页岩夹粉砂岩，局部夹中-厚层细砂岩	K2
			长 7	80~100	暗色泥岩、炭质泥岩、油页岩夹薄层粉细砂岩	K1
		第二段 T_3y^2	长 8	70~85	暗色泥岩、砂质泥岩夹灰色粉细砂岩	K0
			长 9	90~120	暗色泥岩、页岩夹灰色粉细砂岩	
		第一段 T_3y^1	长 10	280	灰色厚层块状中细砂岩，底部粗砂岩	
	纸坊组				灰紫色泥岩、砂质泥岩与紫红色中细砂岩互层	

以上区域构造背景造成该区长 6_3 油藏为在区域西倾单斜背景上发育的岩性-构造的低孔特低渗油藏。

4.3.2 微构造特征研究

根据现今构造形态,鄂尔多斯盆地可划分为 6 个一级构造单元,即北部的伊盟隆起、东部的晋西挠褶带、南部的渭北隆起、西缘相邻产出的天环坳陷和西缘冲断带,以及中部的陕北斜坡。在此构造格局中,吴起油田位于最为宽广的陕北斜坡的中西部。吴起地区长 6 油藏顶构造简单,同样为西倾单斜背景上由差异压实作用形成的一系列鼻状隆起。

研究区上三叠统延长组长 6_3^2 油藏底面构造图(见图 4.7)显示,该区构造简单,长 6_3^2 底面构造形态为东南高、西北低的西倾单斜,无断层发育,整体表现为微向西倾的单斜,平均坡降 8~10 m/km。在此背景上发育 3 个由东向西倾没的宽缓低幅的鼻状隆起,北部位置在新 216—中山涧以南,构造幅度平缓,微有起伏;中部位置在新 240—五谷城一带,构造起伏较大,并在新 255 井形成局部圈闭,其闭合度为 2~4 m;南部在高 56 一带构造起伏更缓。

长 6_3^1 底界和长 6_3^1 顶界构造都是继承了长 6_3^2 底界的构造特征,构造形态也都是在东高西低的西倾单斜背景上发育了一系列由东向西倾没的低幅鼻状隆起,形成 3 个宽缓、低幅的鼻状构造,与长 6_3^2 底界构造图的位置类似,形态稍有变化,并在新 255 井都形成局部背斜圈闭,长 6_3^1 底界和长 6_3^1 顶界闭合度分别为 12~14 m 和 4~6 m。这 3 个鼻状构造在平面上成排发育,轴向以近东西向为主如图 4.8 和图 4.9 所示。

结合已钻井综合分析以上构造特征,长 6_3 油藏的油气富集可能受这 3 条平行发育的低幅鼻状隆起影响。

第 4 章 构造背景及微构造特征

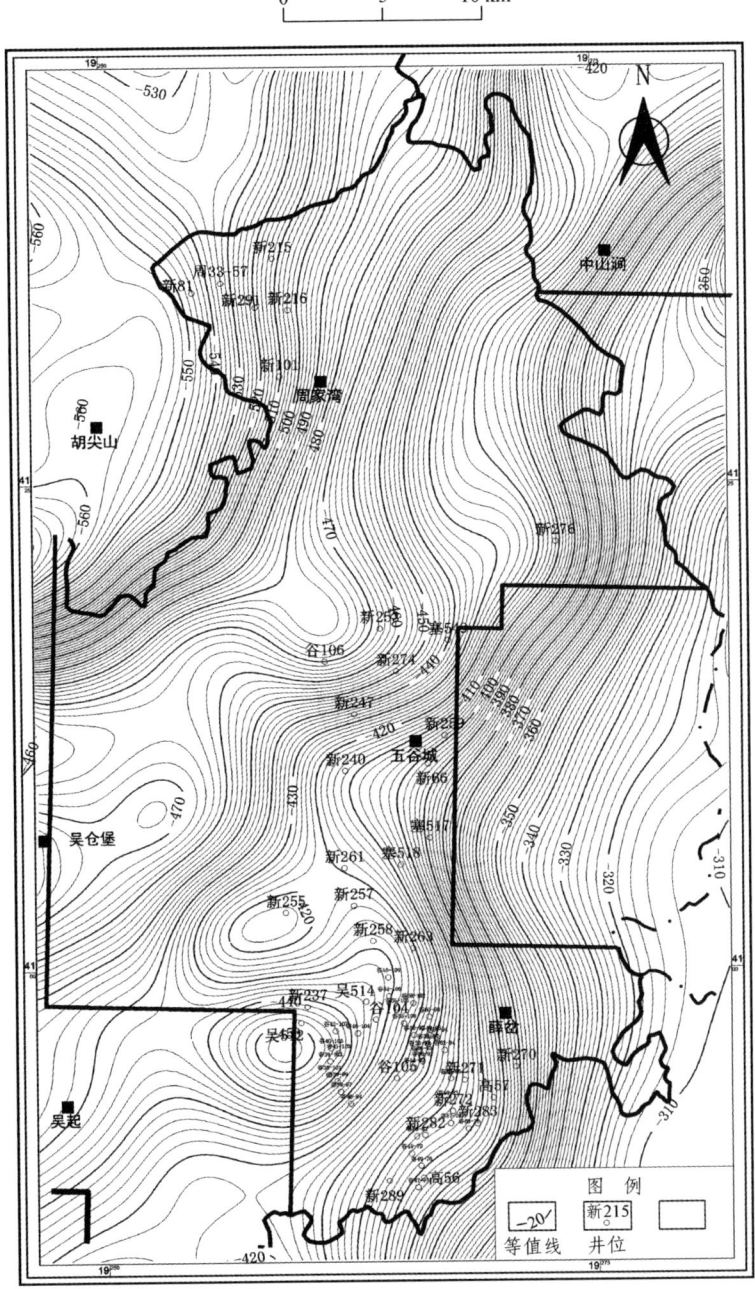

图 4.7 吴起油田长 6_3^2 底面构造

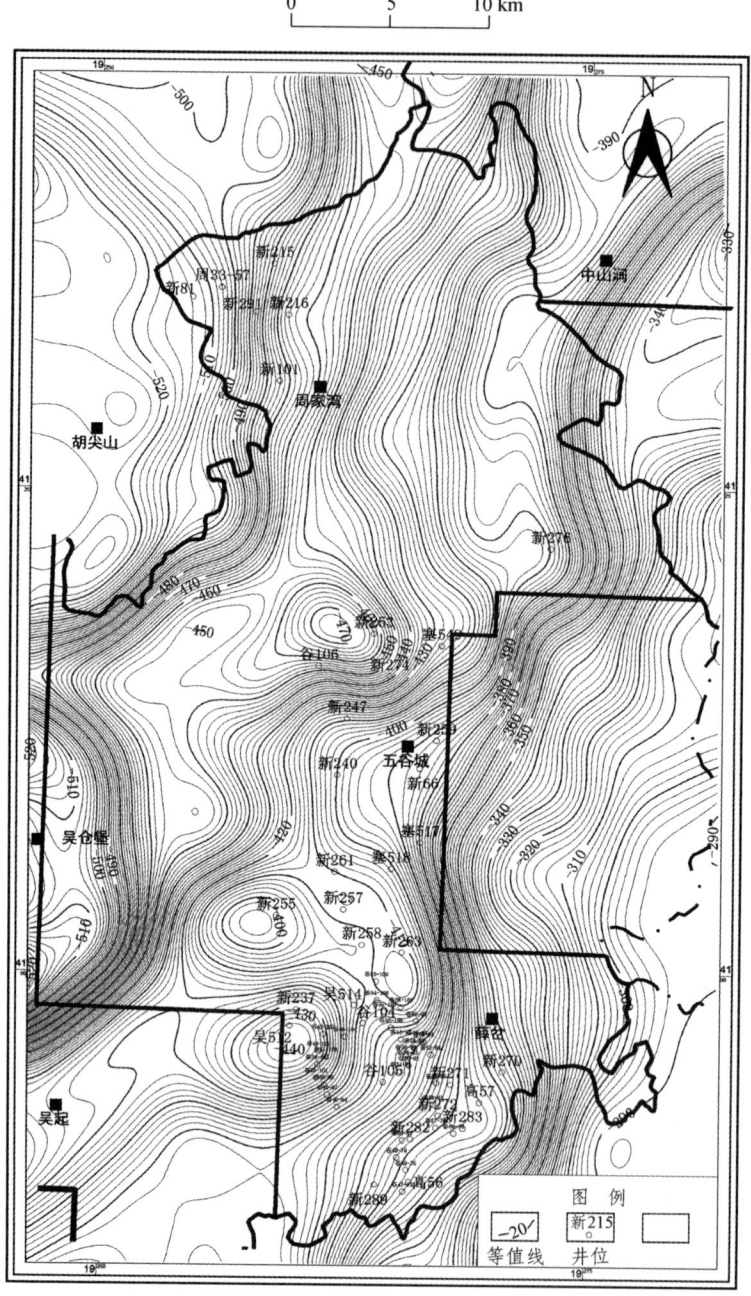

图 4.8 吴起油田长 6_3^1 底面构造

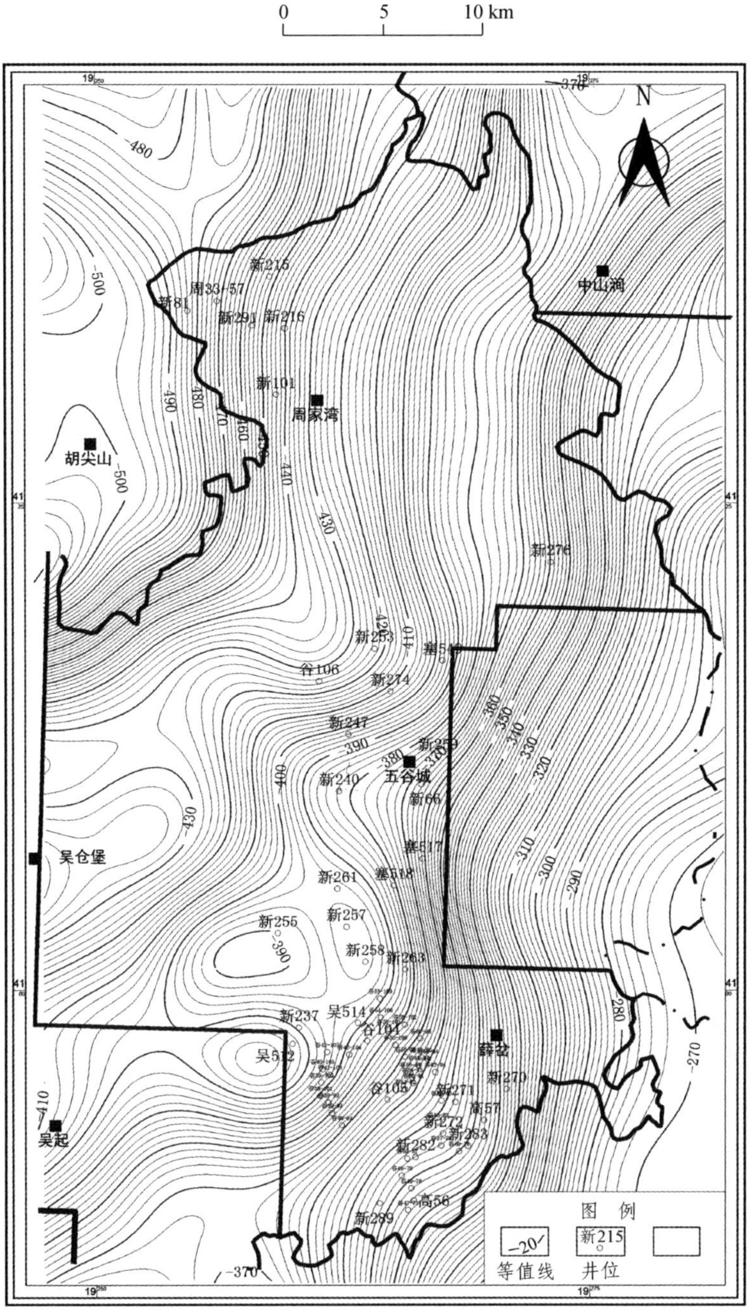

图 4.9　吴起油田长 6_3^1 顶面构造

第 5 章 沉积微相研究

沉积相是沉积环境及在该环境中形成沉积物特征的总和,不同的沉积环境具有不同的沉积特征。沉积微相研究是油藏精细描述的重要组成部分,是储层特征研究的重要地质基础。本次研究以黄陵地区为例,首先在了解区域沉积背景和分析单井资料的基础上,依据层序地层学和地震地层学原理,进行沉积相的综合研究,建立沉积微相模式,确定各段的沉积微相展布,从而了解沉积微相的空间分布和各沉积微相的不同沉积演化特征。具体来讲,综合岩性、电性、古生物资料,结合钻井、测井及粒度分析等资料,建立岩心相标志、测井相标志,依据单井相分析—剖面相分析—平面相分析的沉积微相的研究思路,从点到线,再由线到面,对长 6_3 的沉积微相进行研究。通过初期的资料整理,认为研究区目的层段沉积微相主要是三角洲前缘亚相,微相可以细分为水下分流河道、河口坝、远砂坝、分流间、席状砂 5 种微相类型。

5.1 研究区区域沉积背景

鄂尔多斯盆地延长组自下而上包括长 1 段(长 10 油组)、长 2 段(长 9、长 8 油组)、长 3 段(长 7、长 6、长 4+5 油组)、长 4 段(长 3、长 2 油组)和长 5 段(长 1 油组)5 个层段 10 个油层组。

晚三叠世延长期,由于印支运动的影响使得晚古生代—中三叠世的华北克拉通坳陷盆地逐渐向鄂尔多斯盆地转化。印支运动在鄂尔多斯盆地的地史发展中是一次重大变革,在沉积体系上实现了由海相、过渡相向陆相的转变,使盆地自晚三叠世以来发育完整和典型的陆相碎屑岩河流-三角洲-湖泊沉积体系。盆地演化进入了大型内陆差异沉积盆地的形成和发展时期,结束和取代了晚古生代以来克拉通坳陷的发展历史。上三叠统延长组是在鄂尔多斯盆地坳陷持续发展和稳定沉降过程中堆积的以河流-湖泊相为特征的陆源碎屑岩系，该区晚三叠世的沉积代表着一个完整的陆相湖盆发展过程。从早期的（长1）湖盆沉陷到湖盆扩张的鼎盛时期（长7），再到湖盆的萎缩（长6）和再扩张（长4+5），直至晚三叠世末期盆地整体反转或湖盆消亡（长3+2）。湖盆中充填的沉积物以湖泊体系沉积为主，生储油相带发育完备，是油气的主要生成、聚集区。

长10期盆地开始下沉，湖岸线东部在盐池—靖边—安塞—永坪—清涧一线，西部在大水坑—环县—镇原—长武范围内。整个湖盆平面展布略成八字形由北西向南东敞开。在地展剖面上，由于断裂活动微弱，沉降速度较慢，以吴旗为中心的沉降与沉积中心基本一致，所以大体呈对称坳陷湖盆雏形结构。在湖盆中心地区形成浅湖亚相，向外为三角洲前缘亚相和三角洲平原亚相。因属于沉积盆地发育初期，沉积物源充足，沿湖岸线发育着众多的大、中型三角洲。此时，三角洲建设不仅层系厚度大，而且在盆地西南缘石沟释、安口窑、长武一带断陷沉积十分发育，形成逾千米的粗碎屑建造。

长9期由于盆地西、南边缘断裂及与其斜交的锯齿状次级断裂活动加剧，沉陷速度加大，形成西南陡、东北缓的不对称湖盆，走向北西，但分割性明显，形成了姬源—吴旗—华池与鄂托克旗两大汇水区域。湖岸线迅速向外推移，西部扩展至布拉格苏木、石沟驿、杨家咀子、华亭一线，东部至横山、子洲、清涧一带，湖岸线呈锯齿状的"L"形，说明其明显受断层控制。此时，整个盆地南部为湖水所淹没。发育为以湖相滨浅湖砂泥互层为主的沉积，形成盆内中生界的生油层，在西南边缘局部地区发育水下扇，东部偶发育三角洲，西部杨家咀子一带发育扇三角洲。如图5.1所示。

长8期以吴旗为中心的北西向展布的构造格局和湖盆形态基本形成，盆地东北部发育神木-乌审旗和安塞2个三角洲；盆地西南缘有环县、镇原-庆阳、正宁-合水3个辫状河三角洲存在；盆地盐池-定边三角洲不发育，而盆地东南缘黄陵浊积扇已经形成，但近岸冲积扇广泛发育，在石沟驿、杨家咀子、平凉、陇县、长武等地均有分布，组成扇群。前者以崆峒山为例，岩性为块状砾岩、砾状砂岩与砂岩的互层，多为泥石流沉积，正向粒级递变随处可见。坡为中扇部分，岩性为粗砂岩、细砂岩及砂质泥岩。粗砂岩中含砾石，为典型的水道沉积。镇原以东多为下扇，岩性以中细粒长石砂岩为主，具有不明显的下细上粗反旋回系列，发育为指状体浊积岩，伸向湖心，如图 5.2 所示。在湖相泥岩中出现近岸中细粒砂岩，见植物枝杆及瓣鳃类化石。在杨家咀子、石沟驿扇三角洲的前缘，也有指状浊积岩的出现。其中，盐 11 井见厚达 41 m 的粒级递变层，底有砾石平行层面分布。在此特别提及的是，这些北东向展布、伸向湖心很远的浊积扇体明显受断层控制。

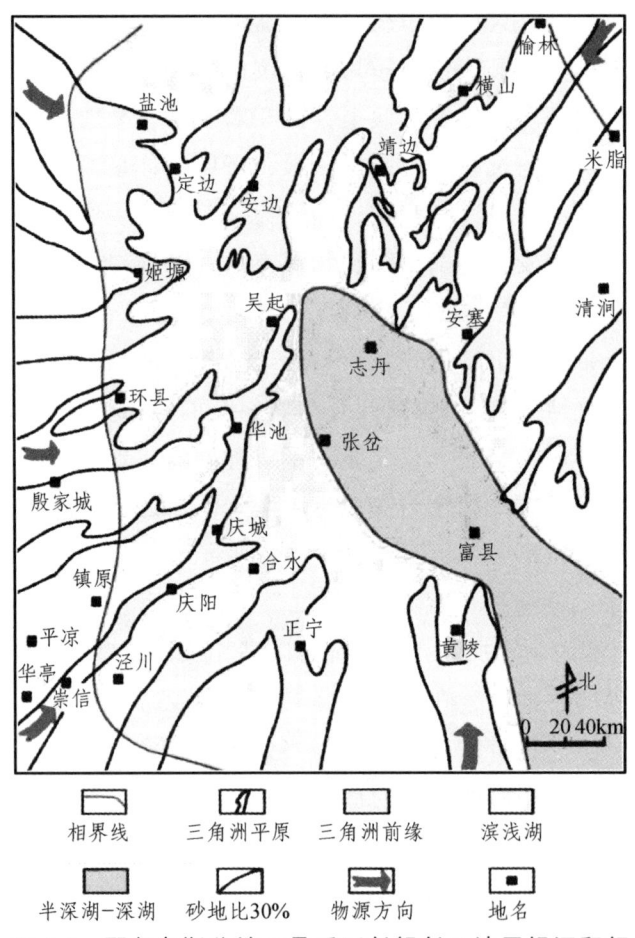

图 5.1 鄂尔多斯盆地三叠系延长组长 9 油层组沉积相

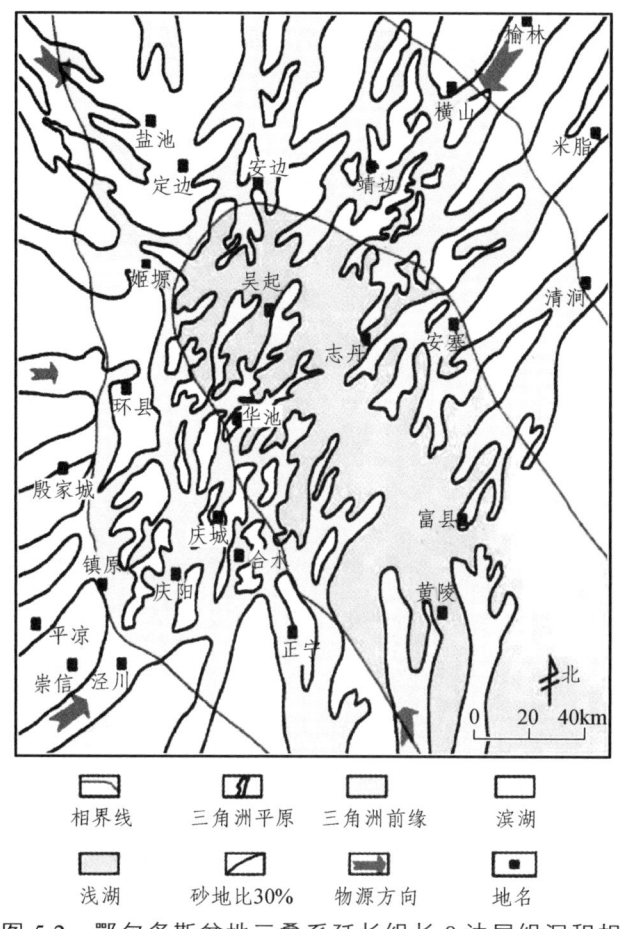

图 5.2 鄂尔多斯盆地三叠系延长组长 8 油层组沉积相

长 7 期以吴旗为中心的北西和北东向断裂活动明显加强，基底整体下沉剧烈，湖盆发育达鼎盛期，分割性明显减弱。湖盆水体也明显加深，半深水-深水沉积广布于那托克前旗、庆阳、正宁、直罗、吴旗、盐池、环县和延安-富县及其以东广大区域内。最大水深 60 m，水生生物和浮游生物繁盛，发育厚 70～120 m 以及补偿为主的深灰色、灰黑色泥岩和油页岩，有机质丰富，是最重要的烃源岩分布区。其外围环绕浅水湖泊，分布面积大，深灰色、灰黑色泥岩厚 60～70 m，均是最有利的烃源岩分布区。在西缘的近岸沉积体因自长 9 以来连续发育，使湖盆陡岸的坡度有所减缓，扇三角洲范围缩小，在盆地东北部安边、志靖和安塞 3 个三角洲已具雏形。在盆地西南部，由于基底剧烈下沉，周边洪泛河水携带大量沉积物迅速注入深湖、半深湖之中，形成大规模滑塌式湖泊浊流沉积,如图 5.3 所示。在庆阳和西峰等地的岩心可见鲍马序列、韵律层、重荷模等,说明长 7 期浊积岩十分发育。

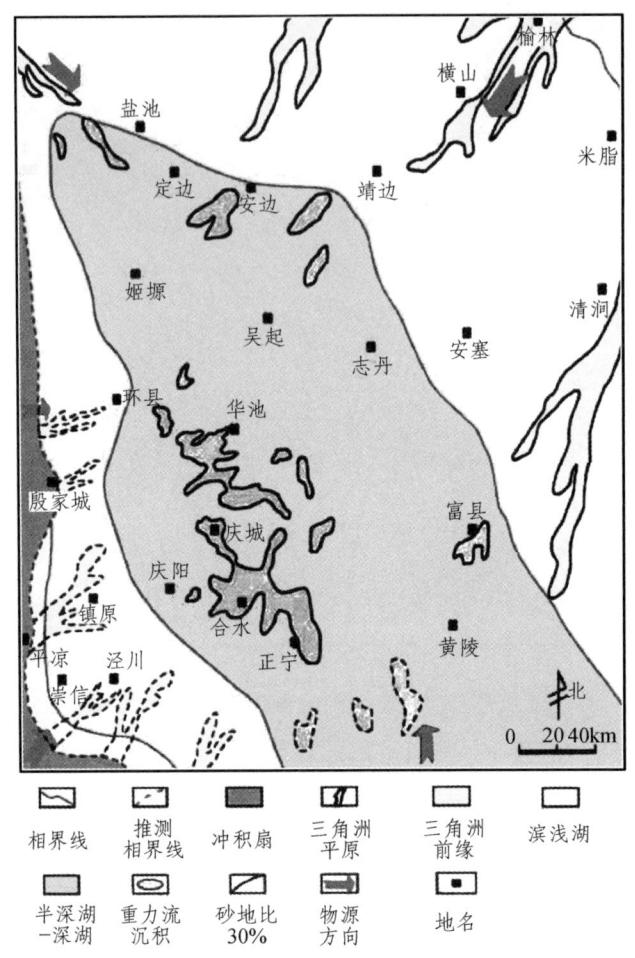

图 5.3 鄂尔多斯盆地三叠系延长组长 7 油层组沉积相

长 6 期以吴旗为中心的湖盆稳定沉积阶段,基底开始抬升以反旋回沉积层序为显著标志,表明湖泊开始有所收缩,为"湖退砂进"的三角洲沉积的主要建设期,为盆地北部的辫状河三角洲,前缘大规模向南推进至吴旗—甘泉一带;在靖边地区形成巨大的复合三角洲体系,以延长—化子坪断裂为界,以北仍为三角洲平原,以南亦为三角洲前缘,但与长 7 期及其以前相比,其展布方向由原来的近南北向转为北北东向,且分布范围也明显扩大。西南部辫状河三角洲亦较长 7 向前推进至庆阳—华池一带，深水沉积分布于庆阳—黄陵地区，较之长 7 期湖面缩小了近 60%，其外围环绕着浅水湖沉积，浅水加深水湖仍然占主导地位。在此特别值得强调的是，由于沉积作用加强，三角洲建设占主导地位。

以长 6 砂岩为储集的油层组沉积，湖盆逐渐填实、变浅并向南收敛。此期，沉积作用以东北方向最为明显，靖边三角洲前缘基本保持了长 7 时的位置，但范围明显扩大，数量增多。最为明显的是，从东至西发育延长、延安、安塞、志丹、吴旗、定边 6 大三角洲，除定边三角洲外，前缘仍在宜川、延安、安塞、吴旗一带，这些三角洲以群体出现，使原来的滨浅湖相区被三角洲扇群所覆盖。在南泥湾—青化砭以北已经平原化及沼泽化，主体砂岩以中粒长石砂岩为主，在底积段中见细、粉砂岩层系，总厚达 100 m，主体砂岩厚 30～50 m。加之盆地西缘石沟驿、杨家咀子扇三角洲群和平凉—镇原浊积扇向湖内的推进，封闭的独立湖盆体系形成。此时的物源，除东北物源外，东南方向的物源供给量亦增加。

长 4+5 期为一次短暂的湖侵期，湖水进一步扩大，早期与长 6 晚期有较好的继承性，三角洲仍然发育。晚期湖盆基地抬高，发生了一期短暂的湖侵，水体覆盖范围较长 6 扩大，处于湖盆中心区域的吴旗—姬源等地普遍发育新芦木等浅水植被。因此，长 4+5 分割性减弱，三角洲建设进程趋于减慢。东部湖岸线已达到子长、靖边一带，而西南陡坡区湖岸线亦明显扩大，但由于坡度较大，仍发育前积三角洲沉积体系。

长 3 期断裂走滑-拉张作用基本停息，受其影响，湖盆开始逐步淤浅、萎缩、消亡，其沉积速率小于下沉速率，三角洲则逐层内迁。如长 3 油层组沉积时，沉积作用再次加强，开始了全区又一次三角洲发育，层系厚度为 70～100 m。在庆阳和南庄地区仍可见到规模不大的三角洲前积现象。如庆阳地区的剖 14—城 34 地质剖面，长 3 期均见三角洲逐层向湖盆内迁移。长 3 期还可以见到三角砂坝反射特征，在南庄地区三角洲前积特征也较为明显。由于砂体的存在，不易压实的砂体之上，形成典型的披覆构造。

长 2 期地壳整体抬升，湖盆的收缩速度加剧。深湖相已收缩到正宁—固城川一带的极小范围内，直罗—华池—姬源以北则成为河流—三角洲平原区，分流河道叠置而块状砂岩十分发育，往南三角洲前缘分布受限。此时，伴随基底抬升和断裂作用减弱，湖相沉积的范围进一步萎缩，统一湖盆局面接近解体。湖岸线已退到葫芦河—白豹以南和南梁—固城川以西的局部范围。深湖相已不复存在，全区进一步平原河流化，以辫状河沉积为主，层系厚度60～100 m，单砂层厚20～25 m。

长1期油层组沉积区湖相范围就更局限。从保留下来的地层看，全区普遍大面积沼泽化，主要发育辫状河及其间的泛滥沼泽。三角洲规模已经非常小，定边三角洲仅保留盐20井一处，层系厚度40 m，主体砂岩厚10 m。物源与长2期相同，只是沉积物较细或供给不足。盆地准平原化，成煤沼泽发育，形成著名的陕北"瓦窑堡煤系"，最终结束了延长统的地质构造演化过程。由此可见，该区长1期大面积平原化、沼泽化，面积较大、沉积较细的岩层可成为延长组主要盖层之一。

5.2 沉积物源分析

延长组沉积中期古流向参数显示，盆地西北部沉积物的平均搬运方向105°，西南部的平凉—华亭地区古流向110°左右，在南部的宜君—铜川地区，平均为320°，东部延长—宜川地区，沉积物搬运方向近北东向，东北地区的榆林一带，沉积物平均搬运方向200°。这些古流向参数证据表明，盆地四周存在古隆起，沉积物从盆地边部向中心搬运。三叠纪延长组晚期，古流向具有良好的继承性，和中期相比，变化不大。

同时，由于在矿物碎屑搬运的过程中，重矿物一般耐磨蚀，稳定性强，能较多地保留其母岩的特征，随搬运不稳定的重矿物逐渐发生机械磨蚀或化学分解，造成随搬运距离的增大，性质不稳定的重矿物逐渐减少，稳定重矿物的相对含量逐渐升高，一般由不稳定重矿物相对含量较多到不稳定重矿物含量相对较少的方向代表物源方向，因而在物源分析中占有重要地位。

前人对鄂尔多斯盆地长6油层组物源分析已积累了很多资料，研究认为，该盆地主要存在正北和东北、西部和西南以及南部的三大物源区方向，其中正北和东北方向为锆石+石榴石组合，西部和西南方向为锆石+电气石+石榴石+硬绿泥石组合，南部方向为锆石+电气石+石榴石+绿泥石+榍石组合。黄陵探区的重矿组合为锆石+电气石+石榴石组合，属稳定-次稳定组合，并且石榴石的含量由北东向南西方向逐渐减少，由重矿物组合特征可推断本区长6油层组砂岩的母岩主要为鄂尔多斯盆地北部的阴山古陆古老的低-中级变质岩系，由重矿组分的变化可以推出古流向为北东—南西向，其次为南部秦岭隆起带物源及东南部铜川方向物源（见图5.4）。

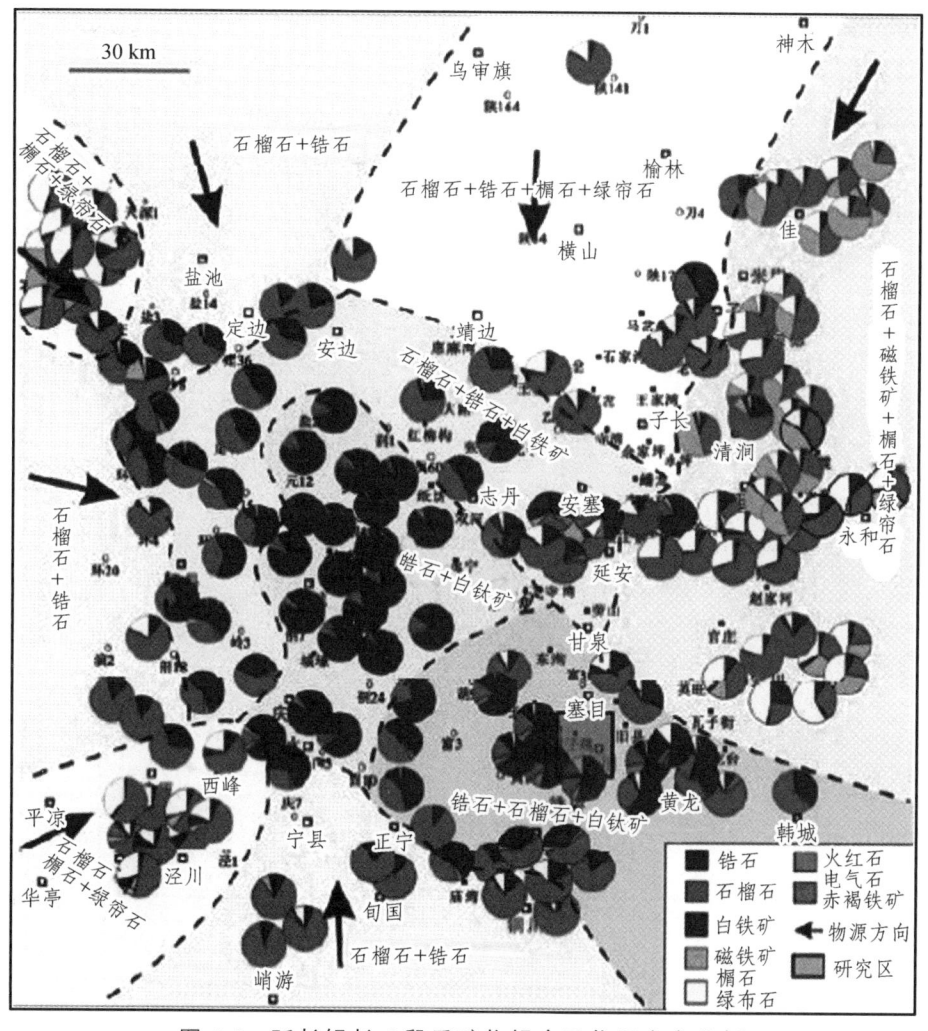

图 5.4 延长组长 6 段重矿物组合及物源方向分析

长 2 层呈现棕黄、浅灰色细砂岩、泥质细砂岩与灰色、深黄绿色泥岩或粉砂质泥岩不等厚互层,砂体厚度主要集中在中心部位,其物源方向主要为西北—东南方向。长 4+5 层为深灰色、灰黑色泥岩夹少量薄层细粒砂岩,为滨浅湖环境下三角洲前缘亚相沉积,地层厚度从北东方向往研究区中部逐渐增加,其物源方向主要为东北—西南方向。长 6 储层是本区主力油层,母岩主要为鄂尔多斯盆地北部的阴山古陆古老的低-中级变质岩系,由重矿组分的变化可以推出古流向为北东—南西向。长 8 岩性主要为灰黄、黄灰色粉砂质泥岩和灰黄、浅黄绿色砂岩,其物源方向主要为西北—东南方向(见图 5.5 ~ 5.12)。

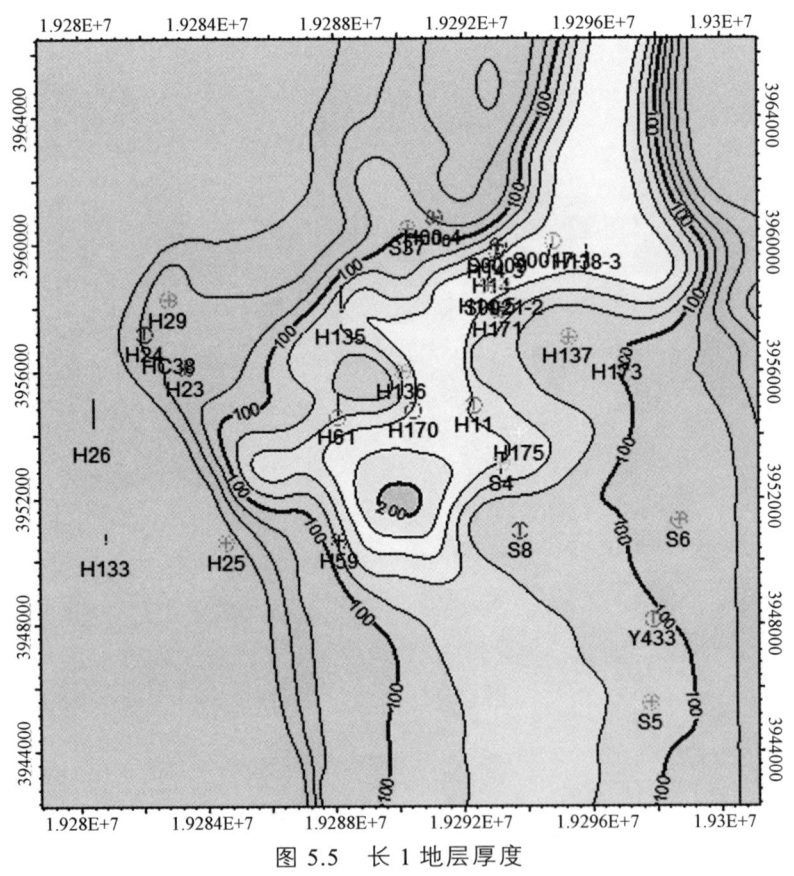

图 5.5　长 1 地层厚度

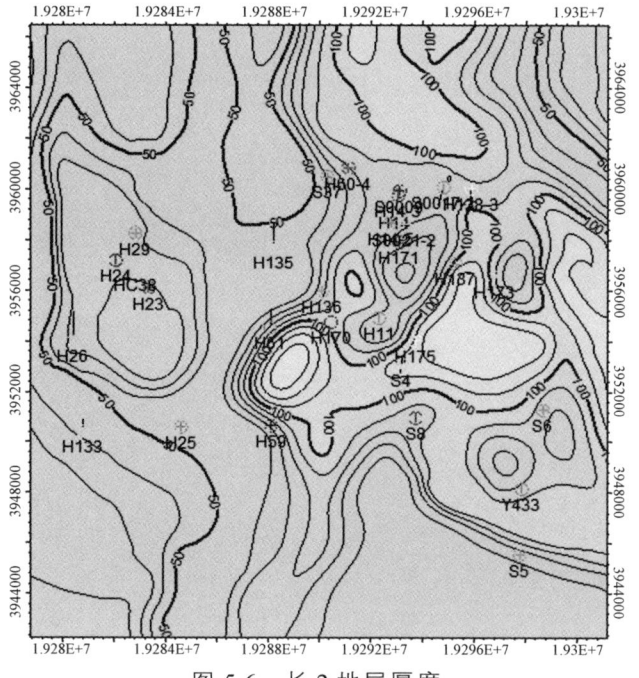

图 5.6 长 2 地层厚度

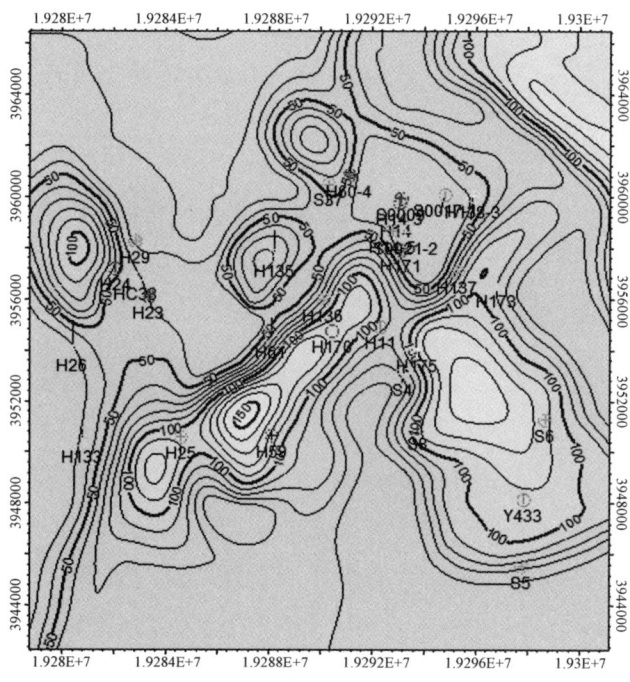

图 5.7 长 3 地层厚度

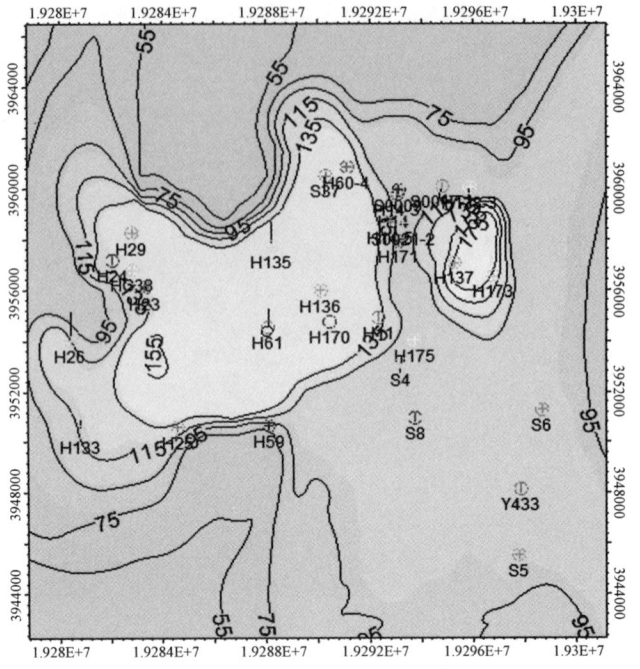

图 5.8 长 4+5 地层厚度

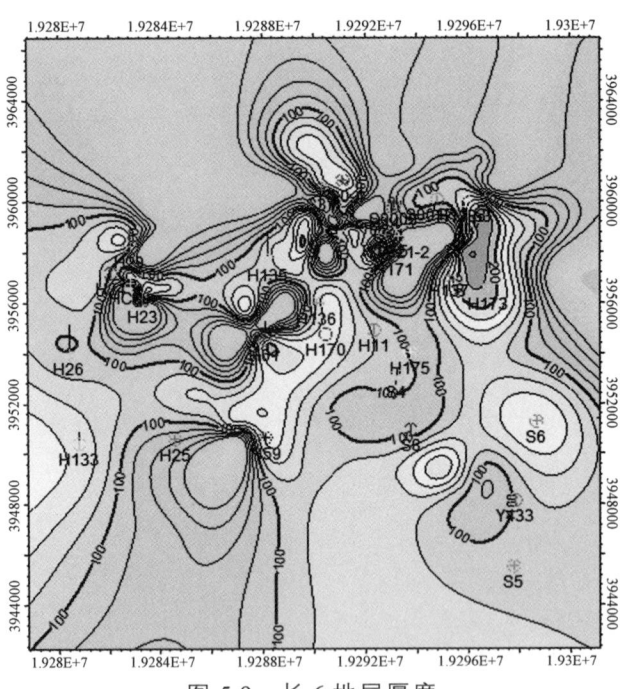

图 5.9 长 6 地层厚度

第 5 章　沉积微相研究

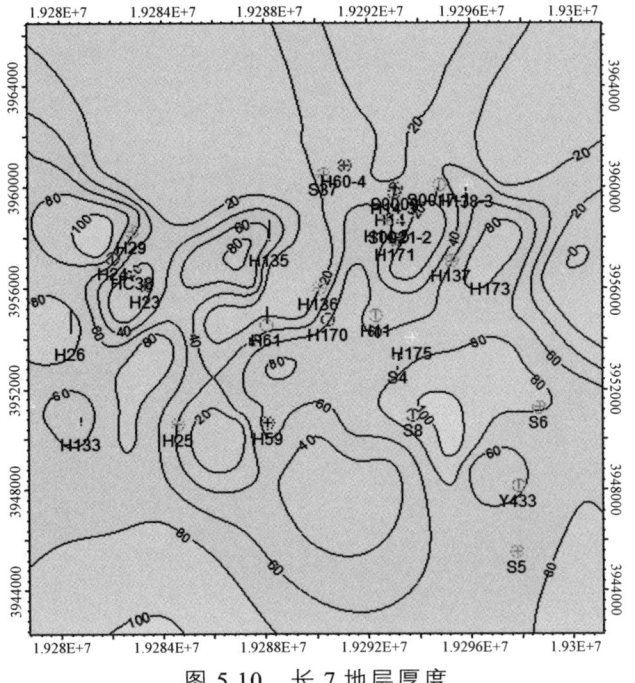

图 5.10　长 7 地层厚度

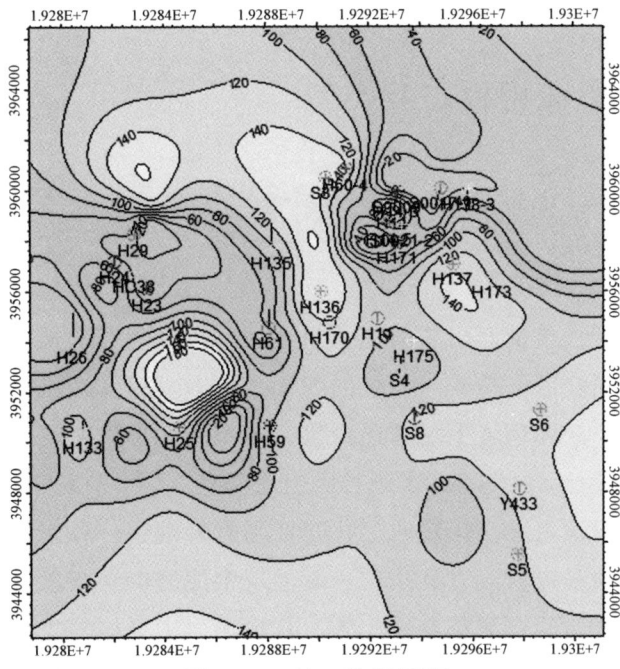

图 5.11　长 8 地层厚度

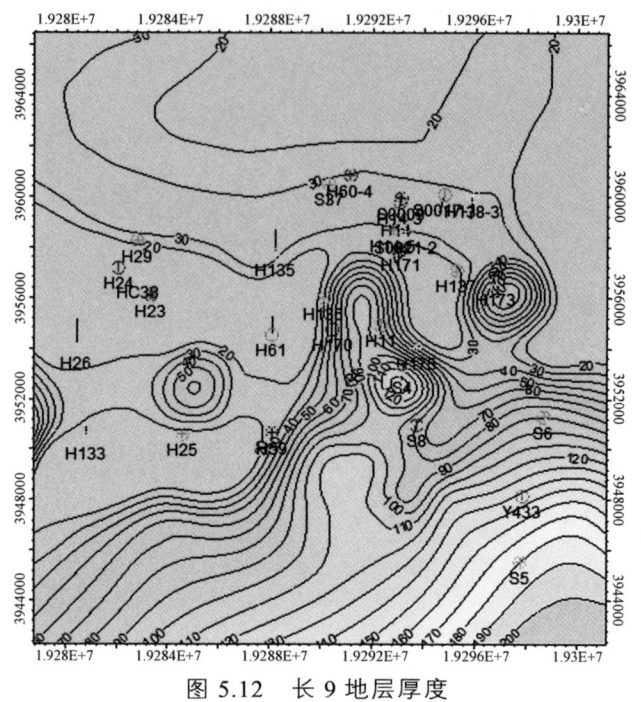

图 5.12　长 9 地层厚度

5.3　沉积微相标志及类型

5.3.1　沉积相标志

1. 沉积物颜色

根据铜川延长组剖面出露的延长组地层可以发现，从长 10 至长 1 露头，颜色经历了由浅变深又转变为浅色的特征，长 10 为灰绿色砂岩，往上至长 7 转变为深湖、半深湖环境下的暗色泥岩，至长 2 底部时已转变为浅黄色粉砂质泥岩。从岩心上看，黄陵探区延长组岩心颜色多样，从长 10 至长 1 受水体环境改变的影响颜色上变化较明显，特征与野外观察一致。其中，长 7 主要为深水环境下的灰黑色泥岩沉积，长 6 油层中泥岩以深灰色、灰色为主，砂岩为浅灰色、含油砂岩深灰色。此外，灰色泥岩中见植物碎片，反映出水体以浅水环境为主，表现为还原条件下的暗色特征，表明碎屑物沉积时整体处于水下环境（见图 5.13 ~ 图 5.16）。

图 5.13　上 177，长 9，1 714 m，灰绿色砂岩

图 5.14　上 1208，长 7，1 555 m，深灰色泥岩

图 5.15　上 1208，长 6，1 505.2 m，灰灰色泥岩，炭质碎屑

图 5.16　上 142 井，长 6，1 174.5 m，灰色砂岩，鲍玛序列

2. 沉积构造

陕北铜川剖面、金锁关一带的延长组剖面可见到多种沉积构造，多为块状层理，可见指示河流环境的槽状交错层理[见图 5.17（a）]，还可见少量的冲刷面、扰动构造，并在长 9 内部发现大型芦木化石[见图 5.17（b）]，直径最大达 10 cm，说明当时水体浅，适宜植物生长，后期被上部河道砂体掩埋。

柳林延长组剖面中见指示深水浊积沉积的特征构造——槽模构造[见图 5.17（c）]。同时，黄陵探区岩心观察中也发现大量指示延长组各油层组沉积环境的沉积构造标志。

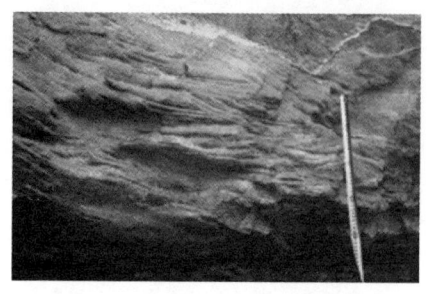 

（a）长 8，槽状交错层理　　　　（b）长 9，芦木化石（长度 50 cm）

（c）长 6 底部，槽模构造　　　　（d）长 1 螺类化石，平原相沉积

图 5.17　野外露头沉积相标志

岩心观察井中可见类型丰富的层面构造，在露头剖面上见到的长 6 底面槽模在岩心中未有发现，但长 6 岩心中见到了与侵蚀成因有关的底面铸模和印模，也反映了区域内浊积沉积的特征。

（1）冲刷面：高流态下产生的一种层面构造，因岩心体积小，在岩心上只能看到起伏平缓的冲刷面，冲刷面大都出现在水下河道底部，其上常见大量再沉积的泥砾和炭质撕裂屑。

（2）板状交错层理：岩性由灰色至浅灰色中、细粒砂岩组成，主要特征为大型的层系上下界面平直的层理组成，呈板状。它是沙浪迁移而形成的，本区常出现于三角洲前缘河口砂坝、水下分流河道沉积环境。

（3）槽状交错层理：岩性为细砂岩、粉细砂岩，发育小型槽状交错层理。

它的特征是横剖面上各层系的底界下凹呈弧形，具有明显的槽状侵蚀底界，大多形成于三角洲前缘水下分流河道及河口砂坝中。

（4）平行层理：岩性以中、细粒砂岩为主，纹层厚度一般为 0.5~1.0 cm，由相互平行且与层面平行的平直连续或断续纹理组成，层面具有剥离线理，常形成于水浅流急的水动力条件下，主要见于河口砂坝或水下分流河道沉积中。

（5）沙纹交错层理（见图 5.18~5.26）、滑塌变形构造和波状层理：主要出现在粉砂岩、泥质粉砂岩中，主要形成于水动力条件较弱的环境，如三角洲前缘的水下分流间湾、远砂坝和前三角洲。

研究区内还可见纹层被扰乱的现象，这是一种在沉积作用过程中或沉积物固结成岩之前的扰动变形构造，如滑塌构造、包卷层理，反映了水动力条件或沉积物环境变化的特征，主要发育于重力流沉积环境，一些区域甚至可见撕裂的泥屑。

图 5.18　上 170，长 2+3，572.13 m，斜纹层　　图 5.19　上 102，长 2+3，520.3 m，扰动构造　　图 5.20　上 172，长 4+5，1 393.5 m，波状层理

  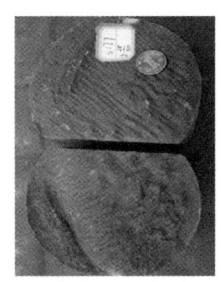

图 5.21　上 172，长 4+5，1 385 m，扰动构造　　图 5.22　上 155，长 4+5，897.77 m，撕裂泥屑　　图 5.23　上 177，长 6，1 474.5 m，印模

图 5.24　上 1 208，长 6，1 505.2 m，炭质碎屑　　图 5.25　上 177，长 9，1 711 m，平行层理　　图 5.26　上 1 208，长 6，1 501.8 m，铸模

3. 粒度曲线

研究区延长组内砂岩粒度累积分布曲线分析显示，长 2+3、长 9 油层组粒度累积分布曲线主要呈现两段式，以跳跃和悬浮次总体为主，指示水流能量中等，为水下分流河道特征；长 6 油层组砂岩概率累积曲线可见三段式和两段式两种类型，总体反映流水和波浪共同作用的特征（见图 5.27 ~ 图 5.30）。

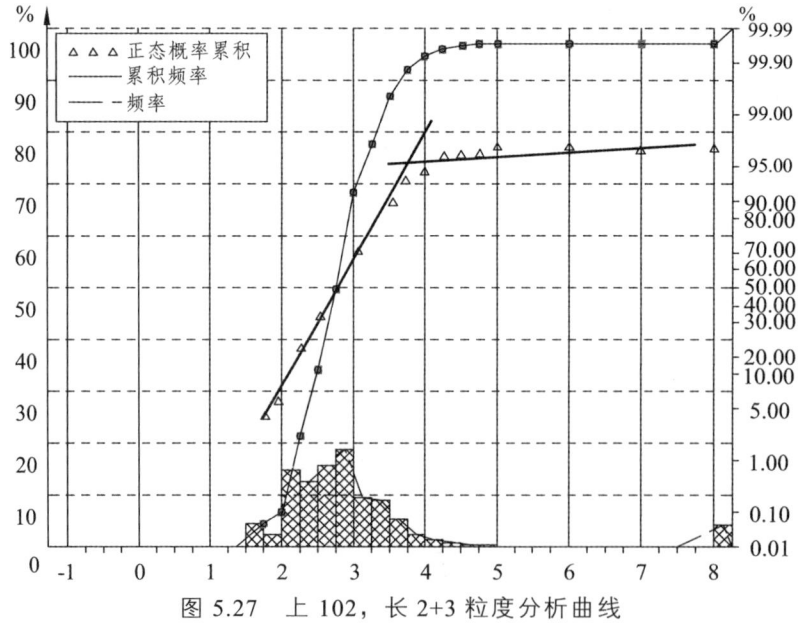

图 5.27　上 102，长 2+3 粒度分析曲线

第 5 章 沉积微相研究

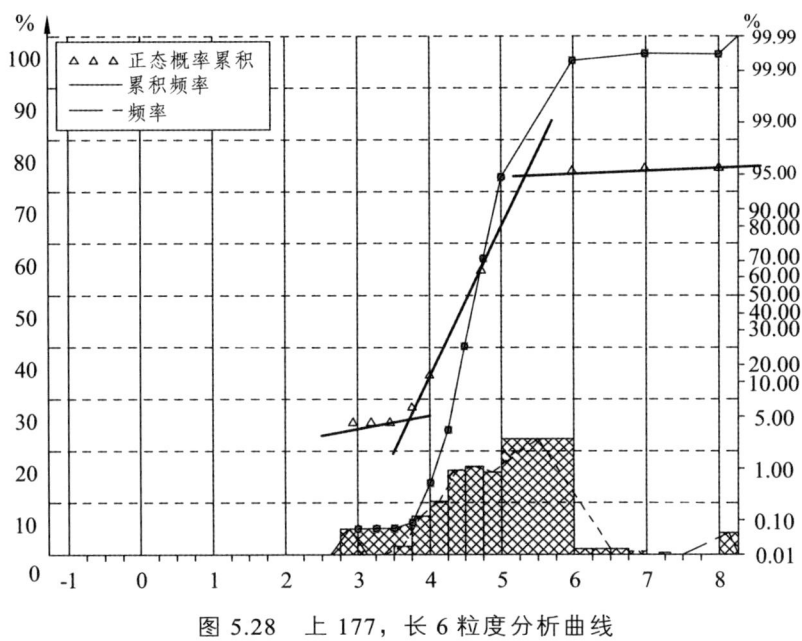

图 5.28 上 177，长 6 粒度分析曲线

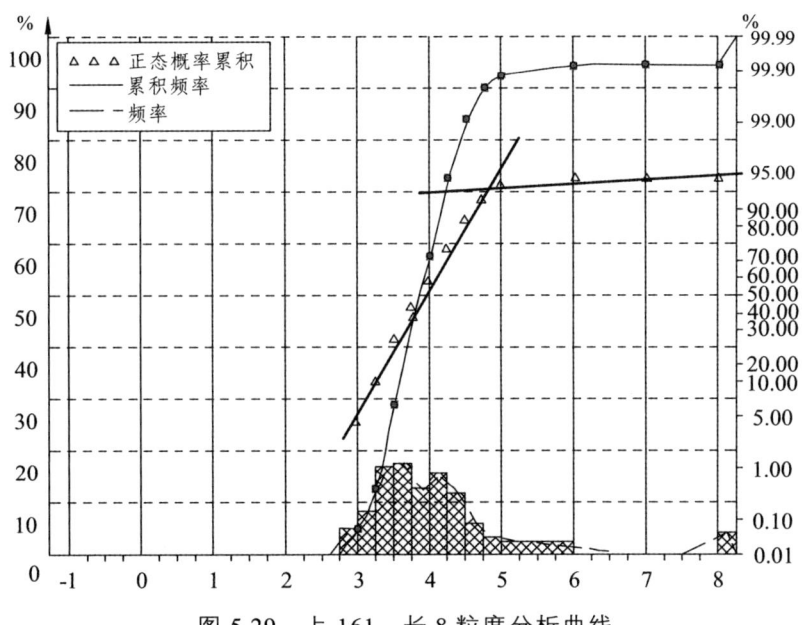

图 5.29 上 161，长 8 粒度分析曲线

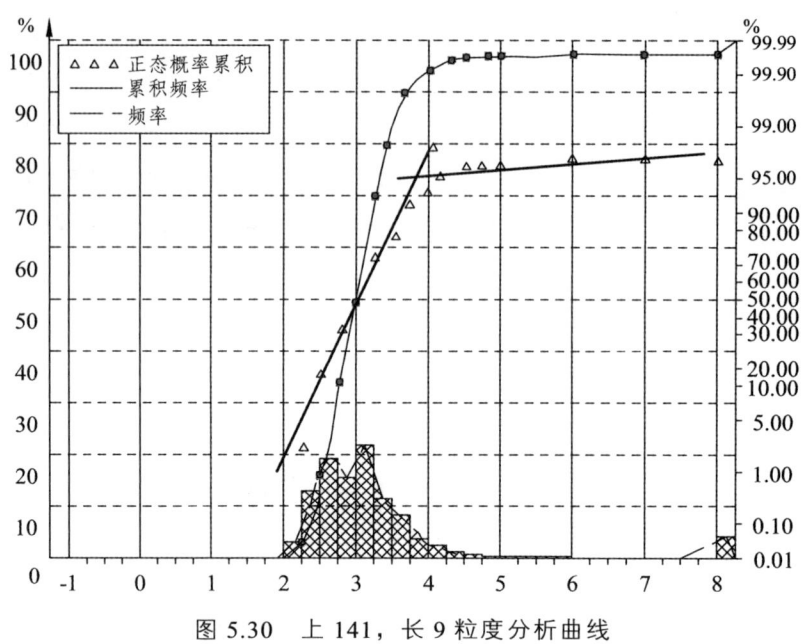

图 5.30　上 141，长 9 粒度分析曲线

4. 测井相标志

运用测井相解释沉积相和沉积环境是十分重要的基本方法，测井曲线的形态能定性地反映沉积微相的主要地质因素，如地层的岩性、粒度和泥质含量的变化及其垂向组合序列等。不同岩性的地层在各测井系列曲线上表现的值差异较大，Pe 曲线对岩性反应灵敏，纯石英砂岩的 Pe 值在 1.9 左右，泥质砂岩和岩屑砂岩的 Pe 值在 2.2 以上，并且砂质和泥质含量不同的岩层测井系列曲线表现的值也不同，据此可以通过分析取心井典型沉积微相类型对应的测井曲线响应，建立岩性和电性之间的对应关系，最终实现根据测井曲线判别岩性和沉积相。

依据伽马曲线中砂岩段顶底界面的接触关系、曲线形态，一般将测井相分为如图 5.31 所示的类型。随着砂岩中泥质含量的增加，曲线逐渐出现齿化，随着泥质变得更纯，会出现一套砂体的多曲线形态的叠加，如图 5.32 所示。因此，测井相判断中通常要综合考虑各种形态曲线组合所指示的特征。

第 5 章 沉积微相研究

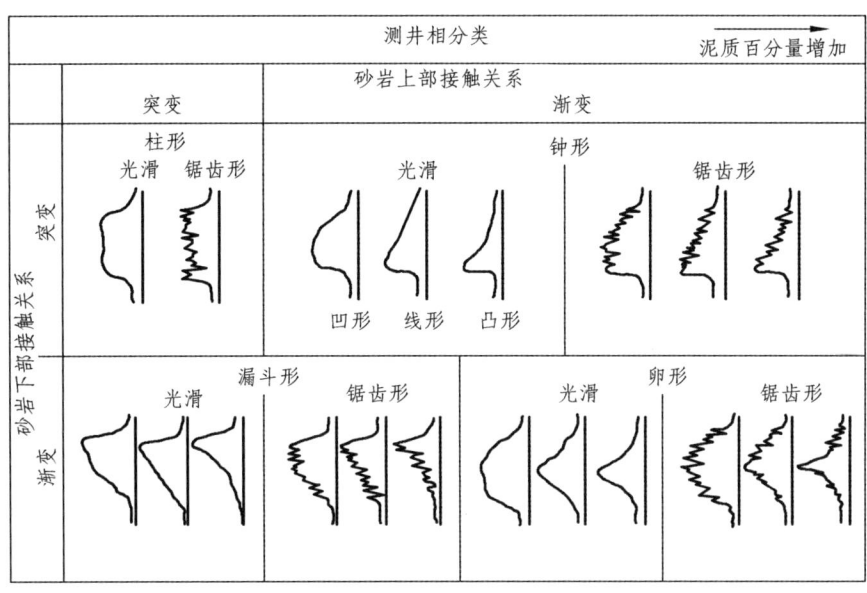

图 5.31 典型测井相分类

依据在测井相判断中需要考虑的要素,研究区内的测井相划分为如表 5.1 所示类型。

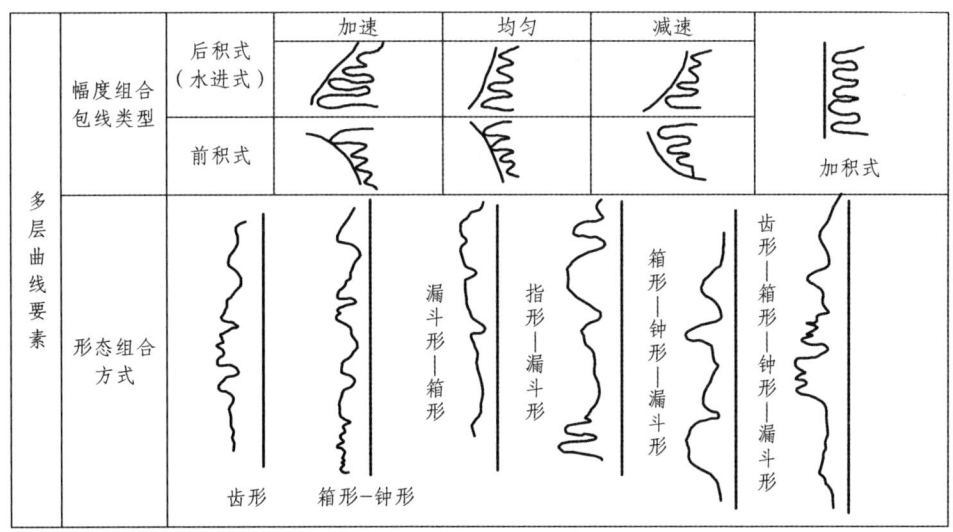

图 5.32 测井曲线形态组合

表 5.1 鄂尔多斯盆地延长组主要测井相类型

沉积环境	冲积扇			河流		三角洲			滩坝		水下冲积扇			重力流		
标志	扇根	扇中	扇缘	网状河	蛇曲河	分支河道	河口坝	前缘砂	滩砂	坝主体	坝内翼	扇根部	扇中	扇缘	重力流水道		浊积岩
															中心相	前缘相	根部相 中心相 边缘相
曲线形态（实例）																	
单齿模式																	
纵向幅度形态组合模式	席状砂 幅减正韵 网状河 主河道 泥石流（质积式）	点坝 扇中 扇根	沼泽相 分支河道 河口坝 建设性 三角洲	三角洲 平原 三角洲 前三角洲泥	堡坝外侧 坝主体 堡坝内侧	开闸湖 坝砂 封闭湖 滩砂 水进式 后积式	席状砂 扇末端 扇中 主河道 非扇模（后积式）	扇端 扇中的道 扇中 中心 扇模 水下浸滩 前积式 湖盆	湖盆 深水重力流水道 前缘侧翼 中心相 （后积式）	边缘相 中心相 根部相	深水相 深水浊积岩
地质标志	背景	山麓陡坡	丘陵-平原	缓坡-水下	含砾砂-粉砂	陡坡、浅水	浅水-深水区	陡坡-深水
	泥	粗砾-砂	砂、砾-粉砂	灰绿-灰黑	灰绿-灰黑	浅红、灰绿	细砂-粉砂	砂砾-粉砂
	色	红色	红色-杂色			灰绿-灰	灰-深灰	深灰
	标志	氧化环境	氧化环境	弱氧化到弱还原有灰质页岩、细粒灰岩伴生	弱还原 有细粒、生物灰岩屑	还原环境（弱）浅水背景、生物灰岩	还原环境（弱-强）浅水背景、生物灰岩	灰-深灰 水背景、生物灰岩	围岩为深水质纯泥岩

5.3.2 沉积相类型

根据对研究区井的岩心、录井、测井和邻区露头剖面的详细观察研究，结合构造环境背景，以近代沉积学理论为基础，成因标志（如岩性组合、沉积结构与构造、沉积韵律、砂岩粒度分布特征、砂体形态、古生物和测井曲线组合）为线索，从剖面结构着手，运用比较沉积学方法，总结出本区延长组（长10～长1）3种沉积体系及其6种亚相、16种微相（见表5.2）。

黄陵探区与全盆地一样，晚三叠世延长期代表一个完整的内陆湖盆沉积旋回，包含了湖盆发生、发展和消亡的全过程，可划分为3个大的湖泊-三角洲沉积演化期：长10～长9期——湖泊-三角洲发育早期；长8～长6期——湖泊-三角洲发育中期；长4+5～长1期——湖泊消亡期，三角洲发育晚期。

表 5.2　研究区延长组沉积相类型及其特征

相（体系）	亚相	微相	发育特征	识别标志	分布层位
三角洲	三角洲平原	分流河道	以发育河道沉积为主	砂泥岩互层，多夹煤线，发育槽状、板状交错层理，含植物和淡水动物化石，见虫孔和植物根，河道间沼泽发育	长2、长1、长8下
		天然堤和决口扇			
		分流间湾			
		沼泽			
	三角洲前缘	水下分流河道	有多次级分流汇合作用	三角洲前缘沉积由中-细砂岩及粉砂岩组成，并夹泥岩，见槽状、板状交错层理，平行层理和沙纹交错层理，具滑动变形层理、包卷层理和水平虫迹，含介形虫、叶肢介、瓣鳃类、鱼类化石，以及植物化石碎片	长3、长2、长9、长8上
		河口坝	不太发育，常被后期水下分流河道冲刷		
		水下天然堤和决口扇	较水下分流河道粒度较细		
		水下分流间湾	为水下分流河道之间相对凹陷的地区，常被网状水下分流河道分隔		
湖泊	滨-浅湖	浅湖泥	沉积具水平层理的暗色-深灰色泥岩、粉砂质泥岩或泥质粉砂岩为主	岩性细，颜色多为灰绿色和灰色，常有鱼类、瓣鳃类、叶肢介和介形虫等，并见植物化石碎片。自然伽马曲线基本是低幅值，呈齿状，有较低的尖峰	长7、长6、长4+5
		滩砂、坝砂、坝间	薄层的细砂岩、粉砂岩等		
	深-半深	深-半深湖相泥岩	质纯的泥岩、页岩为主，发育水平层理和水平纹层，油页岩发育	泥岩、油页岩为主，夹薄层粉砂质泥岩。泥岩中含介形虫、叶肢介和方鳞鱼等动物化石。自然电位、自然伽马曲线平直	长7、长6
浊积	中扇	浊积水道	主要为细粒砂岩及中砂岩，夹薄层灰色、深灰色泥岩及粉砂质泥岩，砂岩厚度较厚	砂岩多为灰色，发育滑塌变形、槽模、火焰状构造等，发育鲍玛序列。自然电位曲线呈齿化或微齿箱形、钟形、箱形组合等，幅度中等为主	长7、长6
		分支水道、水道末梢	主要为细粒砂岩及中砂岩，夹薄层灰色、深灰色泥岩及粉砂质泥岩，砂岩厚度较中等到薄	自然电位曲线呈齿化或微齿钟形及指形等，幅度中等为主	
		水道间	粉砂质泥岩及泥岩互层	自然电位曲线微齿形	
辫状河河流	河床	河道砂坝	中砂岩	自然电位曲线呈齿化或微齿箱形、钟形、箱形组合等，幅度中等为主	长10
		河道间	粉砂岩及泥岩互层	自然电位、自然伽马曲线平直或微齿化	

5.4 沉积微相分析

5.4.1 单井相分析

以前述相标志和沉积微相的判断为基础,本书展开了典型井的单井相分析(见图 5.33~图 5.36),由此发现黄陵探区延长组各油层组内砂体发育程度不等,其中长 6 砂体最为发育,是以浊积砂体为主的储集砂体,其次为长 4+5、长 8、长 2,以三角洲沉积体系下的三角洲平原分流河道和前缘相沉积水下分流河道砂体为主,长 10 主要为辫状河河流相内的河道砂体沉积。由于各层间沉积环境差异,油层组内部砂体由于受水动力条件、沉积物供给的周期性变化,导致纵向剖面上多为多期单砂体组合出现,组合的方式大体有几种:① 多期水道叠加砂体(重力流沉积中的浊积水道、分支水道和水道末梢砂体,或水下分流河道砂体);② 多期滨浅湖坝砂叠加砂体;③ 多期水下分流河道与河口坝叠加砂体;④ 多期水下分流河道与决口扇叠加砂体;⑤ 多期坝砂、滩砂与决口扇叠加砂体。这种组合的特点是在砂体之间一般发育泥岩层,它们通常为三角洲平原相的分流间湾、前缘相的水下分流间湾,以及浊积水道间沉积。

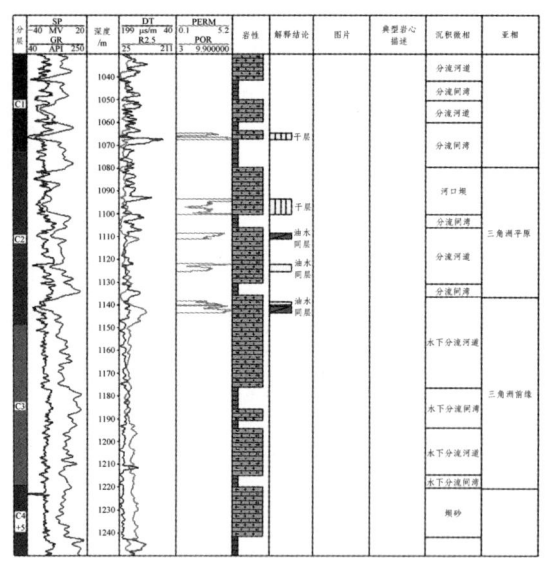

图 5.33　黄陵探区槐 140 井长 2、长 3 单井沉积微相

第 5 章 沉积微相研究

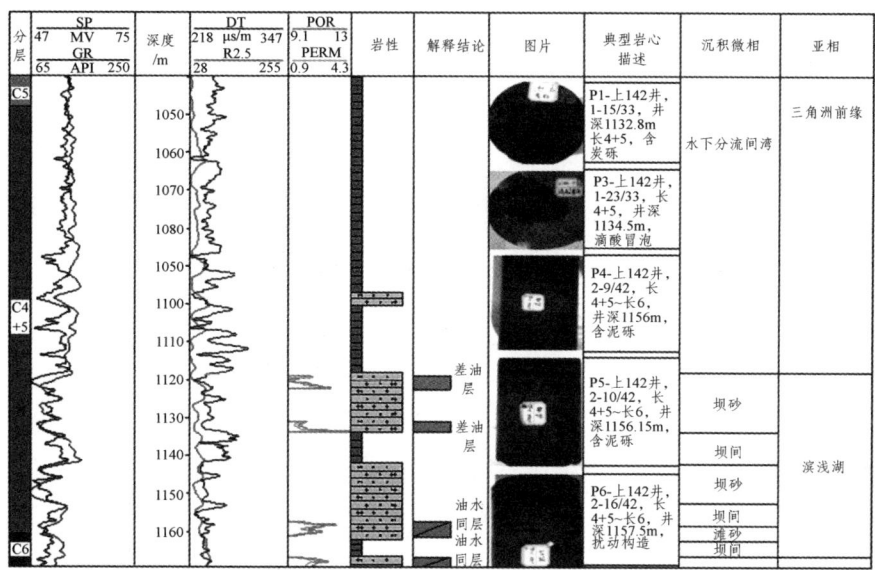

图 5.34 黄陵探区上 142 井长 4+5 单井沉积微相

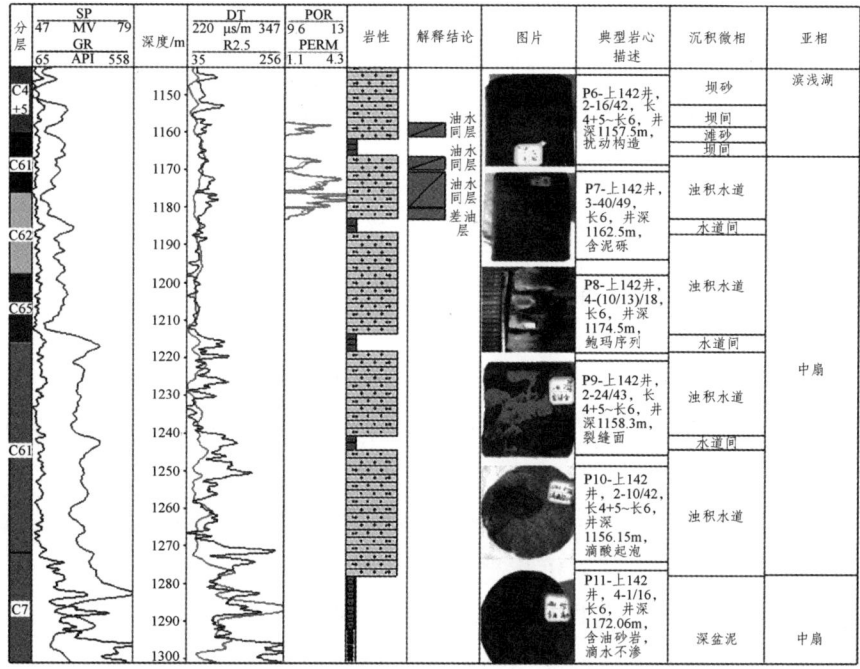

图 5.35 黄陵探区上 142 井长 6 单井沉积微相

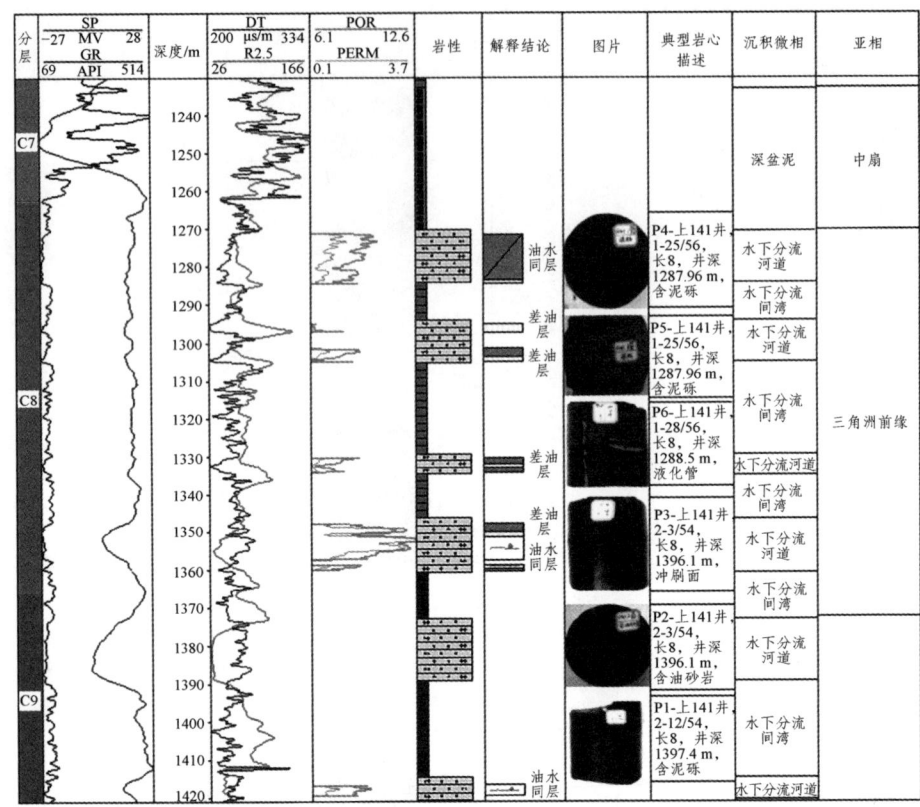

图 5.36 黄陵探区上 141 井长 8 单井沉积微相

5.4.2 剖面相分析

剖面相分析是了解研究区沉积微相空间演化最直观的手段，本次研究中选择研究区具有代表性的顺物源和垂直物源的多条剖面（见图 5.37～图 5.40）来分析。

从顺物源方向，可见多个大规模的河口坝发育，河口坝之间发育正韵律的厚度相对较薄的分流河道沉积垂直。

在垂直物源方向，密井网井区发育厚层河口坝砂体，剖面上为多期反韵律砂体叠加，边部发育正韵律河道砂体。

第 5 章 沉积微相研究

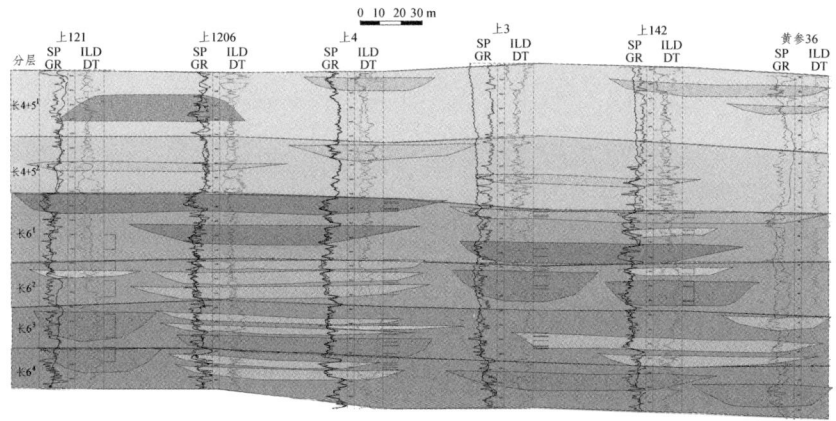

图 5.37 黄陵探区上 121-黄参 36 井长 4+5～长 6 顺物源方向沉积微相剖面

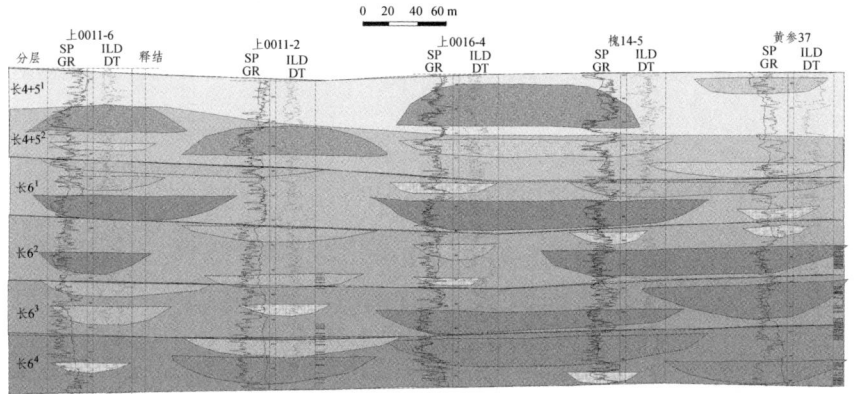

图 5.38 黄陵探区上 0011-6-黄参 37 井长 4+5～长 6 顺物源方向沉积微相剖面

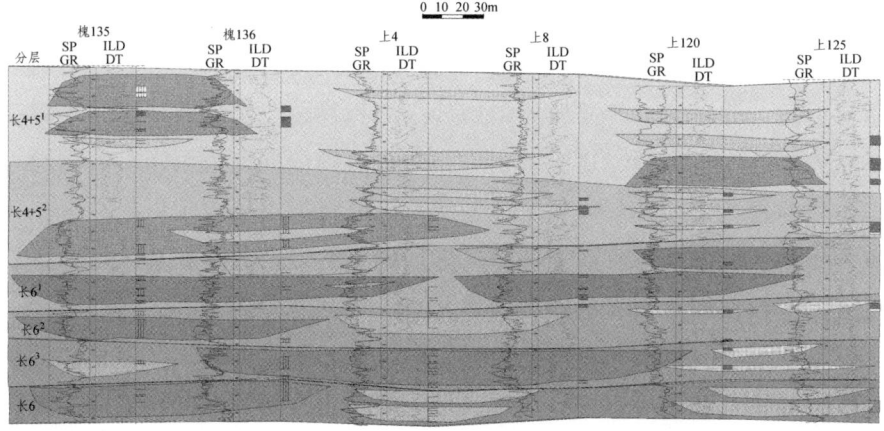

图 5.39 黄陵探区槐 135-上 125 井长 4+5～长 6 垂直物源方向沉积微相剖面

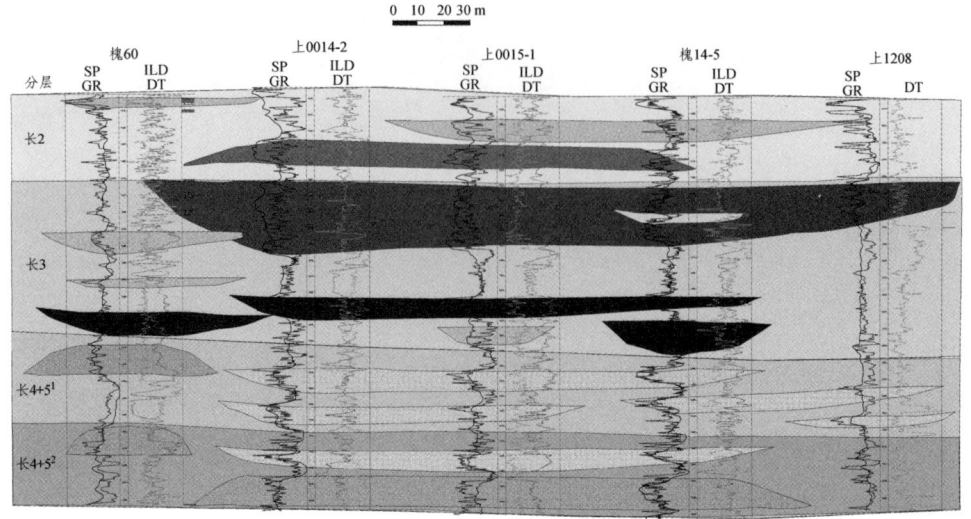

图 5.40 黄陵探区槐 60-上 1208 井长 2+3-长 4+5 垂直物源方向沉积微相剖面

5.5 延长组沉积相模式

5.5.1 三角洲相沉积模式

研究区属于深水型三角洲，河口坝发育，长 4+5 底部的泥岩沉积往上至长 1 期完成一个完整的三角洲沉积序列（见图 5.41），垂向上在泥岩沉积的基础上发展起来，逐渐过渡为河口坝沉积，往上发展为水下分流河道，以中-细砂岩为主，含粉砂岩；随着河道的逐渐充填演化，或水下分流河道的改道形成河道间、分流间湾等泥质夹细粉砂级沉积物，逐渐暴露地表，形成三角洲平原亚相，一些潮湿、适宜植物生长的区域则慢慢形成沼泽。露出地表的沉积物后期经流水冲蚀形成粒度较下伏水下分流河道砂粒度更粗的分流河道沉积，当洪水期时来临时甚至冲断河道两侧天然堤形成冲积扇，由此在空间上完成一个粒度由细到粗的逆旋回演化。

该类三角洲与浅水型三角洲最明显的区别是发育河口坝，指示水下剥蚀不强烈，砂体堆积情况良好，个别区域河口坝也会受河道冲刷减薄。如在延河剖面张家滩黑页岩之上见有 3 m 厚的保存较好的河口坝沉积，未受明显的波浪改造，以废弃相保存下来，基本上反映了河口坝的原始特征。岩性以粉砂质泥岩及粉砂岩与下伏湖相页岩呈渐变，底部粉砂质泥岩及粉砂岩中具沙纹层理及包卷层理，向上粉细砂岩具水平波状纹层，至顶部可见中-小型槽状交错层理，构成逆旋回（见图5.42）。

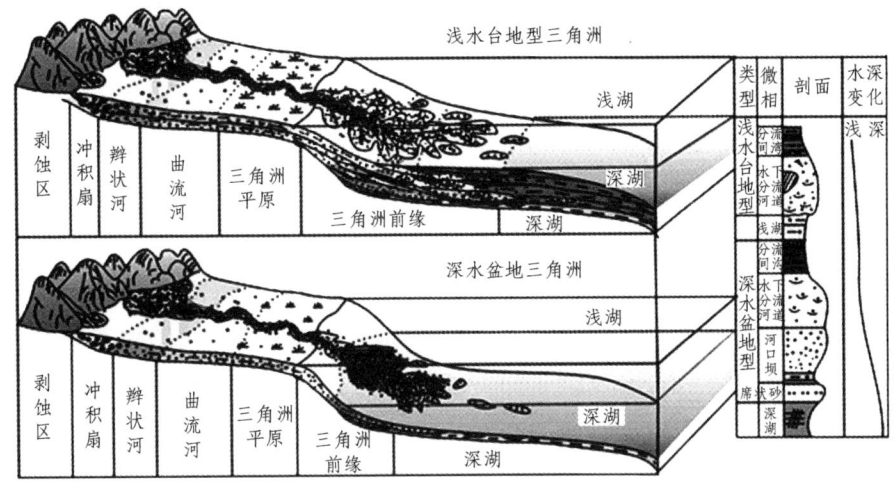

图 5.41 延长组三角洲体系沉积模式

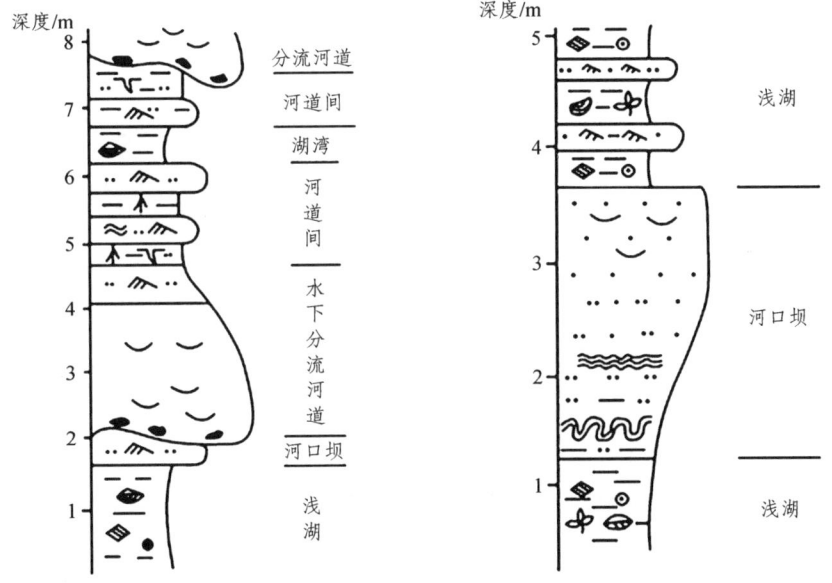

图 5.42 延长组三角洲突袭沉积模型

5.5.2 湖泊滩坝砂沉积模式

湖泊相为延长组长 4+5 以下长 6～长 9 沉积期非常重要的一类沉积体系，研究区长 7、长 9 中都发育有深湖-半深湖相的油页岩，为延长组高含油奠定了丰富的物质基础。延长组内发育 1～2 套深水油页岩沉积，指示该时期研究区水位上升较高，全区被湖水覆盖，地处湖盆中心。该区以暗色泥岩、油页岩和粉砂岩为主，水平层理、沙纹层理发育，植物化石较少，植物茎、叶化石破碎程度高。随着水位的下降，早期深水区逐渐转为滨浅湖环境，当坡度较缓时，湖平面升降导致湖岸线横向迁移摆动距离较大，滨湖亚相发育，形成了滨浅湖滩砂、坝砂，以及浅湖泥沉积。由于受湖浪和沿岸流的控制，来自不同物源方向的物质形成平行于岸线分布的滩坝砂体，其中发育板状交错层理、楔状交错层理、波状层理等，常见生物扰动构造、变形构造等。

滩坝砂体是湖泊相滨浅湖亚相一种常见的砂体组合类型，是滩砂和坝砂的总称。早期受钻井数量和地震资料品质低、分辨率低的限制，难以区分湖盆中滩砂和坝砂。因此，"滩坝"这个地质术语泛指湖泊滨湖、浅湖地区的滩砂和坝砂（见图 5.43）。

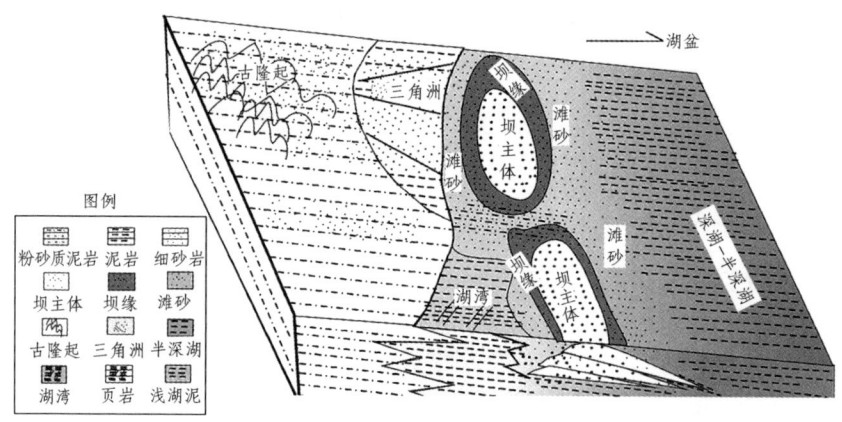

图 5.43 滩坝砂沉积模式

近年来，滩坝砂研究表明，"滩"和"坝"的分布特征、沉积厚度、粒度与几何形态等方面均有明显差异。因而对滩砂和坝砂的概念也有了一个更为准确的定义。滩砂是指分布于滨湖地带，呈条带状或席状的薄层砂，多是砂泥薄互层状沉积。坝砂体是指与湖岸平行或斜交，呈长条状或不规则土豆状的厚层砂体，泛指砂坝、砂嘴、障壁岛、堡岛等，中间可有湖湾发育。

滩坝砂体是湖泊相滨浅湖亚相一种常见的砂体组合类型，是滩砂和坝砂的总称。其中，滩砂是指分布于滨湖地带，呈条带状或席状的薄层砂，多是砂泥薄互层状沉积。滩砂垂向剖面上砂岩与泥岩频繁互层，大的互层内部又发育更小一级的互层，垂向上粒序特征不明显。

坝砂体是指与湖岸平行或斜交，呈长条状或不规则土豆状的厚层砂体，泛指砂坝、砂嘴、障壁岛、堡岛等，中间可有湖湾发育。坝砂表现为厚层砂岩与厚层泥岩的互层，砂层少但单层厚度相对较大，在横剖面呈底平顶凸或双凸型的透镜体。坝砂的顶底与浅湖泥的接触关系既可以是渐变的，也可以是突变的。垂向上粒度变化复杂，正韵律、反韵律层序及复合韵律均有发育。

综合滩坝砂体的成因类型可将其划分为 4 类：湖岸线拐弯处的砂质滩坝、生物滩及鲕粒滩；水下古隆起区的生物滩、鲕粒滩及砂质滩坝；三角洲侧缘处的砂质滩坝；浅湖地区的砂质滩坝、生物滩及鲕粒滩。

湖泊滩坝砂发育多种沉积模式。依据陆相断陷盆地不同演化阶段，分为断-坳期碟形洼陷碎屑岩滩坝相分布模式，断-坳期双断对称中隆型洼陷滩坝相分布模式，断陷期单断非对称式水下中隆型洼陷滩坝相分布模式等3种分布模式。

依据湖平面变化，可分为湖侵和湖退两种滩坝沉积模式，其中湖退环境背景下沉积相模式显示了湖水变浅、滩坝向湖盆中心侧积的演化模式。

物源类型、物源供应强度及水动力条件对滩坝的形成有重要的影响。根据湖浪水动力强弱条件，可以建立正常波浪水动力条件和间歇性波浪条件下滩坝沉积模式。

朱筱敏等根据滩坝砂的分布位置等，分为湖岸线拐弯处、水下古隆起处、三角洲侧缘及开阔浅湖滩坝砂 4 种沉积模式。杨勇强等依据物源类型的不同，建立了基岩-滩坝沉积模式、扇三角洲-滩坝模式、正常三角洲-滩坝模式，以及碳酸盐岩滩坝模式等沉积模式。开阔滨浅湖滩坝砂是目前研究较多的一种类型，先后在车镇凹陷、板桥凹陷等建立了具体研究区的滨浅湖砂质滩坝相沉积模式。

鄂尔多斯盆地滩坝砂体研究程度较弱，本次研究中未对滩坝砂进行进一步的微相划分，其沉积模式如图 5.43 所示，平面上沿三角洲前缘外侧排列，为前缘砂体受湖浪来回摆动影响，沿岸平行排列；纵向上则为多层透镜状薄层砂体叠置。

5.5.3 深湖-半深湖重力流沉积模式

深水、半深水湖泊沉积期除了有非常重要的烃源岩沉积外，在深水区斜坡地带发育深水重力流沉积，如长 6 的浊积砂体沉积，它们在平面上实际为三角洲前缘往深水斜坡区的延伸。这是研究区延长组内非常重要的一个油层，含油性好。

深水重力流沉积常以细砂为基质，含有来自深湖的泥岩撕裂屑，泥岩撕裂屑大小不一，分选差，无定向性，但有时具有一定的成层性，与上下岩层具有多种类型的接触关系。浊流沉积多呈向上变细的正粒序，与上覆和下伏地层岩性接触关系为底部突变和顶部渐变，显示了浊流递变悬浮的特征。一个完整的浊积岩沉积应该具有鲍马序列，岩性和沉积构造由下至上具有一定的规律性，分为 5 段：底部 A 段为递变层段，主要由砂岩组成，近底部可含砾石，一般为正递变层理；B 段为下平行纹层段，多为细砂和中砂，含泥质，与 A 段渐变接触，具平行层理；C 段流水波纹层段，粒度进一步变细，以粉砂为主，可见细砂和泥质，呈波纹层理和上攀波状层理，常出现包卷层理、泥岩撕裂屑和滑塌变形构造；D 段为上平行纹层，由泥质粉砂和粉砂质泥组成，具断续水平纹层；E 段为深水泥岩段。通常完整的鲍马序列少见，主要为多段组合，图 5.44 所示为黄陵地区常见鲍马序列，普遍都有 A 段，上部有多种组合方式。

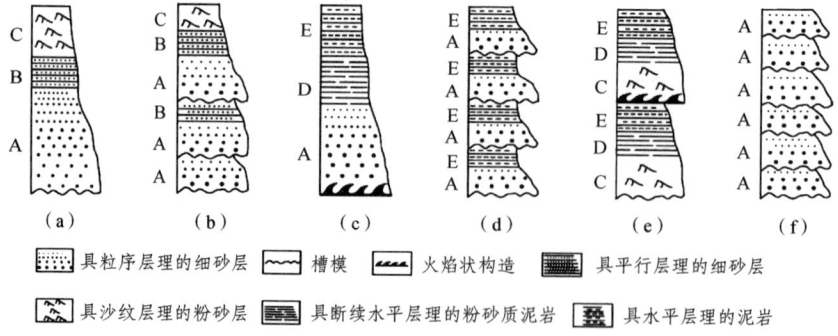

图 5.44 黄陵地区长 6 段常见浊积岩的鲍马序列组合

有研究表明，延长组长 6、长 7 期湖盆深湖区域发育的浊积岩属于三角洲前缘滑塌成因，其中西南物源方向的辫状河三角洲前缘的深湖部位主要发育较粗粒滑塌浊积岩，其成因模式如图 5.45 所示。在深水区，周围物源供给充分的情况下，大量沉积物沿斜坡滑塌，形成在早期深水泥岩沉积之上沉积的较粗粒滑塌浊积岩，随着水位上升，携带泥质的砂体物质沿新的斜坡再次滑塌，与早期浊积岩拼接甚至部分叠置，呈现向湖岸进积的特征。

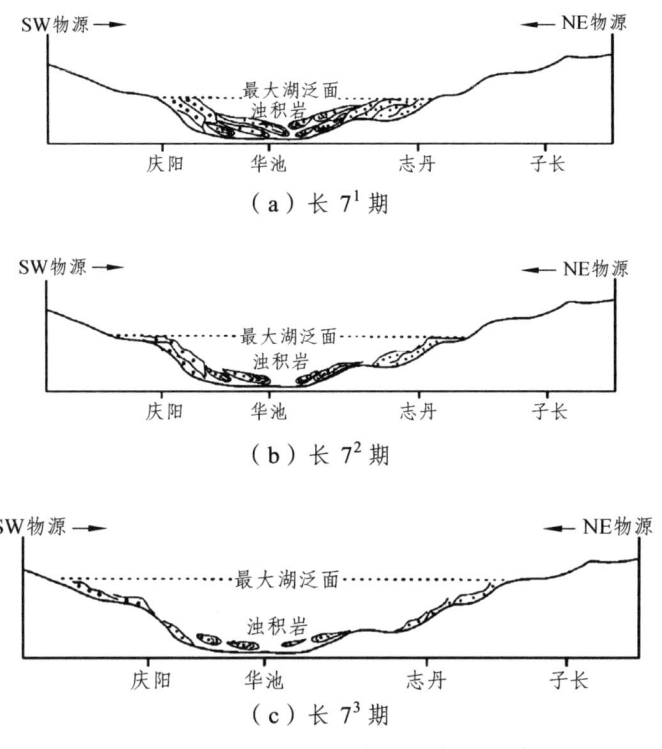

图 5.45　长 7 滑塌型浊积岩演化模式

滑塌的成因除了正常高坡降造成碎屑物质重力失稳以外，还有一种事件成因。鄂尔多斯盆地长 6、长 7 浊流沉积中发育多个凝灰岩薄层，显示该区域火山活动、地震等构造事件影响的痕迹。大规模、阵发性浊流的形成与此息息相关，指示了研究区浊流形成的另一种模式（见图 5.46），在正常深湖泥岩沉积之上的厚层浊积岩沉积。

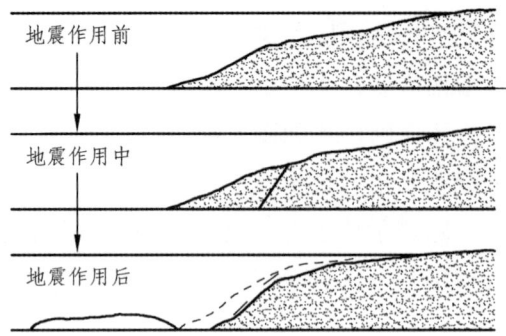

图 5.46　地震作用下三角洲前缘滑塌浊流形成模式

综合以上各种沉积体系，研究区的沉积模式应如图 5.47 所示。研究区内主要为三角洲体系、湖泊体系内滩坝砂和深水重力流沉积有序的时空展布。

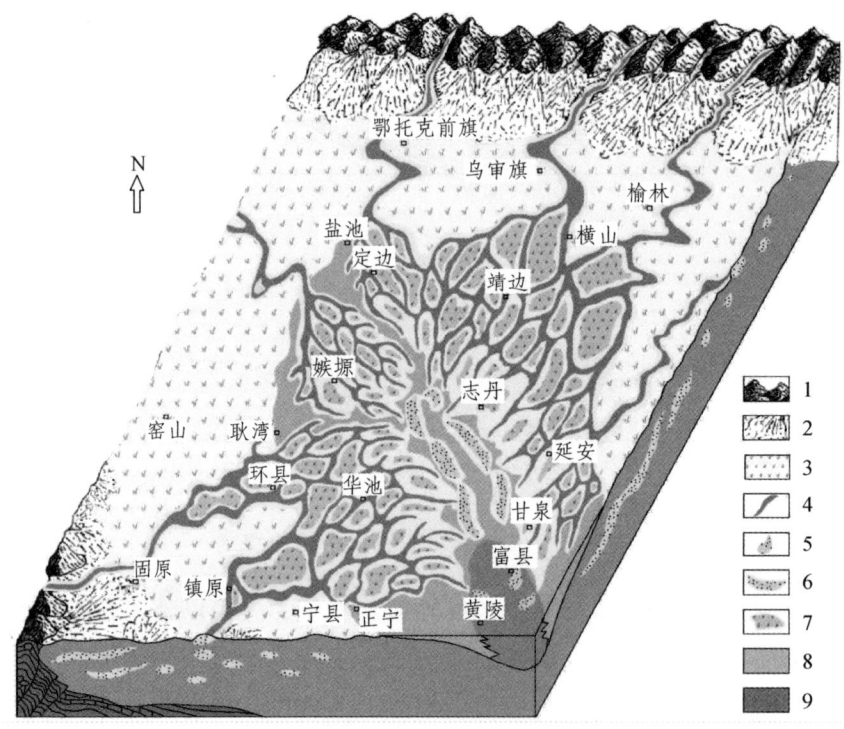

1—山地；2—洪积扇；3—冲积平原；4—河道；5—重力流沉积；
6—席状砂；7—河道间洼地；8—滨浅湖；9—半深湖。

图 5.47　鄂尔多斯盆地延长组沉积模式

5.6 砂体及沉积微相平面展布特征

5.6.1 砂体平面展布特征

研究区内所有研究井基本上全部钻穿长 6，大部分井钻至长 7、长 8，个别井深度达长 9，甚至长 10。本次研究对各油层组内砂岩的厚度进行了统计，并得出各层砂岩厚度平面分布图（见图 5.48 ~ 图 5.51）。

长 10 期砂体沉积厚度很有限，仅在研究区东南区域分布，厚度普遍小于 18 m；至长 9 期厚度明显增加，研究区西部发育一条带状展布的砂体，个别井厚度超过 18 m，如槐 40 井、上 60 井等，为水下分流河道主体河道砂沉积，尖灭线外广覆水下分流间湾沉积。研究区长 8 期砂体厚度、砂体分布范围发生明显变化，水下分流河道改道明显，厚层砂体主要呈带状分布在研究区中部偏南，槐 136 井砂厚最大，达 28.6 m；鄂尔多斯盆地长 7 广布深水暗色泥岩沉积，砂岩厚度图指示砂体分布与其下伏油层组内砂体分布明显不同，研究区中部以深水泥质沉积为主，从各个方向延伸至湖盆中部多条条带状砂体，仅在东部发育一套约 55 m 厚砂，可能为东部延伸至此的水下重力流沉积的产物。

长 6 为研究区的主力层，砂体分布范围更广，砂厚明显增大，二级填色单元以上区域砂厚都超过 40 m，呈连片带状分布，砂厚最大可达 130 m，至长 4+5 砂厚明显减小，砂厚普遍低于 18 m。同时，砂体分布呈明显的北东-南西向展布，东部物源减少。往上砂体逐渐减少，至长 2 期砂体沉积平均厚度大致为 2 ~ 14 m 左右，整体表现为北东向的平行排列的三条分流河道沉积，在区内有南北两条主流线，砂层厚度 4 ~ 12 m，厚砂带沿河道呈不连续的串珠状分布，最大超过 50 m，位于槐 136 井一带；中部河道砂体厚度最为发育，呈现南北汇聚的效应。尖灭线以外的区域砂体为零，指示漫滩泥质沉积。

基于以上沉积背景分析，结合砂体厚度平面展布图分析，工区内可能存在 1 ~ 3 条砂体带，它们的方向主要为东北—西南方向，期间受不同物源的影响，东部砂体带长 7 ~ 长 6 期发育，指示延长组第三段沉积期受东部物源控制，沉积一定厚度的砂体，至长 4+5 开始东部砂体带消失，这与东部物源区物源量和水动力条件的改变有很大关系。总体来说，不同时期不同环境的沉积砂体分布有一定的继承性,但也有一定的变化。

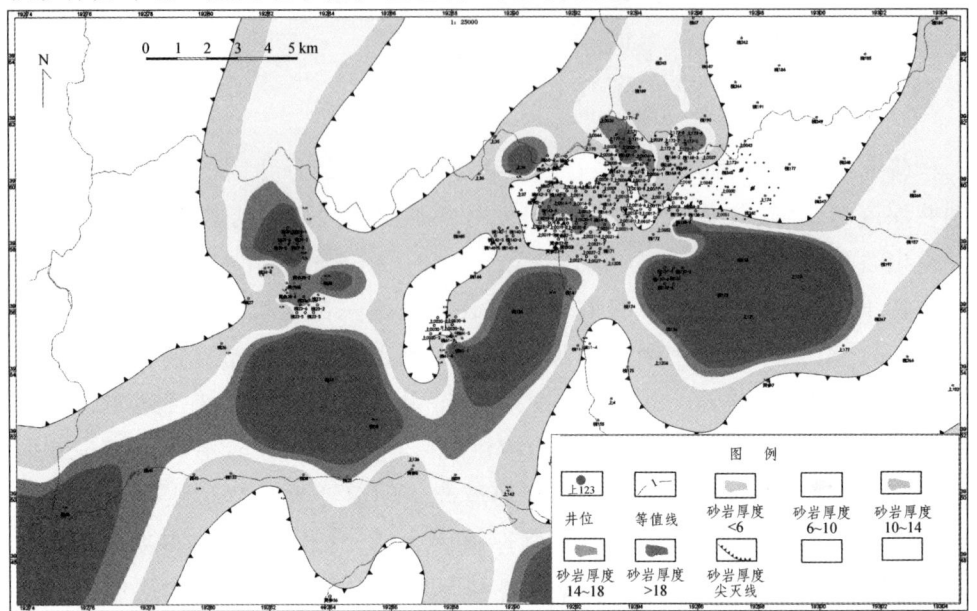

图 5.48 黄陵探区长 2 砂岩厚度图

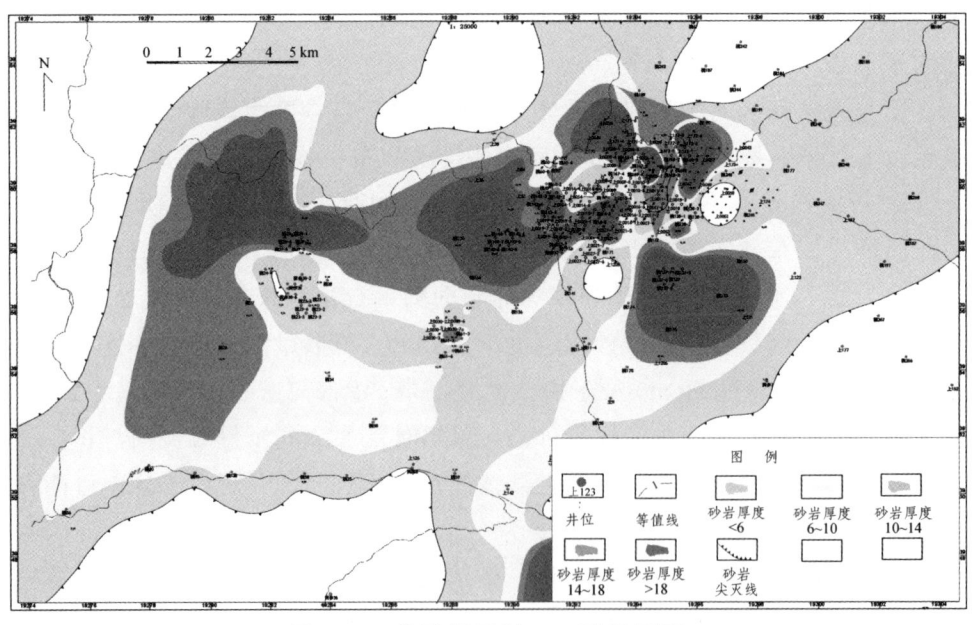

图 5.49 黄陵探区长 4+5 砂岩厚度

第 5 章 沉积微相研究

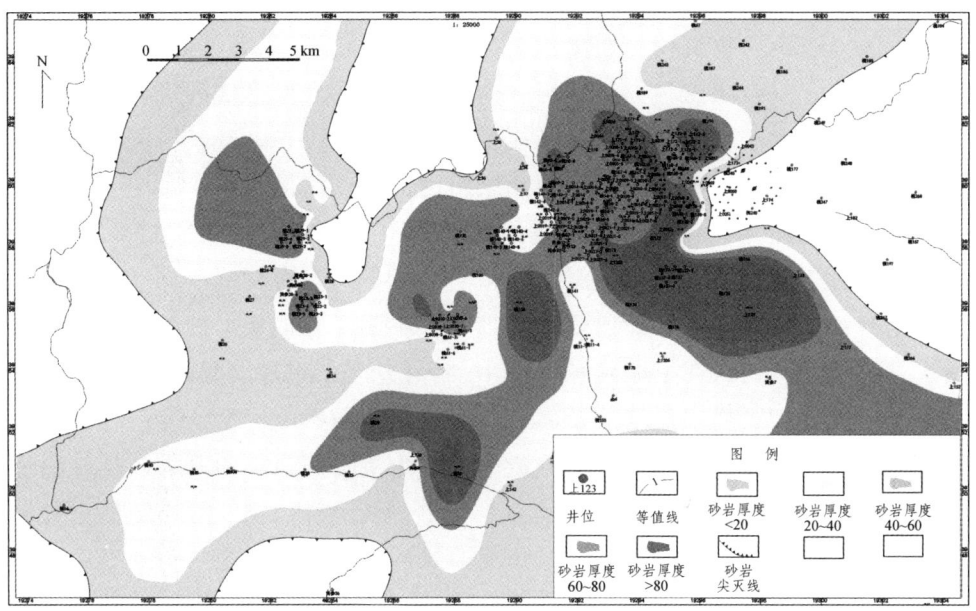

图 5.50 黄陵探区长 6 砂岩厚度

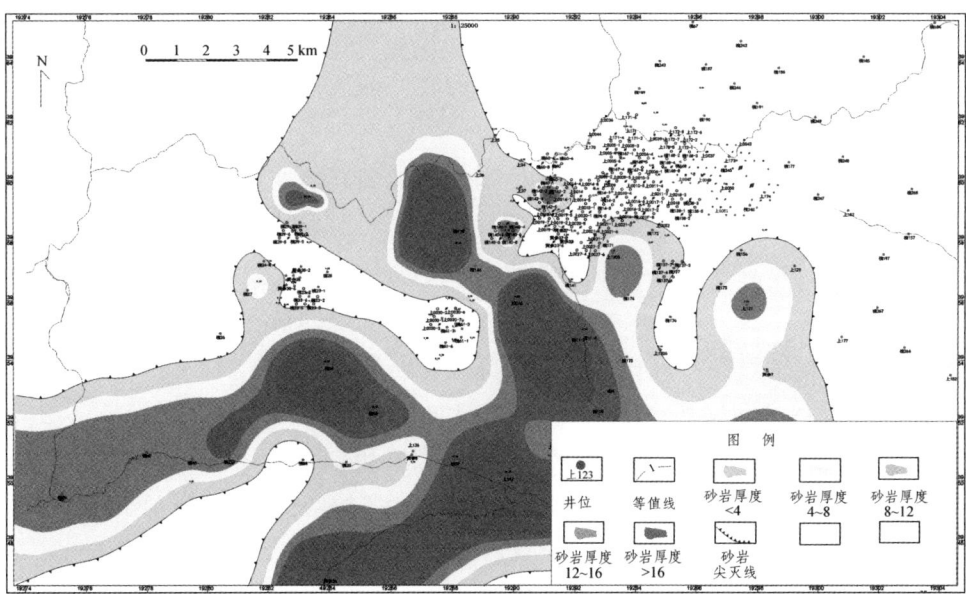

图 5.51 黄陵探区长 8 砂岩厚度

5.6.2 沉积微相平面展布特征

黄陵地区延长组沉积早期（长 9 ~ 长 6）总体位于东北方向富县三角洲、西南方向正宁—合水三角洲、铜川方向一小型三角洲所形成的沉积区内，这些三角洲逐渐发展，在黄陵地区形成了丰富的浊流沉积。延长组沉积期黄陵区域已处于湖盆的正中心一带，各油层组内部砂体厚度相对于盆地北部明显减薄，致使该区域内各层砂地比普遍较低，主要为 0.04 ~ 0.77 之间（见图 5.52 ~ 图 5.55）。

受砂体带控制，在砂地比研究基础上，编制了各油层组的沉积微相平面图，由图中可以看出，在早期延长组长 10 期研究区东南部发育两条河道沉积，河道中形成砂坝，受水位增加及西北、西南物源的影响，早期河道在长 9 期转变为三角洲前缘沉积，以水下分流河道砂为主，河口坝为研究区长 9 期最厚砂体，呈点状分布于水下分流河道中，砂地比大于 0.5，另外还见夹有水下天然堤、决口扇微相。长 8 期三角洲前缘逐渐沉积演化为三角洲平原亚相沉积，指示延长组沉积早期一个完整逆旋回完成。长 8 期分流河道砂体往研究区中部偏移，河道两翼以发育决口扇沉积为特征，闭塞、偶有水体滋润的地方形成了沼泽，后期产出煤线、煤层；长 8 期砂体厚、决口扇发育，紧邻鄂尔多斯盆地广覆的长 7 油页岩层，物性较好的地方可以成为研究区较好的含油区。

长 8 沉积后，研究区经历了水体剧烈增加的环境变化，以沉积一套深湖相的暗色泥岩为特色，这是盆地最重要的一套烃源岩层，该时期砂体主要为研究区周边三角洲前缘末梢延伸至此的水下浊流沉积，以来自 4 个方向的浊积水道砂为主。长 6 期主要为长 7 基础上的大规模的浊积沉积，存在 3 条相互汇聚的浊积水道微相沉积，分别沿槐 189—上 1208，上 177—上 121 和槐 29-7—槐 23-5 分布，其分布广泛，基本上占据了探区 80%以上的范围，这对本区油气的运聚是非常有利的，由于处于深水-半深水环境，砂地比普遍低于 0.1，浊积水道汇聚的中心地带砂厚大于 60 m，砂地比大于 0.2。长 4+5 期水体逐渐退去，形成滨-浅湖相沉积，砂体展布与长 6 类似，槐 173、上 14 等地点状分布坝砂，砂地比普遍低于 0.3。

从长 3 开始直至长 1 期研究区又演化为三角洲体系沉积，与其下延长组第三段构成一个完整的正旋回。其中，主力层长 2 主要为三角洲平原相，厚层砂体主要为沿槐 268—槐 173—槐 136—槐 34 一线分布的分流河道沉积，砂厚最大达 56.99 m，砂地比为 0.1～0.9。

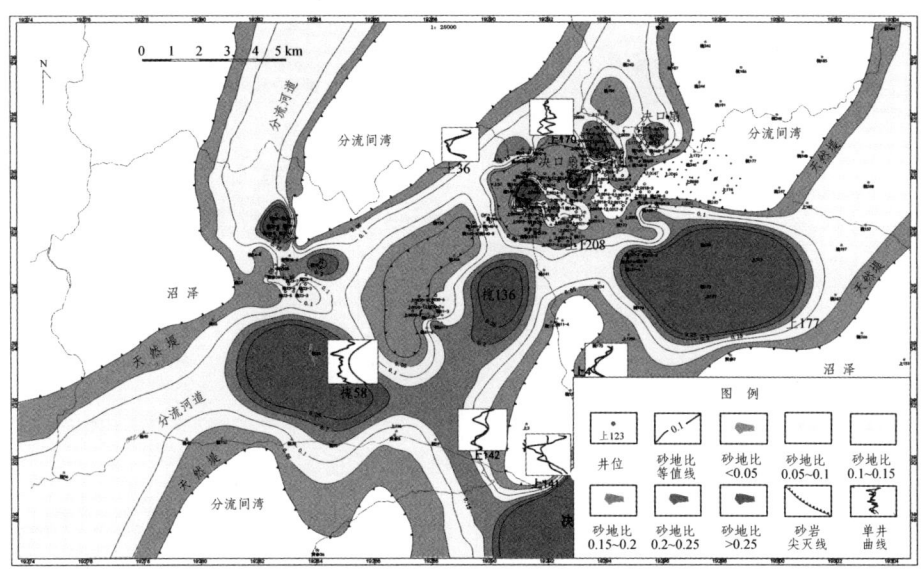

图 5.52　长 2 沉积微相平面图

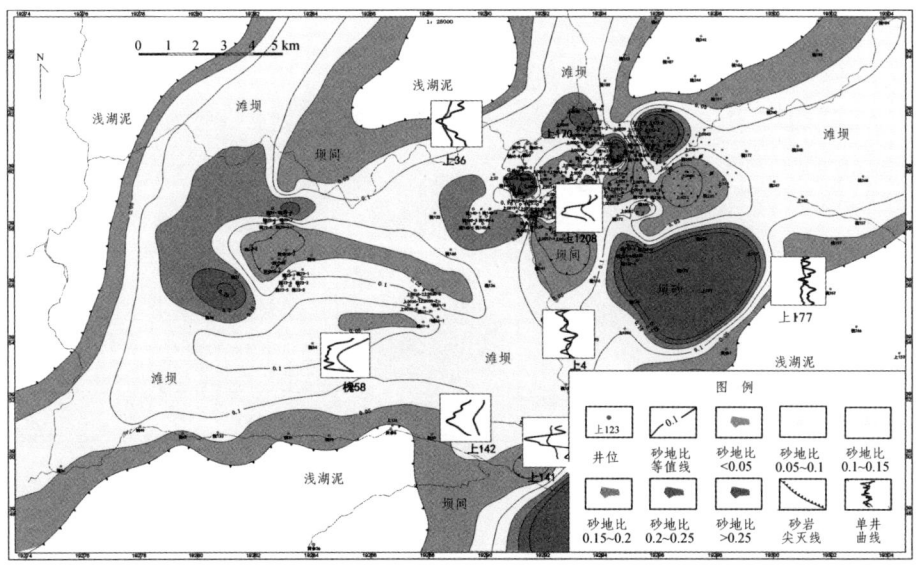

图 5.53　长 4+5 沉积微相平面图

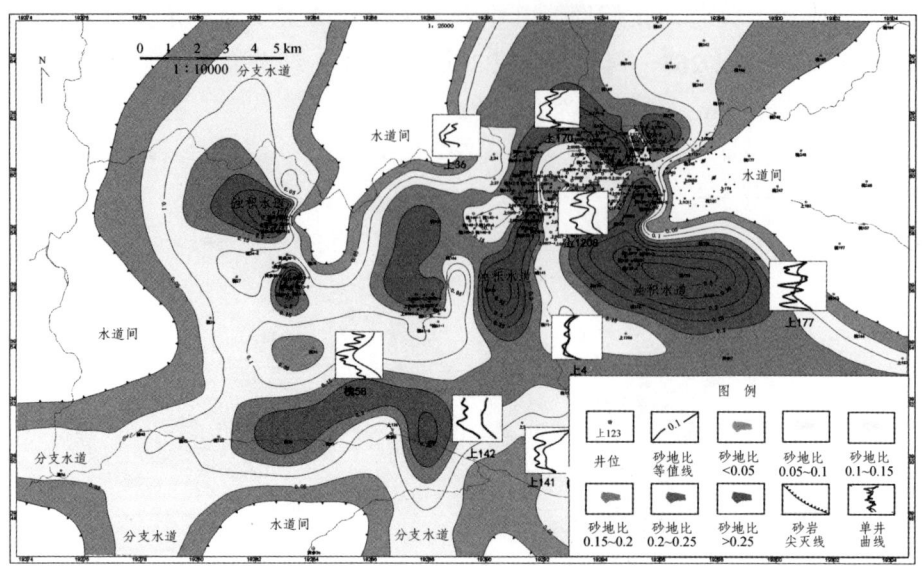

图 5.54 长 6 沉积微相平面图

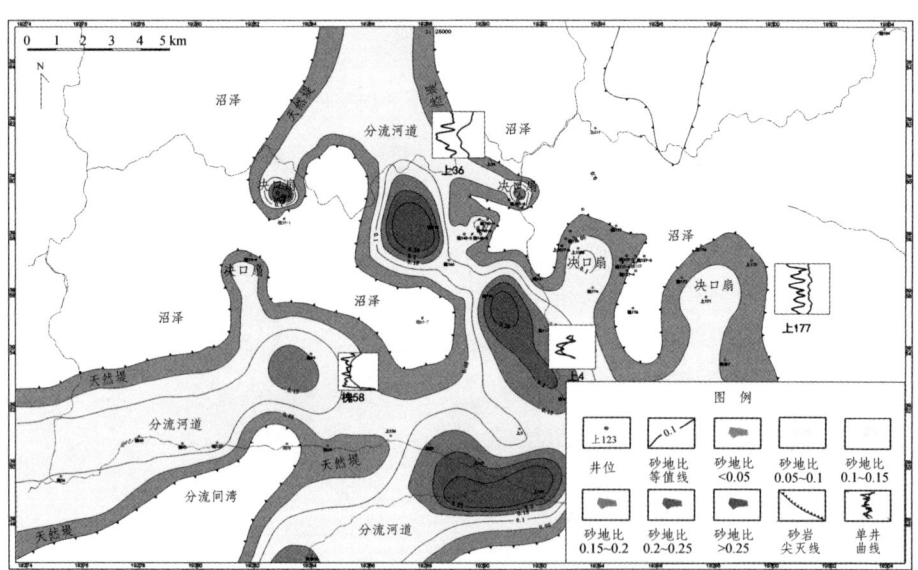

图 5.55 长 8 沉积微相平面图

第6章 储层质量特征研究

储层特征研究可应用岩心、岩矿测试分析，测井资料，实验测试对储层岩性，岩矿特征（重点填隙物），孔隙类型，孔隙结构，敏感性，渗流特征，层内、层间非均质性进行研究。本次研究采用先进的测试技术手段，选取具有代表性的岩性，通过测试分析，尽可能翔实地表征低渗储层的特征。测试的方法主要有岩矿薄片分析、轻重矿物分析、能谱分析、黏土矿物 X 衍射分析、铸体薄片分析、物性分析、粒度分析、压汞分析、相渗分析、扫描电镜分析等。

6.1 储层岩石学

6.1.1 岩石矿物组成及岩石类型

黄陵探区岩石类型主要为长石砂岩或岩屑质长石砂岩（见表 6.1，图 6.1）。碎屑成分长石平均含量 40%，石英平均含量 42%，岩屑平均含量 12%，黏土平均含量 7%，碳酸盐岩平均含量 3%，硅质平均含量 1%。

研究区陆源碎屑包括石英类、长石类、岩屑，其中岩屑分为火成岩岩屑（喷发岩）、变质岩岩屑（石英岩、片岩、千枚岩、板岩和变质砂岩）、沉积岩岩屑（白云岩、灰岩）。从碎屑组分含量来看，研究区储层碎屑中长石类含量最高，研究区储层的成分成熟度偏低。

表 6.1　黄陵探区不同油层组轻矿物组成及其百分含量

油层组	石英类	长石类	岩屑类	填隙物成分			
				黏土	碳酸盐岩	沸石类	硅质
长 1	26%	54%	12%	3%	1%	5%	0
长 2	46%	35%	13%	8%	2%	2%	1%
长 3	40%	41%	13%	7%	3%	2%	1%
长 4+5	39%	43%	11%	8%	4%	1%	2%
长 6	41%	38%	14%	7%	8%	1%	1%
长 7	50%	42%	9%	0	0	0	0
长 8	46%	40%	8%	9%	3%	0	1%
长 9	34%	41%	9%	11%	6%	0	2%
平均值	40%	42%	11%	7%	3%	1%	1%

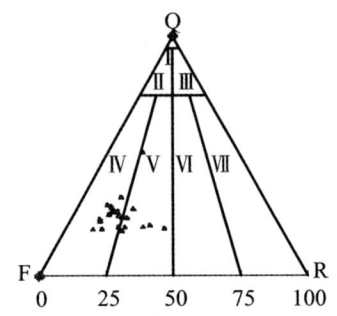

Ⅰ—石英砂岩；Ⅱ—长石石英砂岩；Ⅲ—岩屑石英砂岩；Ⅳ—长石砂岩；
Ⅴ—岩屑长石砂岩；Ⅵ—长石岩屑砂岩；Ⅶ—岩屑砂岩。

图 6.1　黄陵探区砂岩岩性分类

重矿物测试结果如表 6.2 所示，研究区重矿物总质量百分含量约 0.1%，在重矿物中，陆源碎屑物占 80% 以上，主要有锆石、石榴子石、石榴石和电气石，如图 6.2 所示。

第6章 储层质量特征研究

表 6.2 不同层位所含重矿物百分含量

层位	重矿物含量	陆源矿物总含量	自生矿物总含量	各类矿物百分含量														
				锆石	石榴子石	赤褐铁矿	电气石	磁铁矿	钛铁矿	黄铁矿	黑云母	绿泥石	金红石	绿帘石	锐钛矿	重晶石	菱镁矿	菱铁矿
长2	0.05%	85%	25%	63%	15%	6%	2%	3%	8%	23%	2%	0	2%	1%	3%	16%	1%	0
长3	0.04%	62%	38%	25%	16%	32%	5%	3%	17%	37%	2%	0	0	0	0	1%	0	0
长4+5	0.04%	97%	4%	48%	25%	5%	5%	3%	12%	4%	0	1%	2%	0	1%	2%	0	0
长6	0.07%	93%	8%	61%	14%	8%	3%	4%	8%	6%	1%	0	2%	0	11%	1%	5%	1%	10%
长7	0.03%	94%	6%	68%	5%	11%	7%	2%	4%	0	2%	1%	1%	0	0	6	0	0
长8	0.03%	95%	5%	70%	3%	11%	3%	13%	0	0	0	1%	0	0	0	3%	2%	0
长9	0.50%	96%	4%	11%	52%	2%	1%	2%	2%	1%	0	0	0	31%	0	1%	0	4%

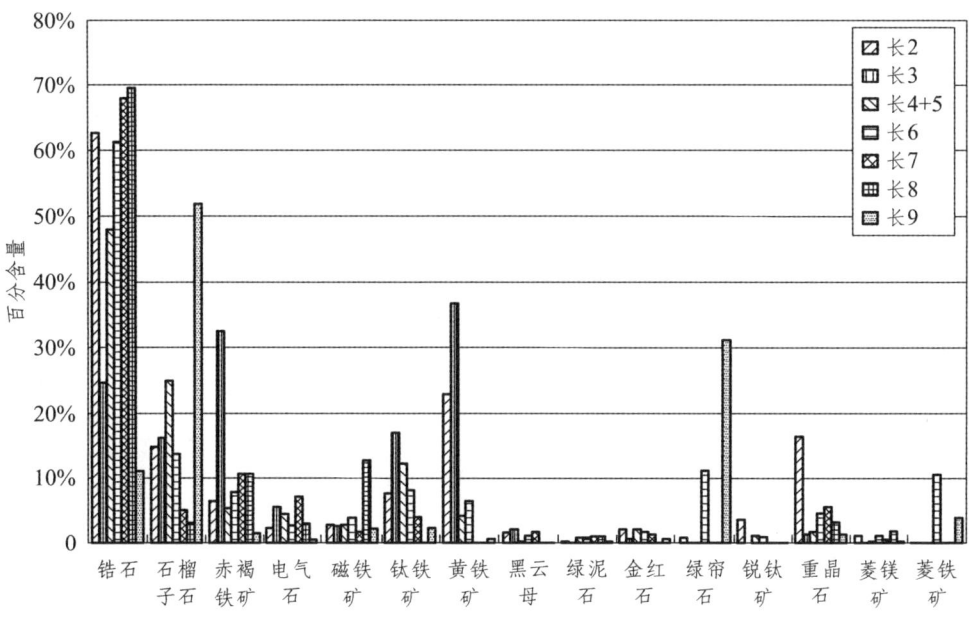

图 6.2 不同层位重矿物百分含量

24 口井 63 个样品数据表明, 80%的储层为细砂岩(包括粉砂质细砂岩、含粉砂细砂岩和细砂岩), 其次为粉砂岩(包括砂质粉砂岩和含砂粉砂岩)。ϕ 值总体分布区间为 2.0~5.3, 主体区间为 3~4.8。平均粒径为 4.07 mm, 平均偏度 0.04, 尖度 2.83, 标准偏差 0.36。23 口井 130 块岩样发现岩石致密,风化蚀变程度深，颗粒分选性好到中好，颗粒磨圆度以次棱为主。胶结类型以孔隙和孔隙薄膜胶结为主。各层代表岩样粒度分析曲线如图 6.3 ~ 图 6.8 所示。

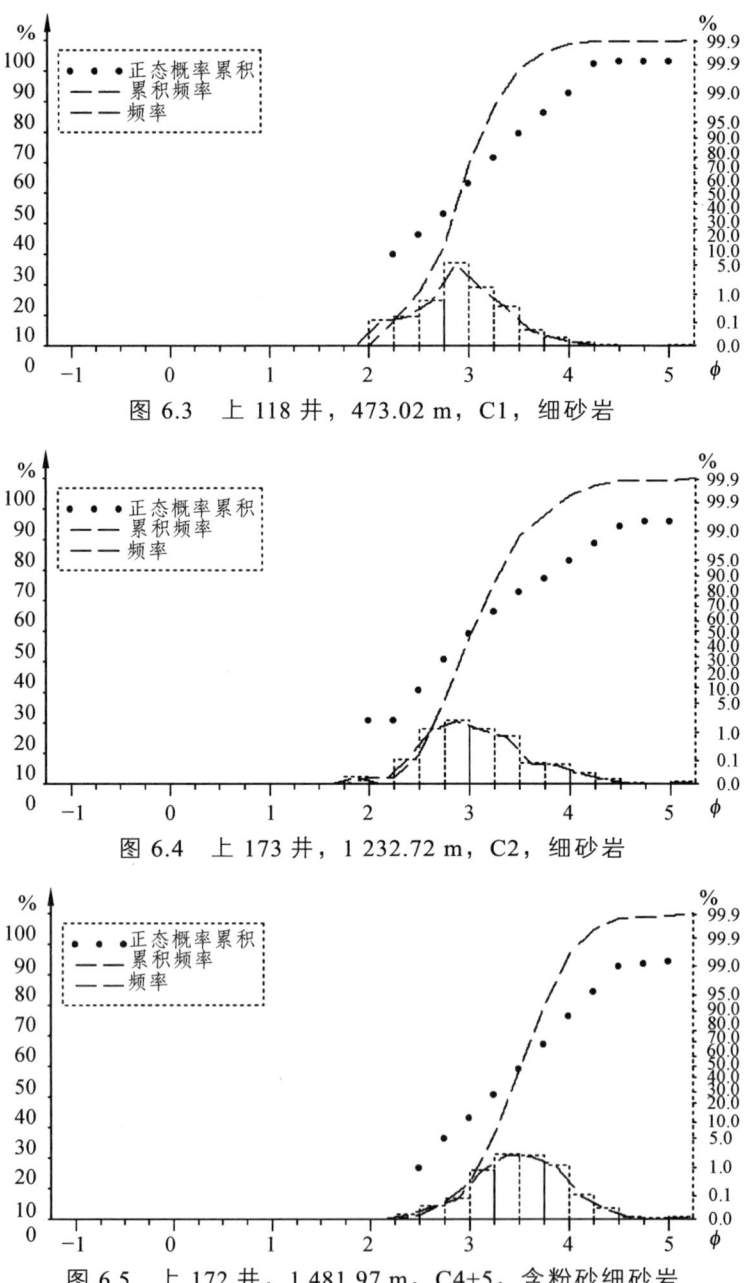

图 6.3　上 118 井，473.02 m，C1，细砂岩

图 6.4　上 173 井，1 232.72 m，C2，细砂岩

图 6.5　上 172 井，1 481.97 m，C4+5，含粉砂细砂岩

第 6 章 储层质量特征研究

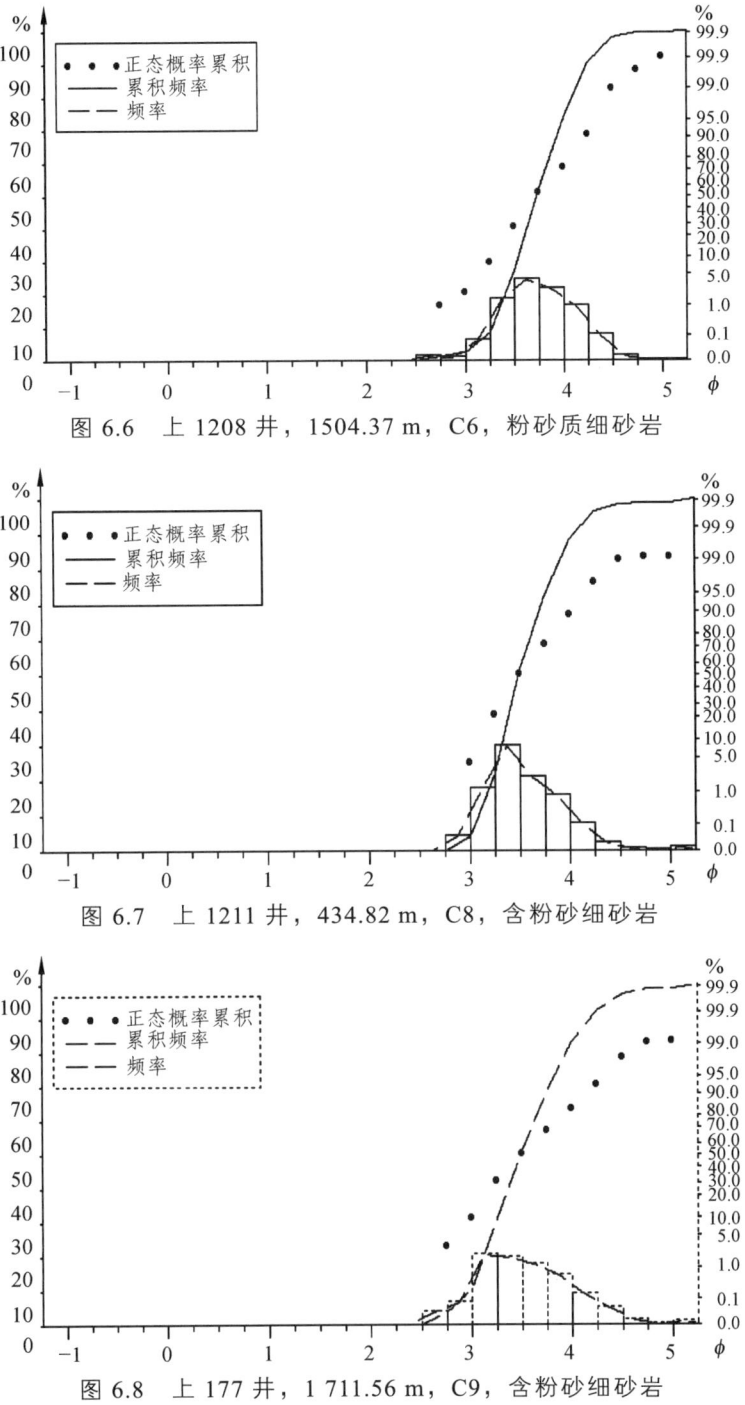

图 6.6 上 1208 井，1504.37 m，C6，粉砂质细砂岩

图 6.7 上 1211 井，434.82 m，C8，含粉砂细砂岩

图 6.8 上 177 井，1 711.56 m，C9，含粉砂细砂岩

储层接触方式以点线接触为主，其次为线接触或者点接触。薄片下储层不同接触方式如图 6.9～图 6.12 所示。

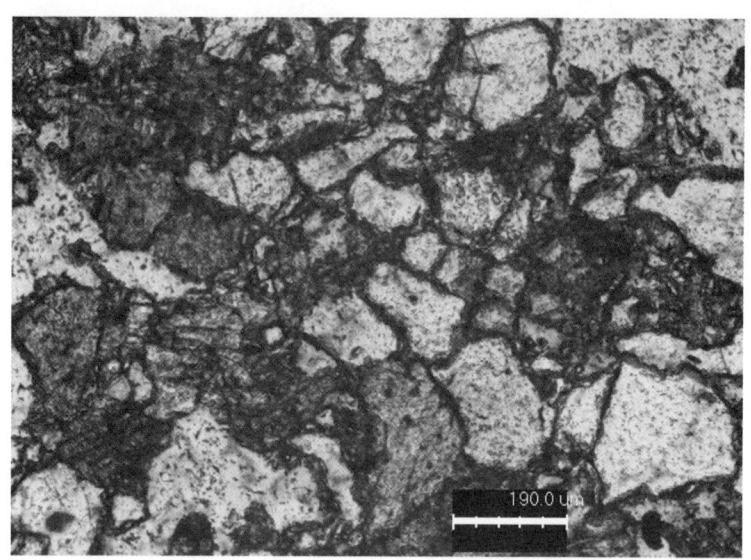

图 6.9　上 102 井，439 m，C2，点线接触

图 6.10　上 177 井，1375 m，C6，点线接触

图 6.11 上 177 井，1376.5 m，C6，线接触

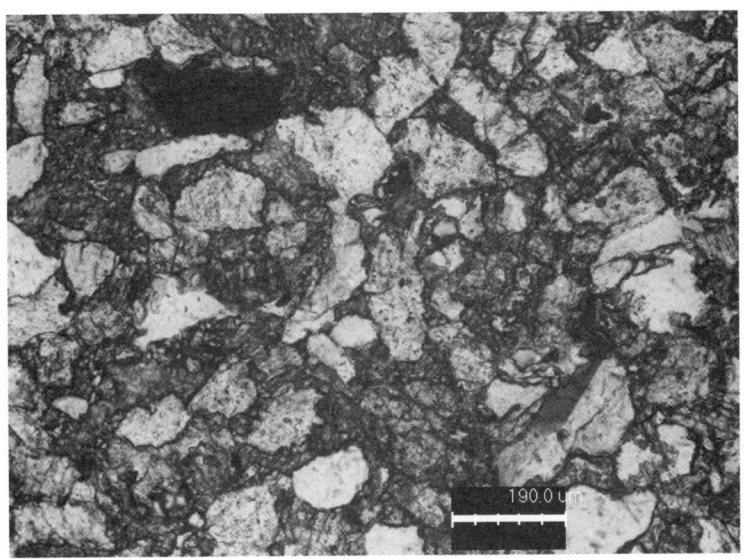

图 6.12 上 102 井，672.5 m，C6，点接触

6.1.2 填隙物类型

填隙物类型较为多样,以自生黏土矿物和碳酸盐胶结物为主。黏土矿物主要以绿泥石为主,碳酸盐胶结物则主要为方解石。填隙物各种类含量如图6.13和图6.14所示。

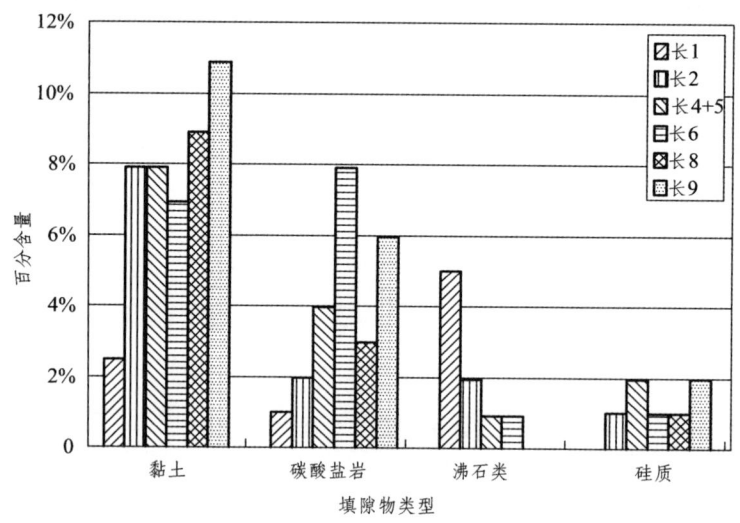

图 6.13 各层填隙物类型

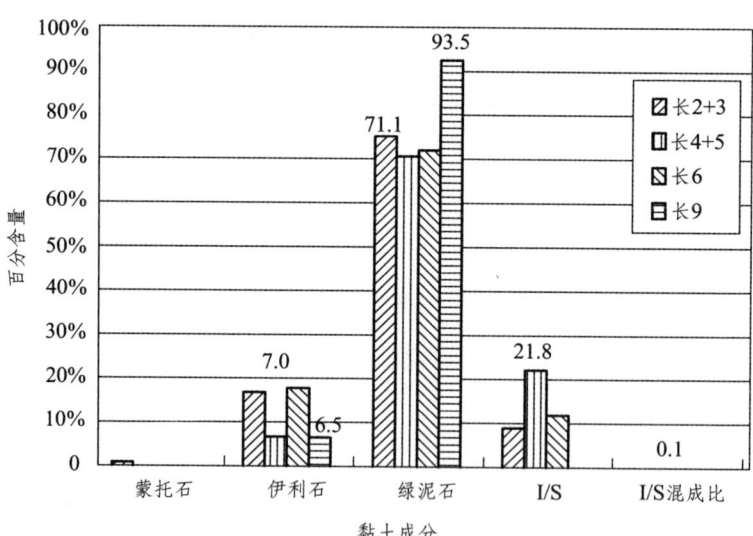

图 6.14 各层黏土矿物成分

6.1.3 岩石孔隙结构类型

1. 孔隙及喉道特征

一般而言，岩石颗粒包围着的较大空间称为孔隙，而仅仅在两个颗粒间连通的狭窄部分称为喉道。孔隙是流体储存于岩石中的基本储集空间，喉道则是控制流体在岩石中渗流特征的主要因素。

（1）孔隙大小。

储层孔隙类型多样，主要包括粒间孔、长石溶孔、岩屑溶孔、粒间溶孔等多种类型。粒间孔、岩屑溶孔及粒内溶孔为本区最主要的储集空间，如图6.15所示。

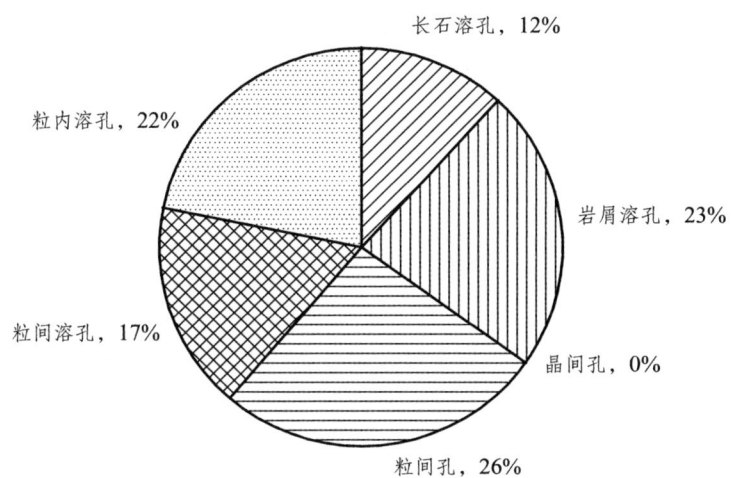

图 6.15　研究区不同孔隙类型比例

研究区延长组孔隙结构整体特征为储层致密，孔隙发育差，小部分孔隙发育中等到好。储层粒间孔隙呈三角形或不规则状，残余粒间孔发育，孔隙内充填自生绿泥石及石英次生加大现象，次生扩大的粒间溶孔的形状，如图6.16～图6.19所示。次生扩大的粒间溶孔，在大多数情况下，其孔壁呈明显的凹形，邻接的颗粒常常被溶蚀。粒间溶孔内部被伊利石、绿泥石充填。

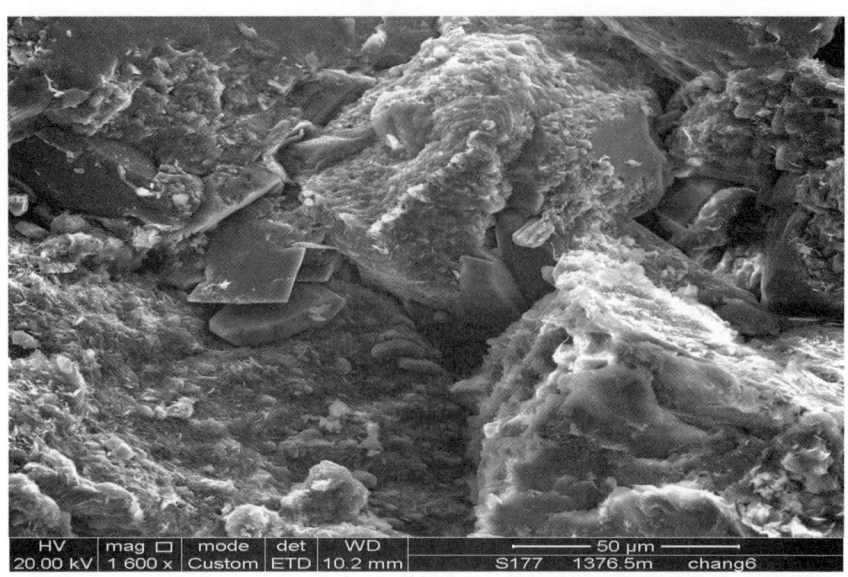

图 6.16 S177 井，1 376.5 m，长 6，粒间孔充填铁白云石及钠长石

图 6.17 S177 井，1 710.5 m，长 9，粒间孔充填絮状伊蒙混层-片状伊利石

第 6 章　储层质量特征研究　　137

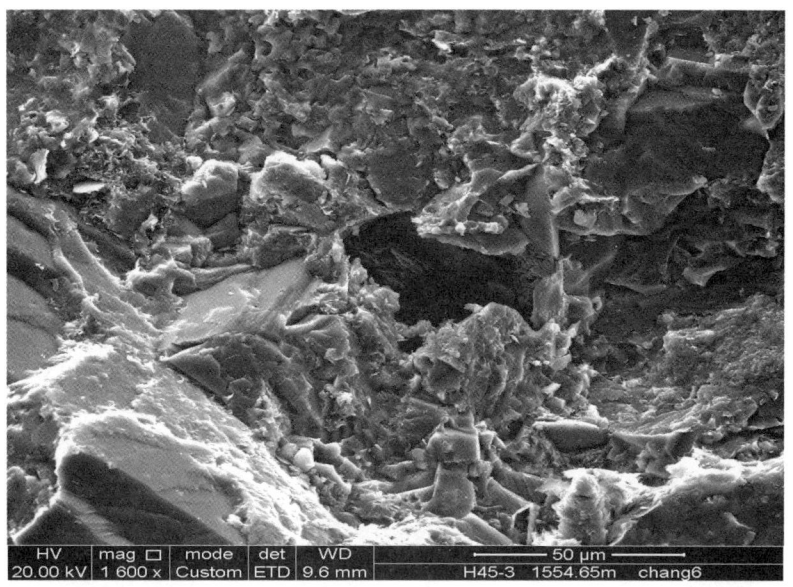

图 6.18　H45 井，1 554.65 m，长 6，粒间溶蚀孔，见自生石英充填

图 6.19　S177 井，1 374.4 m，长 6，少量粒间溶孔

部分粒间孔隙内充填霉球状黄铁矿，这表明水下还原环境。可见闪锌矿、

锆石、绿泥石、高岭石充填粒间孔现象，黄陵探区延长组粒间孔隙相对较发育，充填矿物类型丰富，如图 6.20~图 6.23 所示。

图 6.20　S172 井，1 533 m，长 7，粒间孔见自生石英及霉球状黄铁矿充填

图 6.21　S165 井，1 030.53 m，长 6，闪锌矿

第 6 章　储层质量特征研究

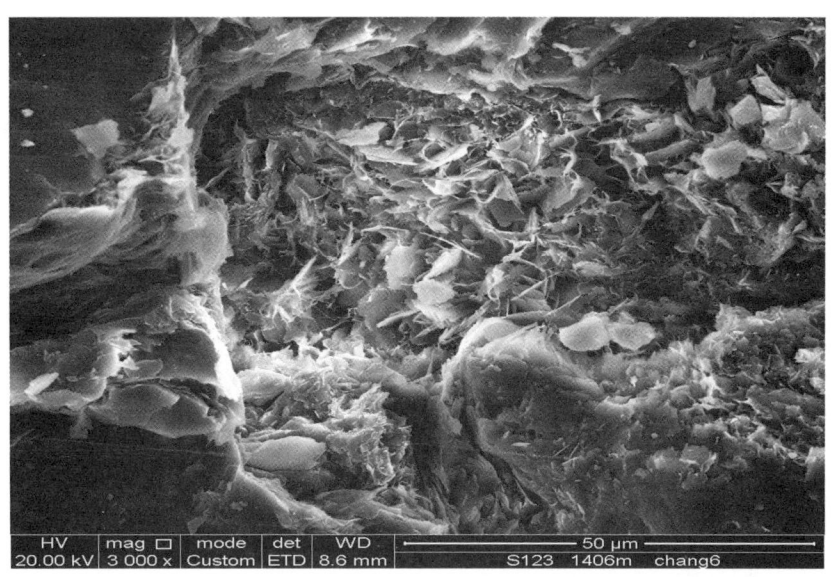

图 6.22　S123 井，1 406 m，长 6，粒间孔绿泥石充填，绿泥石向伊利石转化

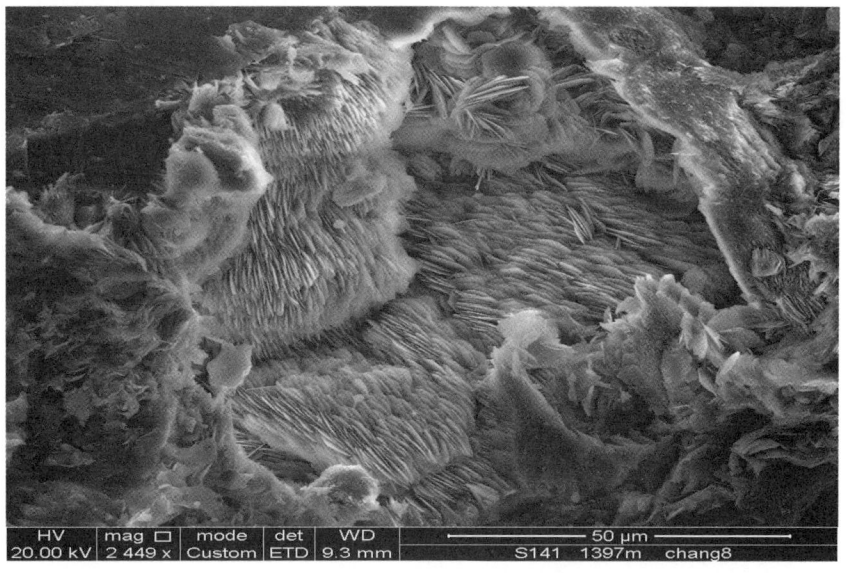

图 6.23　S141 井，1 397 m，长 8，粒间孔书页状高岭石充填

（2）喉道的类型及连通性。

每一支喉道可以连通 2 个孔隙，而每一个孔隙至少和 3 个以上的喉道相

连通,有的甚至和 5~8 个喉道相连通,它直接影响着油田的开采效果。孔喉的配位数是孔隙系统连通性的一种定量表征方式,在一个六边形的网格中,配位数为 3,而在三重六边形网格中,配位数则等于 6(见图 6.24)。

在同一储层中,由于岩石的颗粒接触关系,颗粒大小、形状及胶结类型不同,其喉道的类型也不相同。常见的喉道类型有以下 5 种:

① 孔隙缩小型喉道。

喉道为孔隙的缩小部分[见图 6.25(a)],这种喉道类型往往发育于以粒间孔隙为主的砂岩中,与孔隙较难区分,岩石以颗粒支撑、飘浮状颗粒接触以及无胶结物的类型为主。此类孔隙结构属于大孔粗喉,孔喉直径比接近于 1,岩石的孔隙几乎都有效。

② 缩颈型喉道。

喉道为颗粒间可变断面的收缩部分[图 6.25(b)],当砂岩颗粒被压实而排列比较紧密时,虽然保留下来的孔隙较大,但颗粒间的喉道却大大变窄。此时,砂岩可能有较高的孔隙度,但其渗透率却偏低,属大孔细喉型,其孔隙有部分无效。

③ 片状及弯片状喉道。

喉道呈片状或弯片状,为颗粒之间的长条形通道[见图 6.25(c)和图 6.25(d)],当砂岩压实程度较强或晶体再生长时,晶体再生长之间包围的孔隙变得更小,其喉道实际上是晶体之间的晶间隙,其张开宽度一般小于一微米,个别为几十微米。当沿颗粒间发生溶蚀作用时,可形成较宽的片状或宽片状喉道,因此这种类型喉道变化较大,可以是小孔极细喉型,受溶蚀作用改造后也可以是大孔粗喉型,孔喉直径比为中等较大。

④ 管束状喉道。

当杂基及各种胶结物含量较高时,原生的粒间孔隙有时可以完全被堵塞,杂基及各种胶结物中的微孔隙(小于 1.5 μm 的孔隙)本身即是孔隙又是喉道,这些微孔隙像一支支微毛细管交叉地分布在杂基和胶结物中组成管束状喉道[见图 6.25(e)],其孔隙度一般不高,属中等或较低。其渗透率则极低,由于孔隙就是喉道本身,所以孔喉直径比为 1。

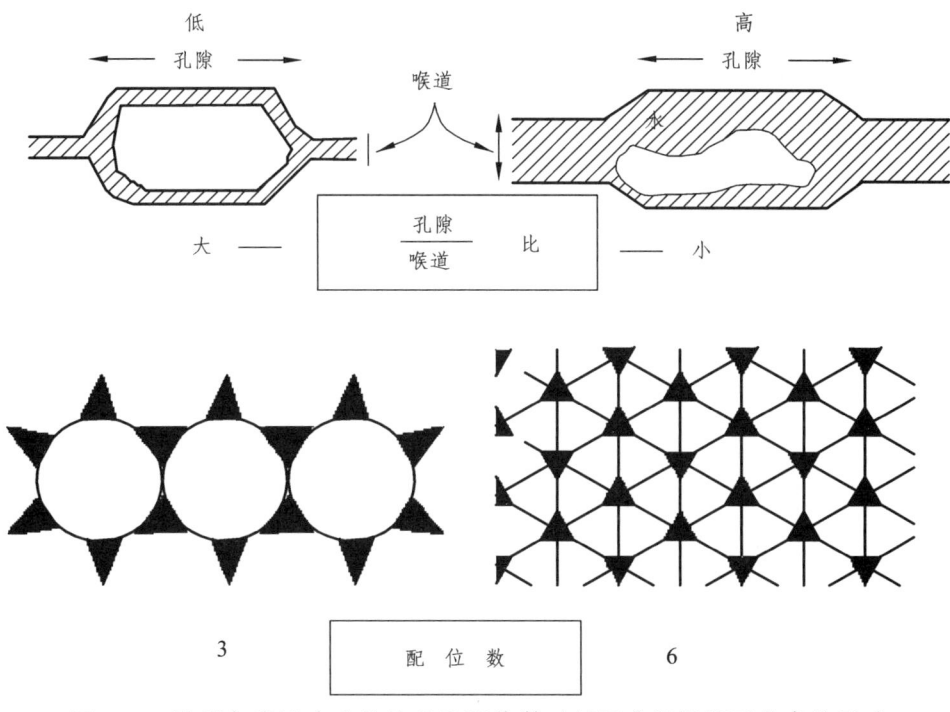

图 6.24　孔隙与喉道大小的比值及配位数对储层非润湿相采收率的影响

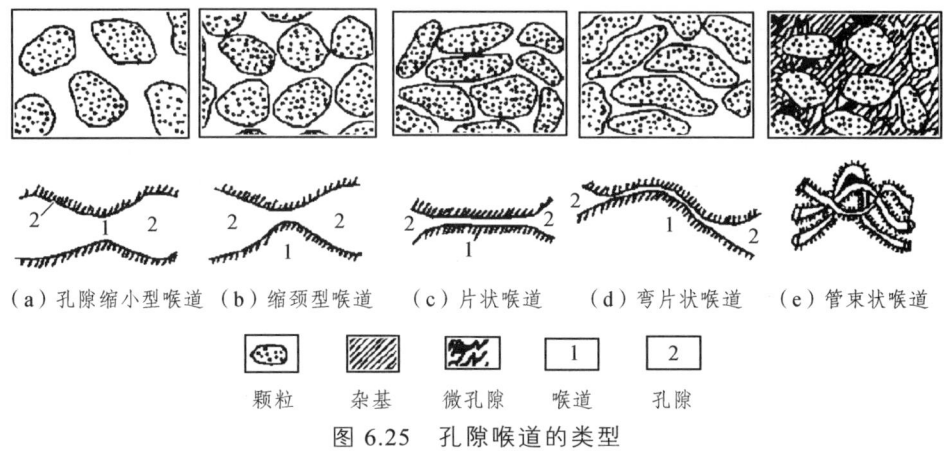

（a）孔隙缩小型喉道　（b）缩颈型喉道　（c）片状喉道　（d）弯片状喉道　（e）管束状喉道

图 6.25　孔隙喉道的类型

综上所述，不同的喉道形状和大小可以导致产生不同的毛细管力，进而影响孔隙的储集性和渗透率。任何储层的孔隙都是由不同孔径的孔喉组成，不同大小的孔喉，其渗流能力也存在着较大的差别。通过对岩心样品的扫描电镜观察，研究区的喉道类型主要有以下 5 种：

① 孔隙缩小型喉道。

孔隙和喉道连通性好，喉道是孔隙缩小的部分，喉道平均宽 5~10 μm，喉道内充填物相对较少，是最好的流体渗流通道之一（见图 6.26）。

② 点状喉道。

孔隙和喉道连通性较好，喉道是连接两孔隙的通道，由于喉道大大缩小，成点状，喉道平均宽 1~5 μm，是较好的流体渗流通道（见图 6.27）。

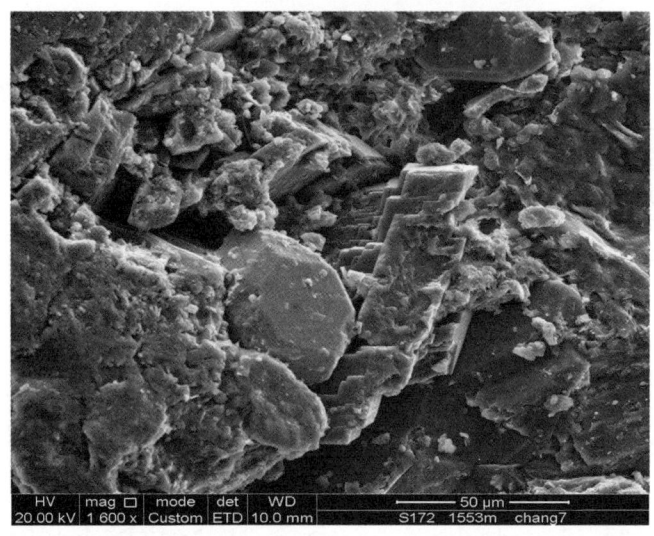

图 6.26　S172 井，1533 m，长 7，锆石及铁白云石胶结物

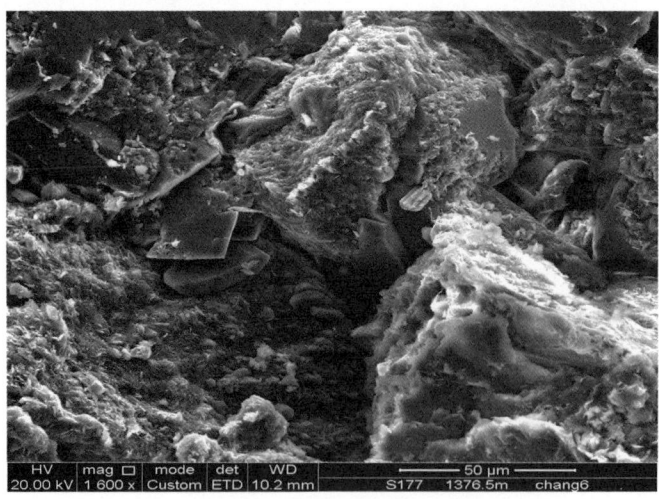

图 6.27　S177 井，1376.5 m，长 6，粒间孔充填铁白云石及钠长石

③ 弯片状喉道。

喉道细而长，喉道平均宽 1~5 μm，喉道内毛发状的伊利石充填物相对较多，是较差的流体渗流通道（见图 6.28）。

④ 管束状喉道。

喉道内黏土矿物发育，数量多，喉道基本上被充填，是最差的流体渗流通道（见图 6.29）。

图 6.28　S142 井，1 185.5 m，长 6，粒间孔见自生石英及绿泥石充填

图 6.29　S177 井，1 374.4 m，长 6，粒间溶蚀孔，见丝状伊利石

⑤ 微裂缝。

另外一种沟通孔隙的是微裂缝，微裂缝细而直，一般长 50 μm，平均宽 1~5 μm，裂缝内壁黏土矿物不发育，也是最好的流体渗流通道（见图 6.30 和图 6.31）。

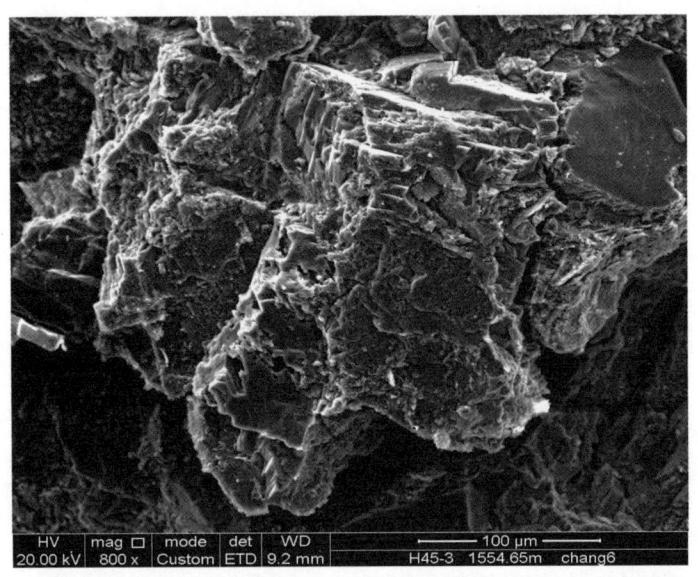

图 6.30　H45 井，1 554.65 m，长 6，长石溶蚀，粒内溶孔-粒缘缝

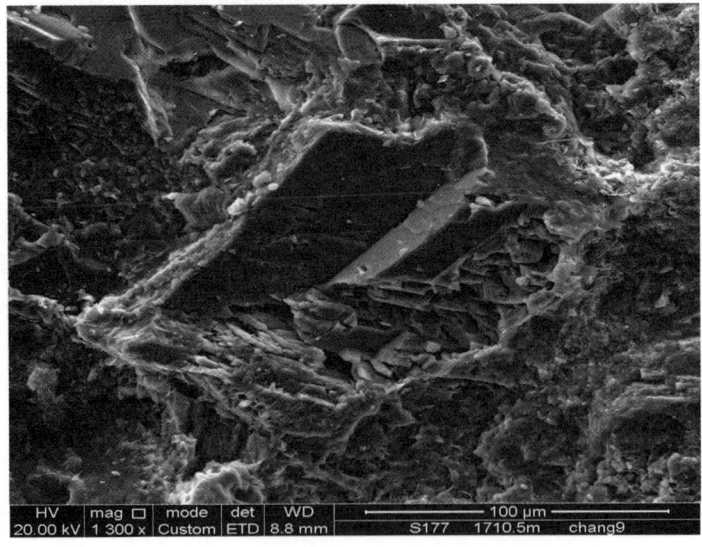

图 6.31　S177 井，1 710.5 m，长 9，长石溶蚀，粒内溶孔

孔隙与孔隙之间是通过喉道来连通的，但不同孔隙的连通情况可能不同。这种连通情况可用孔喉配位数、孔喉直径比或孔喉体积比来表征。显然，孔隙连通性越好，越有利于油气的采出。

2. 孔喉连通性

颗粒大小、形状、分选、排列及接触关系影响着孔隙非均质性，也可造成渗透率的各向异性，同时还影响着注水开发过程中储层自身的动态变化。颗粒的排列方向性主要受沉积古水流方向的控制，颗粒的长轴方向趋向于与古水流方向一致，沿此方向渗透率要比其他方向大，古水流速度较高，孔隙通畅，而其两侧的孔隙则成为缓流区或滞留区，其中可能有较多的细粒物质或黏土物质。这样便造成不同方向孔道畅通程度的差异，从而导致渗透率的各向异性。

3. 孔隙结构

本次研究选择了 41 个样品进行常规压汞分析，样品平均孔隙度为 7.65%，平均渗透率为 $0.037\times 10^{-3}\mu m^2$。不同油层组常规压汞毛管曲线如图 6.32 所示，不同物性特征，毛管压力曲线不同。根据孔隙度、渗透率、中值压力和粒度中值半径可以将储层样品划分为 3 类，分别为ⅠA、Ⅱ类和Ⅲ类，由于ⅠB 类储层是裂缝发育的储层，鉴于取芯的局限性，没有测试出 ⅠB 类储层的常规压汞特征。不同储层类型划分及毛管压力关系如下所示。

① ⅠA 类：好的储层类型，为低门槛压力（小于 0.5 MPa），较粗喉道型。

② Ⅱ类：物性相对较好，为较高门槛压力（大于 2 MPa），中等偏粗喉道型。

③ Ⅲ类：差的储层类型，为较高门槛压力（6 MPa 左右），较细喉道型。

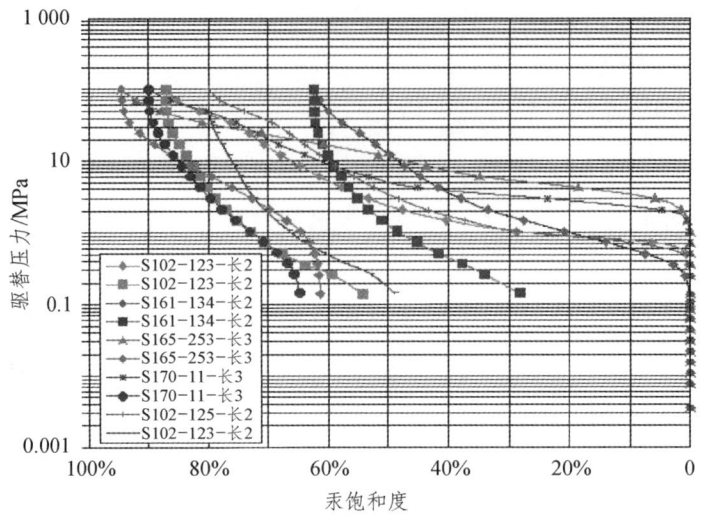

（a）长 2 和长 3 储层常规压汞曲线

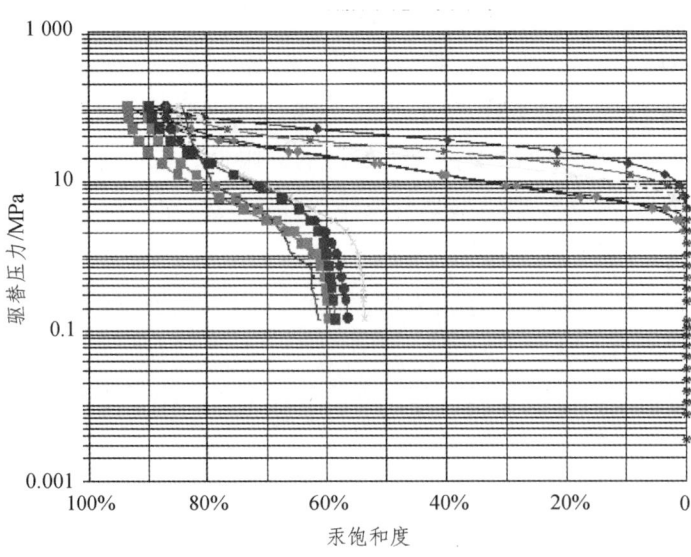

（b）长 4+5 储层常规压汞曲线

第 6 章　储层质量特征研究

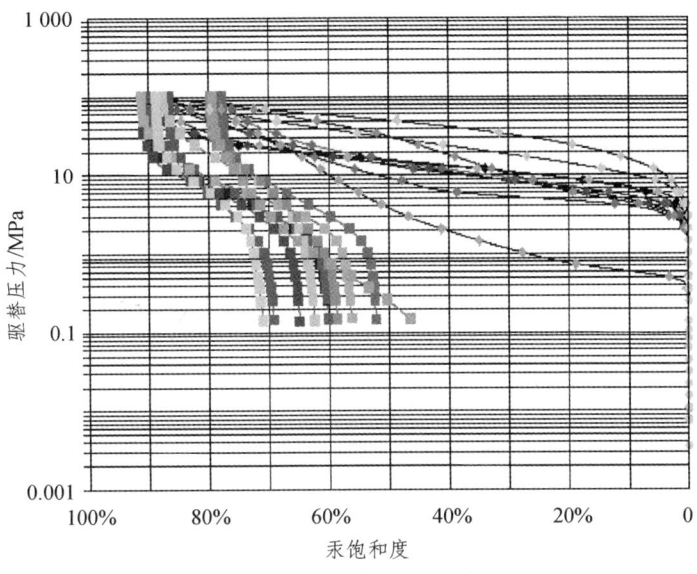

（c）长 6 储层常规压汞曲线

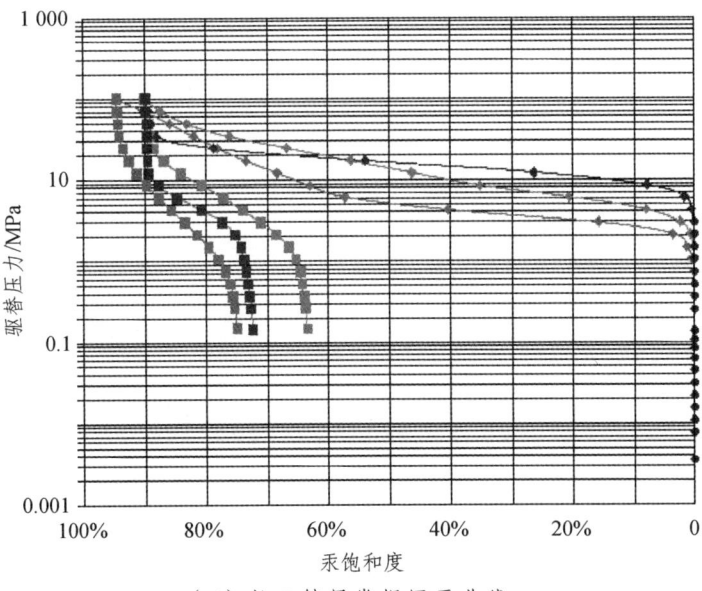

（d）长 7 储层常规压汞曲线

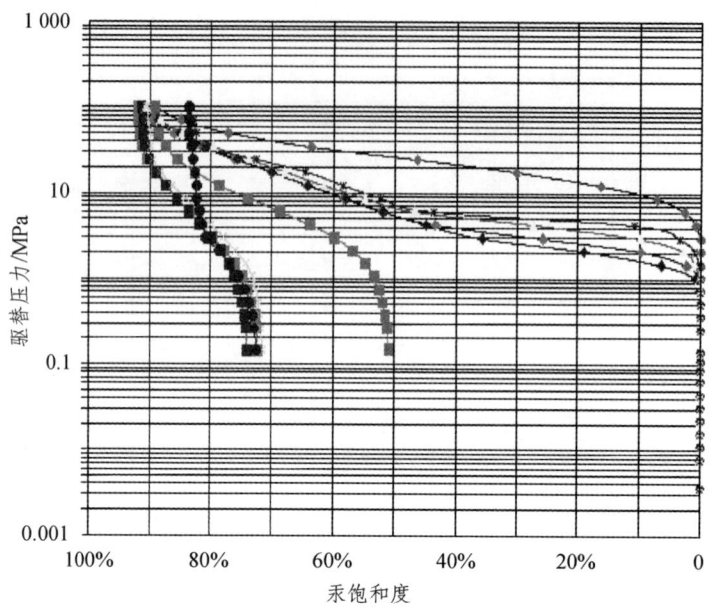

(e)长 8 储层常规压汞曲线

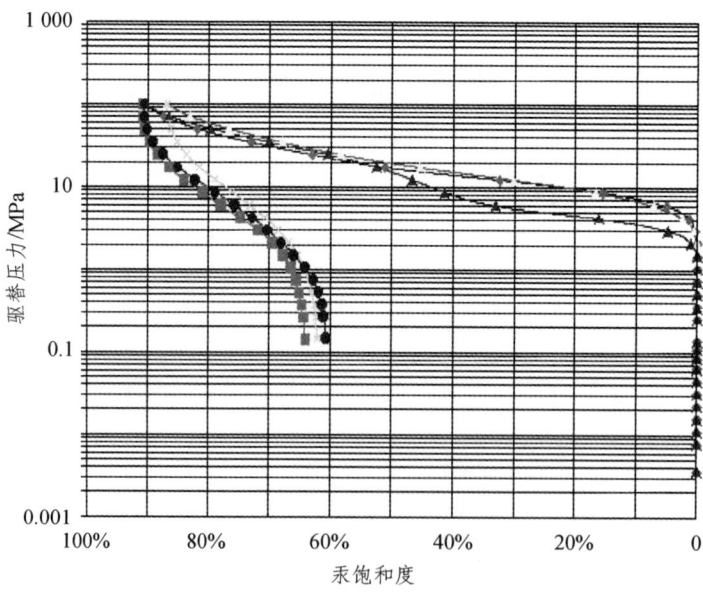

(f)长 9 储层常规压汞曲线

图 6.32 不同油层组毛管压力曲线

喉道是储层物性的主要控制性因素，喉道大小及分布规律对储层物性的好坏及开采的难易程度有很大的影响。恒速压汞是以准静态的速度进汞，通过压力波动来判断孔喉连通情况，每一次压力涨落反映一个喉道和孔隙，可以精确地统计不同级别的喉道和孔隙以及相应的数量。定义主流喉道半径为对渗透率累积贡献达80%以前的所有喉道半径值的加权平均，它直接体现储层的渗流能力。

本项目选择了5块样品进行恒速压汞分析，这5块样品分别取自长2层、长4+5层、长6层和长9层，如表6.3所示。由于样品较少，对各小层的结果没有代表性。但选取样品时，注意了其孔渗的差别性，特别是渗透率的级差性，对不同类型储层的孔喉特征具有代表性，最终分析认为，ⅠA类储层排驱压力小于0.5 MPa，中值压力小于5 MPa；Ⅱ类储层排驱压力小于2 MPa，中值压力小于12 MPa；Ⅲ类储层排驱压力小于6 MPa，中值压力小于30 MPa。

不同类型储层喉道发育特征如图6.33～6.35所示。

表6.3　5块岩样恒速压汞测试结果统计

井号	样品深度/m	层位	孔隙度/%	气测渗透率/mD	主流喉道半径/μm	平均喉道半径/μm	平均孔喉比	阈压/psi	喉道进汞饱和度/%	孔隙进汞饱和度/%	总进汞饱和度/%	微观均质系数	相对分选系数
S18	952	长2	12.2	0.05	0.38	0.37	599.4	6.70	16.67%	2.43%	19.10%	0.79	0.13
S123	1437.1	长4+5	11.0	0.059	0.38	0.36	642.1	6.92	20.21%	3.61%	23.82%	0.55	0.18
S161	1221	长9	16.9	0.974	0.76	0.55	179.2	3.12	24.65%	40.01%	64.66%	0.21	0.49
S172	1533	长6	10.9	0.134	0.44	0.33	335.9	6.73	20.29%	24.27%	44.56%	0.27	0.39
S177	1371	长6	9.8	0.034	0.38	0.32	388.6	4.50	21.63%	6.92%	28.55%	0.41	0.25

注：1psi = 6.895 kPa

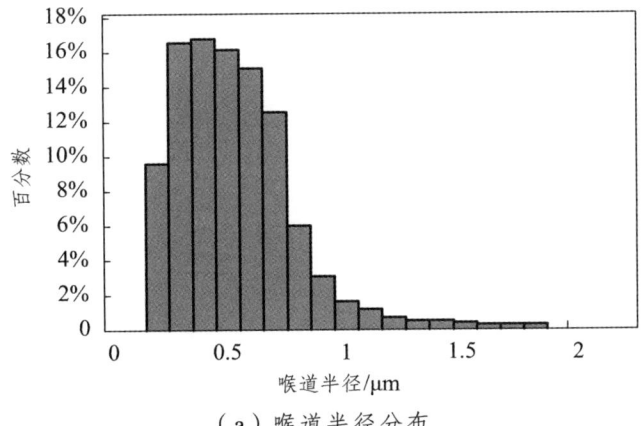

(a) 喉道半径分布

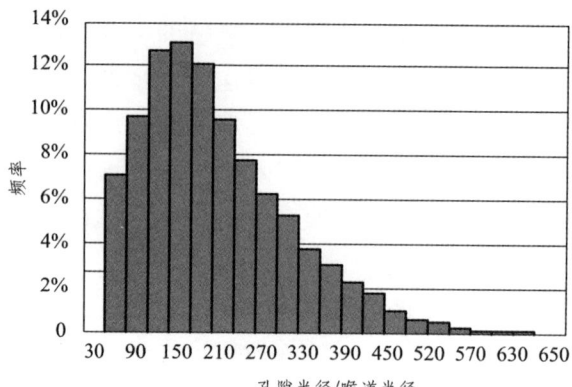

（b）孔隙喉道半径比分布

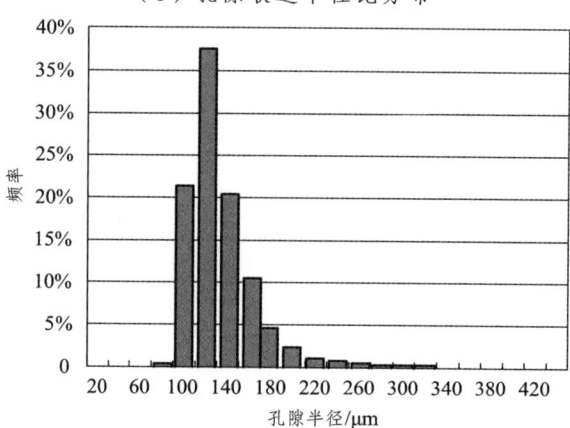

（c）孔隙半径分布

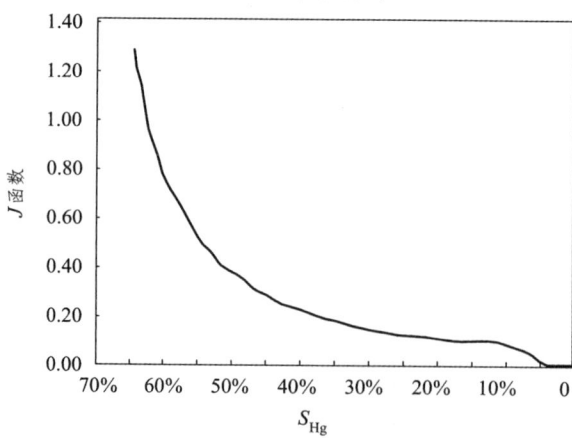

（d）毛管压力与 J 函数曲线关系

图 6.33　IA 类储层喉道特征

第 6 章 储层质量特征研究

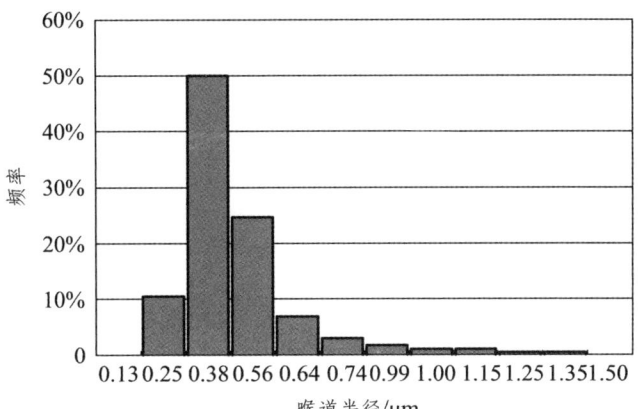

(a) 喉道半径分布

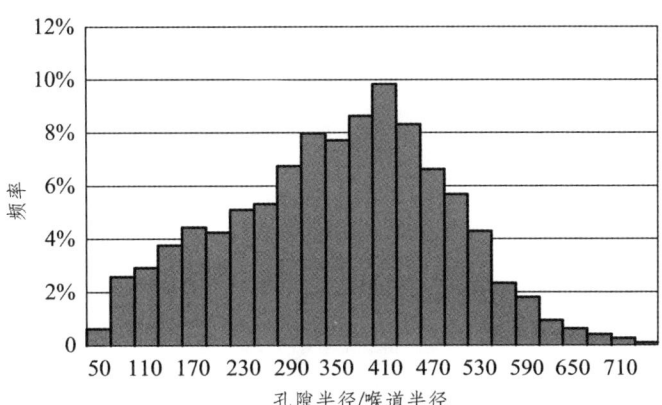

(b) 孔隙喉道半径比分布

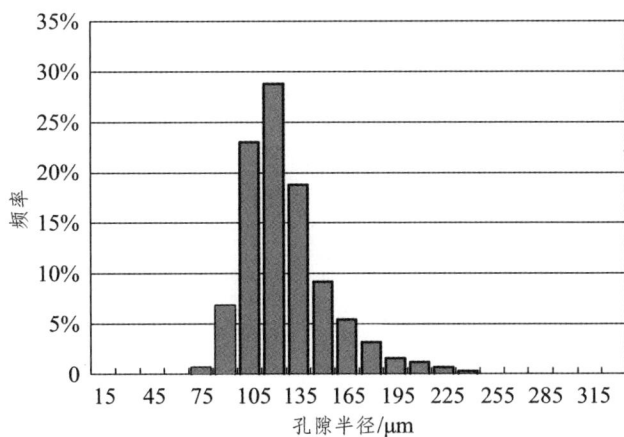

(c) 孔隙半径分布

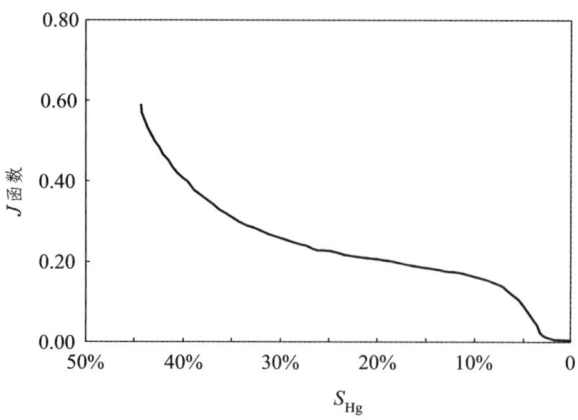

（d）毛管压力与 J 函数曲线关系

图 6.34　Ⅱ类储层喉道特征

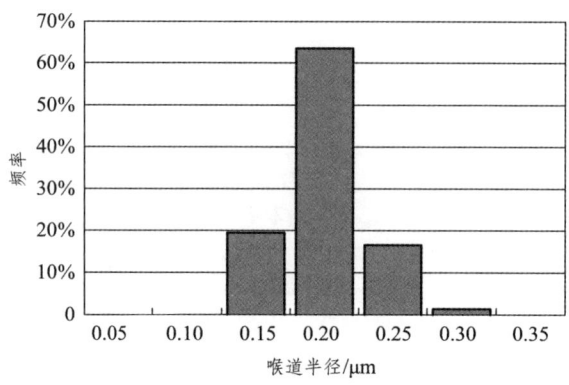

（a）喉道半径分布

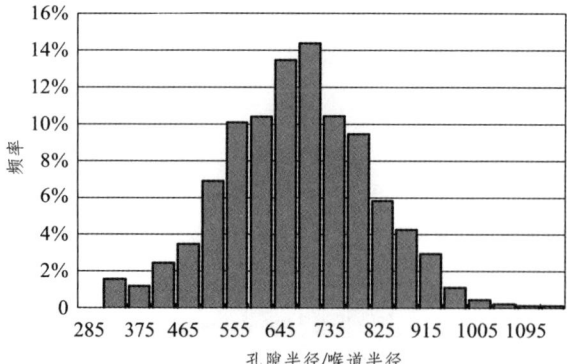

（b）孔隙喉道半径比分布

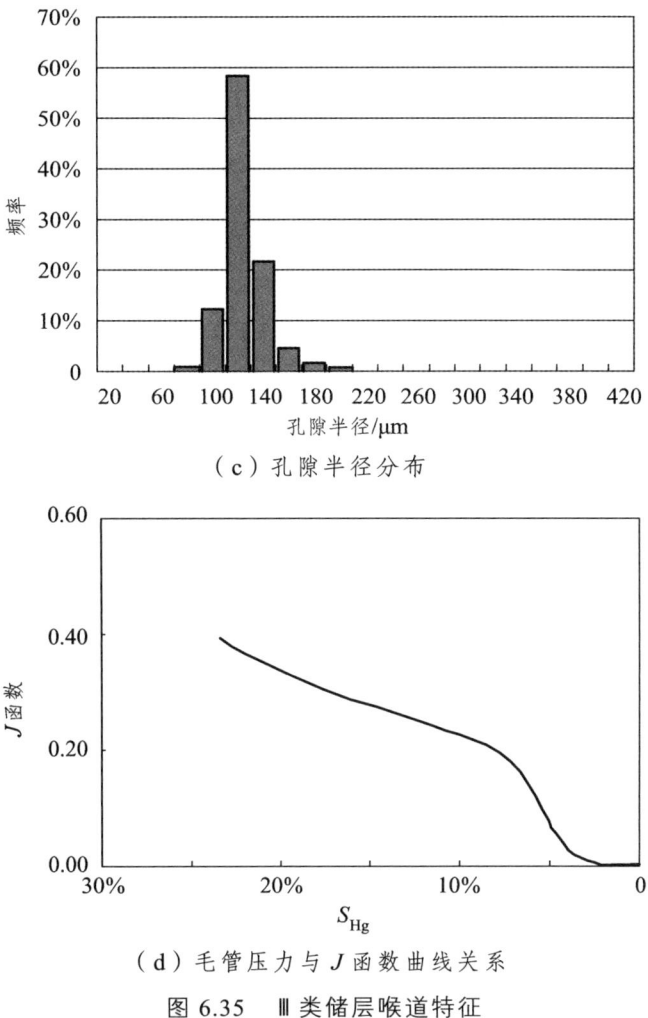

(c) 孔隙半径分布

(d) 毛管压力与 J 函数曲线关系

图 6.35　Ⅲ类储层喉道特征

6.1.4　储层成岩作用类型

通过对取心井常规薄片、铸体薄片的镜下观察及扫描电镜等资料的研究，确定该区砂岩储层所经历的成岩作用主要有压实（溶）作用、胶结作用、溶蚀作用、交代作用等。成岩作用类型多，现象也较为复杂。其中，压实（溶）作用、胶结作用和溶蚀作用对储层孔隙发育及储集性能影响深远，现重点讨论如下：

1. 压实（溶）作用

压实作用包括机械压实作用和化学压溶作用。机械压实作用主要发生在早成岩阶段，化学压溶作用主要发生在晚成岩阶段，砂岩的压实作用主要表现形式为：

（1）改变颗粒的接触关系。随着压实作用的增强，颗粒接触关系由点接触变为线接触。

（2）塑性颗粒（如云母片、泥岩岩屑等）弯曲变形、拉长，有的挤入孔隙中形成假杂基。

（3）颗粒定向排列。常见片状矿物（如云母片）、长条状矿物（如石英）的定向排列，在镜下碎屑颗粒略具一定的方向性。

研究区主要有压实作用，为中等压实，少量刚性长石颗粒发生破裂。

2. 胶结作用

胶结作用指沉积物沉积后由于自生矿物在孔隙中沉淀而导致沉积物固结的作用。这些自生矿物胶结物主要有石英、方解石、白云石、菱铁矿、各种自生黏土矿物、黄铁矿等。在多数情况下，这些胶结物来源于孔隙水，也可以是由地下水渗流或埋藏地下水提供，或者由矿物的演化反应提供。

通过对取心井的各类分析化验资料研究发现，研究区砂岩的胶结物主要存在以下 3 种：

（1）黏土矿物胶结。黏土矿物胶结以绿泥石胶结为主，早期绿泥石膜的胶结对储层的孔隙及其结构有明显的保护作用，但绿泥石黏土膜的形成也大大缩小了孔隙喉道，如图 6.36 所示。

（2）硅质胶结。硅质胶结，石英次生加大作用，石英小晶体充填于粒间孔中，从而进一步降低了砂岩孔隙度，如图 6.37 所示。

（3）钙质胶结。成岩中后期的钙质胶结，胶结程度不均一，使得孔隙大大缩小，如图 6.38 所示。

第 6 章　储层质量特征研究

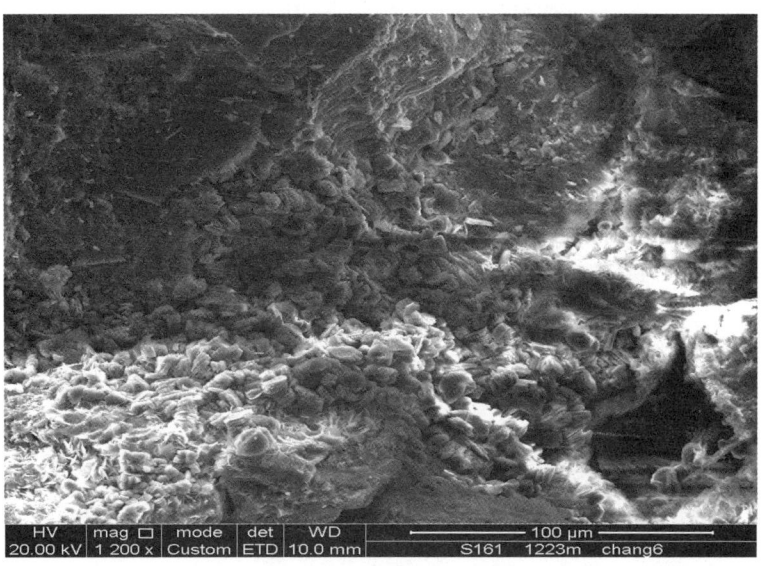

图 6.36　S161 井，1 223 m，长 6，粒间孔高岭石充填

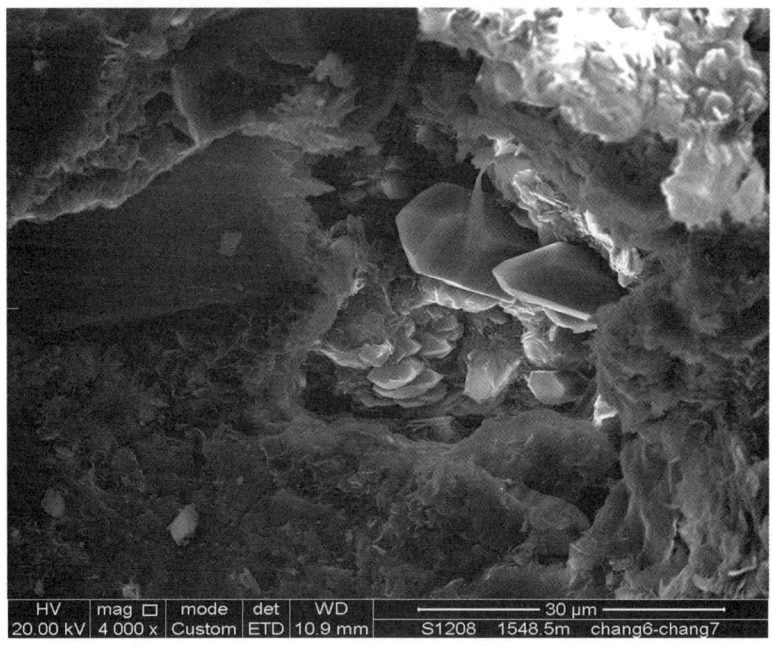

图 6.37　S1208 井，1 548.5 m，长 6，粒内溶孔，见自生石英及蒙脱石充填

（a）

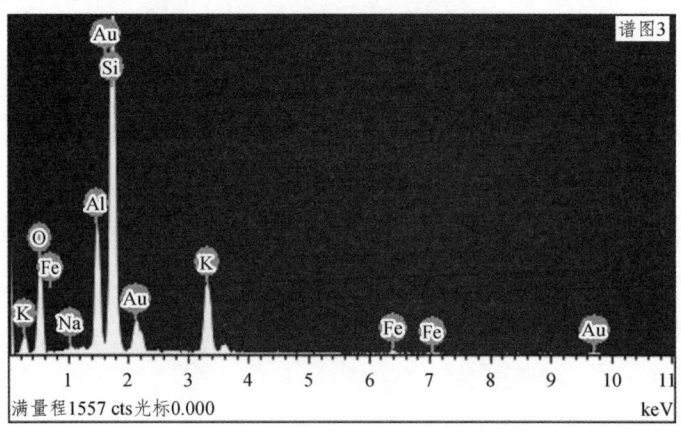

（b）

图 6.38　S177 井，1 376.5 m，长 6，碳酸盐胶结物，菱锶矿交代长石

3. 溶蚀作用

成岩作用的溶蚀作用会形成多种类型的次生孔隙，对改善砂岩储层的储集性能起到了积极作用，本区被溶蚀的物质主要是长石、岩屑等不稳定的颗粒（见图 6.39）。

第 6 章 储层质量特征研究

图 6.39　S141 井，1 397 m，长 8，长石溶蚀，粒内溶孔

综合研究表明，长 6 砂岩在成岩过程有如下特点：

（1）绿泥石多形成于早成岩阶段，呈薄膜式包绕碎屑颗粒，充填于原生粒间孔的部分空间，但又使剩余粒间孔隙免于被机械压实作用所破坏。

（2）石英、长石的次生加大，黏土矿物的充填堵塞了孔隙，降低了储层的孔隙度。丝状的伊利石等黏土类矿物，常常呈搭桥状充填孔喉，降低了储层的渗透能力。

（3）碳酸盐的胶结也是造成储层物性变差、非均质性增强的原因。

（4）溶蚀作用对改善储层的储集性能更为有利。

同时，结合研究区黏土矿物 X 衍射测试分析结果（见表 6.4），依据长庆油田延长组碎屑岩的成岩阶段划分标准，认为研究区成岩作用整体上处于中成岩的 A 期。

表 6.4　黄陵探区黏土矿物 X 衍射测试分析结果

样号	井深/m	层位	测试结果					
			蒙托石	伊利石	高岭石	绿泥石	I/S	（I/S）混成比
S102-130	673.4	长 2+3	0	12%		88%		
S156-256	966.3	长 2+3	0	10%		86%	4	0.15

续表

样号	井深/m	层位	测试结果					
			蒙托石	伊利石	高岭石	绿泥石	I/S	（I/S）混成比
S161-149	967.5	长 2+3	2	9%		85%	4	0.10
S165-245	896	长 2+3	0	17%		69%	14	0.15
S172-195	1 239.1	长 2+3	0	34%		51%	15	0.20
S142-216	1 134.5	长 4+5		7%		71%	22	0.10
S102-104	662.5	长 6		33%		50%	17	0.20
S102-113	672.25	长 6		22%		64%	14	0.15
S1208-71	1 506	长 6		19%		72%	9	0.20
S1208-89	1 502	长 6		12%		79%	9	0.15
S123-266	1 436	长 6		11%		71%	18	0.25
S142-223	1 185.5	长 6		21%		68%	11	0.15
s161-139	1 223	长 6		16%		78%	6	0.20
S161-157	1 030.53	长 6		18%		82%		
S172-168	1 474	长 6		12%		80%	8	0.20
S172-184	1 460.7	长 6		19%		70%	11	0.20
S177-44	1 375.5	长 6		13%		87%		
S177-51	1 376.5	长 6		18%		65%	17	0.20
S1208-80	1 553	长 6		16%		71%	13	0.10
S177-57	1 710.5	长 9		7%		93%		

6.2 储层物性

6.2.1 孔渗特征

对黄陵矿区物性资料进行整理分析，发现不同层位物性特征不同。长 2 储层平均孔隙度为 10.1%，平均渗透率为 0.67×10^{-3} μm^2；长 4+5 储层平均孔隙度为 7.9%，平均渗透率为 0.07×10^{-3} μm^2；长 6 储层平均孔隙度为 7.6%，平均渗透率为 0.1×10^{-3} μm^2；长 7 储层平均孔隙度为 7.2%，平均渗透率为 0.1×10^{-3} μm^2；长 8 储层平均孔隙度为 6.9%，平均渗透率为 0.1×10^{-3} μm^2；长 9 储层平均孔隙度为 4.6%，平均渗透率为 0.07×10^{-3} μm^2。所有储层平均

孔隙度为 8.4%，平均渗透率为 $0.23 \times 10^{-3} \mu m^2$。随着孔隙度增加，渗透率增加，如图 6.40 所示。黄陵探区储层属于低孔低渗储层。

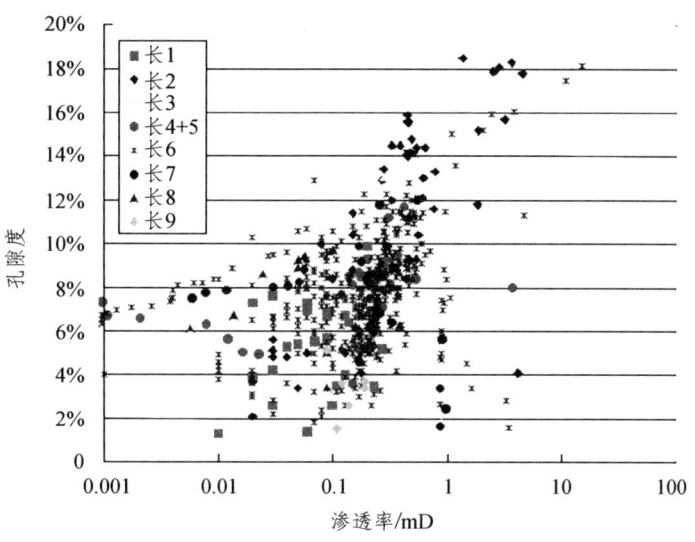

图 6.40 黄陵探区各层孔渗关系分布

6.2.2 可动流体饱和度特征

由于储层孔隙中的流体与固体表面存在一定的相互作用，这种作用的强弱与孔隙大小、表面粗糙度、黏土矿物覆盖程度、比表面大小等因素有关，这种作用力使得孔隙表面附近的流体被束缚而不能参与流动，成为束缚流体。核磁共振技术能够准确测试束缚流体的大小，从而可以得知可动流体饱和度，为储层开发提供依据。因此，对即将投入开发的油藏，可动流体饱和度大小的测量是非常重要的，可对油藏的开发潜力提供初步的认识。

1. 核磁共振原理简介

当流体（如水或油等）饱和进岩样孔隙内后，流体分子会受到孔隙固体表面的作用力，作用力的大小取决于孔隙（孔隙大小、孔隙形态）、矿物（矿物成分、矿物表面性质）和流体（流体类型、流体黏度）等。

对饱和流体（水或油）的岩样进行核磁共振 T_2 测量时，得到的 T_2 弛豫时间大小取决于流体分子受到孔隙固体表面作用力的强弱，因此 T_2 弛豫时间的大小是孔隙（孔隙大小、孔隙形态）、矿物（矿物成分、矿物表面性质）和流体（流体类型、流体黏度）等因素的综合反映，利用岩样内流体的核磁共振 T_2 弛豫时间的大小及其分布特征，可对岩样孔隙内流体的赋存状态进行分析。当流体受到孔隙固体表面的作用力很强时（如微小孔隙内的流体或较大孔隙内与固体表面紧密相接触的流体），流体的 T_2 弛豫时间很短，流体处于束缚或不可动状态，称之为束缚流体或不可动流体。反之，当流体受到孔隙固体表面的作用力较弱时（如较大孔隙内与固体表面不是紧密相接触的流体），流体的 T_2 弛豫时间较大，流体处于自由或可动状态，称之为自由流体或可动流体。T_2 弛豫时间可以用式（6.1）来表示。

$$T_2 = \rho \cdot (s/v) \quad (6.1)$$

式中　ρ——储层及流体的物性；

　　　s/v——岩石的比表面。

综上所述，利用核磁共振 T_2 谱可对岩样孔隙内流体的赋存状态进行分析，饱和地层水或模拟地层水状态下岩样的核磁共振 T_2 谱用于可动流体的分析，同理，在束缚水状态下饱和油的油相 T_2 谱用于可动油的分析。由于 T_2 弛豫时间的大小取决于孔隙（孔隙大小、孔隙形态）、矿物（矿物成分、矿物表面性质）和流体（流体类型、流体黏度）等，因此岩样内可动流体和可动油含量的高低就是孔隙大小、孔隙形态、矿物成分、矿物表面性质等多种因素的综合反映。同时，上述因素与储层质量的好坏和开发潜力的高低密切相关，因此可动流体和可动油是储层评价中的两个重要参数，目前已经在油气储层质量和开发潜力的前期评价研究工作中得到广泛应用。另外，根据可动流体和可动油的油层物理含义，这两项参数也可用于油、气储层的储量和可采储量的计算中，可动流体百分数是初始含油饱和度（油层）或初始含气饱和度（气层）的上限。同理，可动油百分数是油层驱油效率的上限。

核磁共振可动流体饱和度是一个完全来自实验的概念，下面就用实验来说明这个概念。图 6.41 是一块完全饱和水的黄陵探区岩样经过高速离心甩干后的核磁共振弛豫时间谱。横坐标表示弛豫时间，纵坐标表示岩心不同弛豫时间组分占有的份额。较大孔隙对应的弛豫时间较长，较小孔隙对应的弛豫时间较短，弛豫时间谱也就是 T_2 谱，在油层物理上的含义为岩心中不同大小的孔隙占总孔隙的比例，从弛豫时间谱中可以得到丰富的油层物理信息。

可以看到，岩样经过离心后，长弛豫部分掉了下来，而短弛豫部分几乎没有改变。岩样经过高速离心后，饱和在小孔喉内的水由于毛管力的作用大仍滞留在岩样内部，饱和在岩样内较为宽阔的孔隙中的水，由于毛管力作用小而被甩出了样品。由前述弛豫时间与孔隙比表面（s/v）的关系，可以看出，弛豫时间谱上短弛豫部分就是岩样中饱和在具有较大比表面（s/v）的孔隙中的水，这一部分由于受到较大的毛管力的束缚作用成为不可动流体，是不参与渗流流动的。从这样的实验我们就可以把岩样内所有孔隙划分为可流动孔隙体积与不可流动孔隙体积。

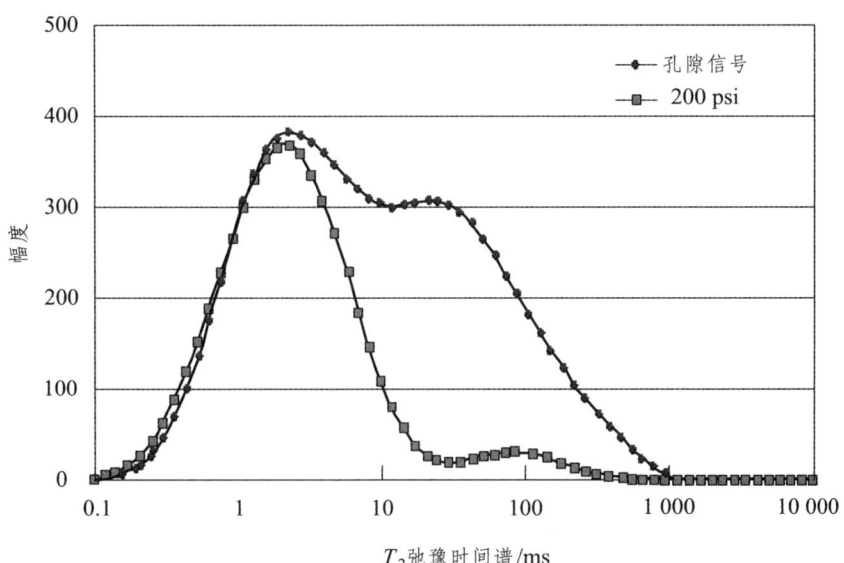

图 6.41　黄陵探区主力储层岩心的弛豫时间谱图
（样品：上 161 井，长 6，$S_{可动}$=45.6%）

2. 可动流体饱和度测试结果分析

本项目选取了 10 块样品进行可动流体饱和度测试，测试结果如表 6.5 所示。由于样品较少，对各小层的结果没有代表性。但选取样品时，注意其孔渗的差别性，特别是渗透率的级差性，对不同类型储层的可动流体饱和度特征具有代表性。所选取的岩心涵盖了本地区室内试验测试出的所有类型的孔渗特征，对本地区总体储层物性特征具有代表性，所测 10 块岩心储层可动流体饱和度，最高 53.4%，最低 6.26%，平均 20.5%。该地区储层可动流体饱和度普遍偏低，开发难度较大。

表 6.5　可动流体饱和度测试结果

井号	岩心号	深度/m	层位	长度/cm	直径/cm	孔隙度/%	气测渗透率/mD	可动流体饱和度/%
S102	2-38/42	675.7	长 3	2.130	2.433	14.37	0.971	53.43
S18	2-34/58	953.6	长 4+5	2.372	2.474	9.6	0.002	7.99
S161	3-18/40	1 221	长 6	2.726	2.461	16.34	0.721	45.55
S161	3-9/40	1 219	长 6	2.520	2.432	9.44	0.013	10.10
H45	1-10/23	1 554.8	长 6	2.770	2.444	8.92	0.004	10.03
S177	2-25/50	1 374.4	长 6	3.046	2.510	8.28	0.002	18.26
S172	5-27/82	1 526.5	长 7	2.442	2.502	10.4	0.006	6.26
S141	2-3/54	1 396.2	长 8	2.210	2.505	9.7	0.058	15.72
S141	2-11/54	1 397.3	长 8	3.068	2.500	8.75	0.008	29.74
S177	4-1/43	1 707.5	长 9	2.310	2.505	7.3	0.002	7.90

6.3　储层非均质性

储层的均质性是相对的，而其非均质性是绝对的。一个层次的某一个构成单元，对于高一级层次而言，可将其视为相对均质体，但对于低一级层次则是非均质体。储层的结构复杂程度让人难以置信，它所包含的非均质性规模可以从几千米到几米、几厘米到几毫米。不同学者依据其研究目的，对储层非均质性的规模、层次及内容的研究各自有所侧重。如 1973 年 Pettijohn

在研究河流沉积储层时首先提出了储层非均质性研究的层次和分类概念，分别是Ⅰ级，相当于油层组规模，Ⅱ级相当于层间规模，Ⅲ级相当于层内规模，Ⅳ级相当于岩心规模，Ⅴ级相当于薄片规模；Weber 按照规模和成因将非均质性划分为 8 种类型，分别是封闭、未封闭断层，成因单元边界，成因单元内渗透层，成因单元内隔夹层，层里的层系及纹层，微观非均质性，封闭、开启裂缝，原油的黏度变化和沥青垫；Haldorsen 等人将储层非均质性划分为微观的、宏观的、大型的和巨型的 4 个级别；裘亦楠根据多年的工作经验和 Pettijohn 的思路，结合我国陆相储层的特点，既考虑了非均质性的规模，也考虑了开发生产的实际，将碎屑岩的非均质性由大到小分成 4 类，分别是层间非均质性、平面非均质性、层内非均质性和微观非均质性。

目前，非均质性研究较为常用的划分方案是裘亦楠的分类，其中，层间非均质性、平面非均质性、层内非均质性为宏观非均质性。下面对储层平面、层内、层间等宏观非均质性进行阐述，微观非均质性受现今的研究资料丰富程度和研究技术的发展水平限制，仅作简单的描述。

层内非均质性指层内粒度韵律规律、层内不连续薄夹层的分布，以及层内各段间渗透率的差异程度。它是直接控制和影响单砂层内注入剂波及体积和层内剩余油分布的关键因素，是影响油藏最终采收率的重要地质条件。

层内非均质性是生产中引起层内矛盾的内在原因。层内非均质性描述的主要内容包括垂向上粒度分布的韵律性、垂直渗透率与水平渗透率的比值（控制着水洗效果）、层理构造（渗流的各向异性）、层内夹层（影响着注采方式与油水界面的分布）及渗透率的差异程度（影响流体的波及程度与水窜）等。

6.3.1 层内非均质性

1. 垂向粒度韵律

层内碎屑颗粒的大小在垂向上的变化特征表现出一定的韵律性。韵律性的存在与水动力强弱及所处的沉积相带有关，粒度韵律是构成渗透率韵律的内在原因。

常见的韵律模式有：①正韵律，颗粒粒度自下而上由粗变细，主要为分流河道沉积；②反韵律，颗粒粒度自下而上由细变粗，主要为天然堤、决口扇沉积；③复合韵律，正韵律和反韵律的组合。

研究区为三角洲沉积，主要发育分流河道、河口坝、分流河道边缘及间湾泥岩4类微相。其中，砂体以分流河道与分流河道边缘以及河口坝为主，分流河道与分流河道边缘为正韵律沉积，下粗上细，当多期河道切割冲刷的时候会形成多期正韵律的叠加；河口坝多为上粗下细的反韵律特征。砂岩碎屑颗粒的韵律性，对储层渗透率在垂向上的分布规律有很大的影响，尤其是在受成岩作用影响较弱的储层中，垂向上的韵律直接决定渗透率的韵律性。在正韵律中，随着深度的增大，渗透率和孔隙度增大，而在反韵律中，随着深度的增大，渗透率和孔隙度减小。通过对研究区单砂体曲线形态的统计表明，主要以复合韵律和正韵律为主。

2. 沉积构造特征

在碎屑岩储层中，发育以层理为主的不同类型原生沉积构造。层理类型较多，通常有平行层理、板状交错层理、槽状交错层理、小型沙纹交错层理、递变层理、冲洗层理、块状层理和水平层理等，层理类型受沉积环境和水流条件的制约。层理主要通过岩石的颜色、粒度、成分及颗粒的排列组合的不同而表现出不同的构造特征，这种差异则导致了渗透率的各向异性。不同层理类型砂岩的注水模拟结果显示，平行层理的渗透率最高，槽状交错层理的渗透率最低，体现在采收率上则是槽状交错层理最高，平行层理居中（见表6.6）。槽状交错层理内部复杂的界面导致水驱速度较慢，不易快速水淹，提高了采收率。

表 6.6 不同层理类型砂岩注水模拟结果（于兴河）

层理类型	水平渗透率/mD	最终采收率
平行层理	816.2	31.8%
板状交错层理	723（顺纹层方向）	21.3%
槽状交错层理	221.3	42.7%

通过研究区 16 口井的岩心观察，砂岩沉积构造现象丰富，一般以平行层理、板状交错层理与斜层理最为常见，变形构造较为少见（见图 6.42）。

   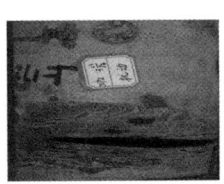

（a）平行层理　　（b）板状交错层理　　（c）斜层理　　（d）变形构造

图 6.42　岩心观察的典型层理构造

水平层理发育时会影响流体的垂向渗流，注入水易顺着层理面推进，使水沿层理面水淹严重，使驱油效果变差。对于斜层理而言，在垂直于层理方向上渗透率低，采收率高；然而沿层理的方向上渗透率高，水淹快，易形成较多的残余油，采收率低（见图 6.43）。这些层理的存在会引起渗透率的各向异性，使流体的渗流也将产生各向异性，会对驱油效率及整个油层的采收率产生影响。

（a）上 172 井，1 444.5 m，沿平行层理　（b）上 102 井，520.77 m，沿斜理缝油
　　　缝油气富集　　　　　　　　　　　　　　气富集

图 6.43　层理构造与非均质性关系

3. 层内渗透率非均质程度

表征层内渗透率非均质程度的定量参数主要有渗透率变异系数（V_k）、渗透率突进系数（T_k）、渗透率级差（J_k）、渗透率均质系数（K_p）等。

（1）渗透率变异系数（V_k）。

变异系数用于度量统计的若干渗透率数值对其平均值的分散程度，其计算公式如下：

$$V_k = \frac{\sqrt{\sum_{i=1}(K_i - \bar{K})^2 / n}}{\bar{K}} \quad (6.2)$$

式中　K_i——层内某样品的渗透率值，i=1，2，3，…，n（×10^{-3} μm²）；

　　　$\bar{K}$——层内所有样品渗透率的平均值（×10^{-3} μm²）；

　　　n——层内样品个数。

一般而言，当 $V_k \leq 0.5$ 时，为均匀型，表示非均质弱；当 $0.5 < V_k \leq 0.7$ 时，为较均匀型，表示非均质程度中等；当 $V_k > 0.7$ 时，为不均匀型，表示非均质程度强。

（2）渗透率突进系数（T_k）。

以砂层中最大渗透率与砂层平均渗透率的比值表示。其计算公式如下：

$$Tk = \frac{K_{\max}}{\bar{K}} \quad (6.3)$$

式中　$K_{\max}$——层内最大渗透率，一般以砂层内渗透率最高且相对均质层的渗透率表示（×10^{-3} μm²）；

　　　$\bar{K}$——层内所有样品渗透率的平均值（×10^{-3} μm²）。

当 $T_k < 2$ 时为均匀型，当 $2 < T_k < 3$ 时为较均匀型，当 $T_k > 3$ 时为不均匀型。

（3）渗透率级差（J_k）。

渗透率级差即砂层内最大渗透率与最小渗透率的比值，其计算公式如下：

$$J_k = \frac{K_{\max}}{K_{\min}} \quad (6.4)$$

式中　$K_{\max}$——层内最大渗透率，一般以砂层内渗透率最高且相对均质层的渗透率表示（×10^{-3} μm²）；

　　　$K_{\min}$——层内最小渗透率，一般以渗透率最低且相对均质段的渗透率表示（×10^{-3} μm²）。

渗透率级差越大，反映渗透率的非均质性越强，反之非均质性越弱。

（4）渗透率均质系数（K_p）。

为砂层中平均渗透率与最大渗透率的比值，为渗透率突进系数的倒数，其值为 0~1，越接近 1 均质性越好。

4. 层内夹层特征

层内夹层是指相对为开发层系或油层内（储层内）的不渗透层或特低渗透层，它能在一定范围内阻挡流体流动、分隔流体流动单元，因而对驱油过程影响极大，也是直接影响一个单砂层从顶部到底部宏观规模的垂直和水平渗透率比值的重要因素。因此，深入研究夹层的岩性、电性、分布等特征，对于评价储层的非均质性有着重要的意义。

（1）层内夹层的类型及岩性特征。

碎屑岩储层中的夹层一般按岩性可划分为泥岩夹层和钙质夹层。在研究区内，通过岩心观察，夹层主要为泥岩、泥质粉砂岩类和致密钙质砂岩类夹层（见图6.44），非取心井的夹层识别主要依靠其电性特征。

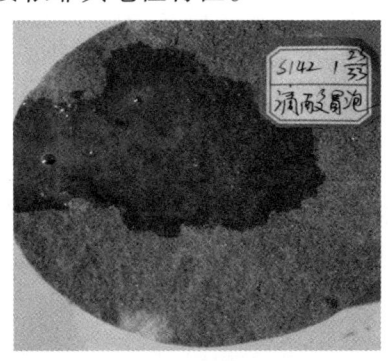

（a）上161井，1 218.24 m，储层内部见　（b）上142井，1 134.5 m，底部见灰白
　　　深灰色泥岩夹层　　　　　　　　　　　　　色钙质夹层

图6.44 岩心观察的泥质夹层与钙质夹层

（2）层内夹层电性特征。

研究区内普遍发育以泥岩、泥质粉砂岩类为主的致密性夹层，测井响应特征明显，这些分布规模不等的夹层在测井曲线上主要表现为自然伽马值（GR）相对为高值，自然电位（SP）幅度变小，电阻率（R_t）明显降低，声波时差（AC）增大，密度（DEN）减小；而致密钙质砂岩类夹层在电阻率（R_t）曲线上表现相对为高值，在声波时差（AC）曲线上表现相对为低值，密度曲线（DEN）上表现相对为高值，补偿中子（CNL）曲线上表现相对为低值，GR与砂岩基本一致，如表6.7所示。

表 6.7　黄陵探区夹层、隔层常见的电性区分特征

类型	稳定性	GR	AC
泥质夹层	分布不稳定，厚度较薄	突然变大，ΔGR>25 API	较小
钙质夹层	分布不稳定，厚度较薄	基本不变，ΔGR≈0	突然变小
隔层	分布稳定，厚度普遍较大，个别较小	较大，>90 API	较小

（3）层内夹层剖面特征。

层内夹层的分布特征是指夹层在剖面上的连续性、在平面上的展布，以及在空间上的变化特征。通过对陕北地区分流河道露头资料观察发现，砂体内部夹层连续性较差，一般规模小于 100 m，在垂直河道方向看，仅在河道内部分布，且未超过整个河道的宽度（见图 6.45），而河道内部夹层主要近平行分布或呈低角度倾斜分布（见图 6.46）。因此，在井距较大的情况下，井间夹层分布具一定的随机性，不连续分布。

图 6.45　陕北地区分流河道内部夹层分布

图 6.46　陕北地区分流河道内部夹层的倾斜分布

根据夹层横向连续性，一般可分为以下 3 种类型：① 稳定夹层，全区大面积分布或一套注-采井组中稳定分布的夹层；② 不稳定夹层，不能在全井组的井中稳定分布的夹层；③ 随机夹层，只能在 1~2 口井内不稳定分布的夹层。

6.3.2 层间非均质性

层间非均质性是指各砂层组内小层或单砂层之间的垂向差异性，包括层组的旋回性、各小层或单砂层渗透率的非均质程度、隔层的分布等，是对一套砂泥岩互层的含油层系的总体研究，属于层系规模的储层描述。研究层间非均质性是划分开发层系、决定开采工艺的依据，同时，层间非均质性是注水开发过程中层间干扰和水驱差异的重要原因。层间非均质性研究既是油田开发初期划分开发层系、确定开发方案的地质基础，也是在多层合采时分析层间矛盾和研究剖面水淹规律及剩余油分布特征的地质依据。常用层间渗透率差异以及层间隔层来表征层间非均质性。

根据岩石物性统计分析，两小层间储层物性存在明显差异。其主要体现在渗透性上，对 10 个层的变异系数、突进系数与级差的计算结果表明，整体上非均质性突出。主力油层长 2、长 3、长 6 的变异系数、突进系数、级差值很高，说明主力油层非均质性很强，导致水的波及范围小，水驱效率降低（见表 6.8）。

表 6.8 黄陵探区的非均质参数

非均质参数	长 1	长 2	长 3	长 4+5	长 6	长 7	长 8	长 9	长 10
变异系数	2.35	3.89	0.86	5.82	5.61	3.6	2.93	0.8	1.08
突进系数	15.71	35.43	4.36	62.79	64	2.43	19.81	3.68	5.01
级差	268.64	1 017.43	605.69	1 081.66	1 040.84	50.39	646.36	19.6	66.03

依据我国陆相砂岩储层非均质性程度分级标准（见表 6.9），研究区储层

属于特低渗透储层，层间渗透率变异系数表现储层为均质及相对均质，非均质性一般。

表 6.9 我国陆相砂岩储层非均质性程度分级标准

储层级别	渗透率 /($\times 10^{-3}\mu m^2$)	均质性程度	渗透率变异系数
特高渗透	>1 000	均质性	<0.25
		相对均质性	0.25~0.7
		严重非均质性	>0.7
中高渗透	300~1 000	均质性	<0.25
		相对均质性	0.25~0.7
		严重非均质性	>0.7
中低渗透	100~300	均质性	<0.25
		相对均质性	0.25~0.7
		严重非均质性	>0.7
低渗透	10~100	均质性	<0.25
		相对均质性	0.25~0.7
		严重非均质性	>0.7
特低渗透	<10	均质性	<0.25
		相对均质性	0.25~0.7
		严重非均质性	>0.7

6.3.3 平面非均质性

平面非均质性是指一个储层砂体的几何形态、规律、连续性，以及储层内各项参数的平面变化所引起的非均质性，它直接关系到注入开发过程中注入水的波及效率。平面非均质性越严重，对注水开发越不利。

平面非均质性是指一个储层砂岩体的几何形态、大小尺寸、连续性，以及砂体内孔隙度、渗透率的平面变化所引起的非均质性，这些因素直接关系到注入水平面波及程度，从而控制了剩余油在平面上的分布。

1. 砂体几何形态及连通性

砂体的几何形态是砂体在平面和剖面上分布的几何特征，它在各个方向上的大小表现出一定的差异。它主要受控于沉积相的分布，不同沉积体系内砂体的几何形态有自己的特性与规律。

砂体的连通性是储层宏观非均质研究的主要内容，是影响采收率的重要地质因素。把各种成因单元砂体在垂向上和平面上相互接触连通所形成的复合砂体称"连通体"。根据其连通形式可分为以下三种：

① 多边式：多个砂体侧向上相互连通为主；
② 多层式（或称叠加式）：多个砂体垂向上相互连通为主；
③ 孤立式：单个砂体未与其他砂体连通。

2. 砂岩储层渗透率和孔隙度在平面上的分布

黄陵地区延长组长 1 油层组砂岩储层发育在河湖三角洲平原沉积体系，其水流方向为北东和北西方向，因此也就决定了砂体的展布方向为北东和北西方向。该层砂体厚度的最大值为 61.44 m，最小值 0.46 m，平均值为 11.97 m，砂体在北西部呈现出条带状分布，根据区域背景和井间砂体厚度的数值大小，可以划分出三条河道。自东向西，第一条河道为西北向东南方向，砂体厚度平均偏低；第二条河道为北东方向，砂体最厚处达 8 m；第三条河道也为北东方向，砂体最厚处达 61.44 m。长 1 油层孔隙度最大值为 17.84%，最小值为 2.48%，平均值 11.84%，孔隙度高点主要分布在槐 29-7 井区、槐 40 井区、上 142 井区。渗透率最大值为 33.43 μm^2，最小值为 0.73 μm^2，平均值 12.86 μm^2，渗透率高值主要分布在槐 23-1 井区、槐 133 井区、上 142 井区。其孔隙度和渗透率高值出现的范围较为一致，对应关系较好。含油饱和度最大值 60%，最小值 2.01%，平均值 18.88%（见图 6.47）。

长 2 油层组砂岩储层发育在河湖三角洲平原沉积体系，其水流方向为东北方向和西南方向，因此决定砂体展布方向为东北方向和西南方向。该砂层最大值 80.72 m，最小值 0.39 m，平均值 12.73 m，砂体在东北方向和西南方向呈条带分布，根据区域背景和井间砂体厚度的数值大小，可以划分出两条河道。第一条为西南向，第二条为东北方向。长 2 油层孔隙度最大值 15.83%，最小值 0.62%，平均值 10.79%，孔隙度高点主要分布在槐 29 井区、槐 45 井区、槐 61-6 井区。渗透率最大值 35.74 μm^2，最小值 0.17 μm^2，平均值 5.36 μm^2，渗透率高点主要分布在槐 29 井区和槐 137 井区。孔隙度和渗透率高值在槐 29 井区范围一致，对应关系良好。含油饱和度最大值 60%，最小值 0.16%，平均值 20.98%（见图 6.48）。

长 3 油层组砂岩储层发育在三角洲前缘亚相沉积体系，其水流方向为东北方向和近乎南北方向，该砂体展布方向为主要近乎南北方向及东西方向。该砂体最大值 48.08 m，最小值 0.04 m，平均值 8.91 m。根据其他资料，可以划分出两条水下分流河道。第一条为东北方向，河道面积很宽，第二条为南北方向，河道较窄，东北方向与砂体展布方向一致。长 3 油层孔隙度最大值 16.98%，最小值 2.85%，平均值 9.57%。孔隙度高点主要分布在槐 137-3 井区、槐 24-4 井区、槐 61-1 井区。渗透率最大值 6.05 μm^2，最小值 0.10 μm^2，平均值 1.47 μm^2。渗透率高点主要分布在槐 137-3 井区和槐 61-1 井区。孔隙度和渗透率在槐 137-3 井区和槐 61-1 井区范围一致，对应关系良好。含油饱和度最大值 60%，最小值 0.15%，平均值 22.95%（见图 6.49）。

长 4+5 油层组砂岩储层发育在滨浅湖滩坝砂沉积体系，其水流方向为东北方向。砂体展布情况较好，也呈东北方向。根据其他参考资料，可以划分出三条主要滩坝，都呈现东北方向，且滩坝发育成熟，面积较大。长 4+5 油层孔隙度最大值 13.38%，最小值 3.62%，平均值 8.48%。孔隙度高点主要分布在槐 175 井区和槐 156 井区、槐 23-5 井区附近。渗透率最大值 35.70 μm^2，最小值 0.17 μm^2，平均值 3.13 μm^2。渗透率值普遍偏低，只有在槐 140-8 井区附近出现高值。孔隙度和渗透率高值范围不一致，对应关系不好（见图 6.50）。

长 6 油层组砂岩储层发育在深水重力流沉积体系，其水流方向为东北方向和西南方向。砂体展布情况较好，也呈东北和西南方向。根据其他参考资料，可以划分两条主要浊积水道，西南方向浊积水道较宽，发育成熟。长 6 油层孔隙度最大值 13.24%，最小值 2.88%，平均值 8.8%。孔隙度高点主要分布在槐 58 井区和槐 11-4 井区。渗透率最大值 35.48 μm^2，最小值 0.14 μm^2，平均值 3.09 μm^2。渗透率高点主要分布在槐 40 井区和槐 23-2 井区。孔隙度和渗透率高值范围不一致，对应关系不好（见图 6.51）。

黄陵地区延长组长 7 油层组砂岩储层属于深湖环境下的浊积岩沉积，其水流方向以东为主。砂体以东部最发育，可以划分出 6 条浊积水道，东西方向浊积水道宽，面积较大，6 条水道分别向中心深湖泥尖灭。长 7 油层孔隙度最大值 23.77%，最小值 0.40%，平均值 8.72%。孔隙度高点主要分布在槐 168-4 井区、槐 136 井区、槐 58 井区附近。渗透率最大值 33.84 μm^2，最小值 0.15 μm^2，平均值 3.14 μm^2。渗透率高点主要分布在槐 138 井区，孔隙度和渗透率高值范围不一致，对应关系不好（见图 6.52）。

延长组长 8 油层组砂岩储层发育在三角洲平原沉积体系，其水流方向主要为东北方向，因此决定砂体展布方向也为东北方向。该砂层最大值 38.74 m，最小值 0.36 m，平均值 12.32 m。根据背景资料，可以划分出 4 条分流河道，这 4 条分流河道基本也为东北方向，河道发育成熟。长 8 油层孔隙度最大值 19.81%，最小值 4.49%，平均值 8.52%，孔隙度主要高值分布在槐 135 井区、上 1208 井区槐 11-7 井区、上 142 井区、槐 40 井区。渗透率最大值 31.54 μm^2，最小值 0.11 μm^2，平均值 3.72 μm^2，渗透率高值主要分布在槐 135 井区、上 1208 井区、槐 40 井区。孔隙度和渗透率高值范围较一致，其对应关系良好（见图 6.53）。

黄陵地区延长组长 9 油层组砂岩储层发育在三角洲平原沉积体系，其水流方向主要为近乎南北方向，其砂体展布方向主要为南北方向和东西方向。该砂层最大值 50.5 m，最小值 0.12 m，平均值 12.59 m。根据背景资料，可以划分出 2 条水下分流河道，南北方向河道发育成熟，河道较宽，东西方向河道较窄。长 9 油层孔隙度最大值 9.36%，最小值 3.32%，平均值 7.42%，孔隙度主要高值分布在槐 40 井区、上 142 井区、上 1208 井区。渗透率最大值 2.64 μm^2，最小值 0.13 μm^2，平均值 0.71 μm^2，渗透率高值主要分布在上 1208 井区，其他区域渗透率值普遍偏低。孔隙度和渗透率只有在上 1208 井区附近有较好的对应关系（见图 6.54）。

延长组长 10 油层组砂岩储层发育在辫状河河流沉积体系，其水流方向主要为东北方向，决定其砂体砂体展布也为东北方向。砂体在区域南部发育成熟，砂体最大值 50.24 m，最小值 0.12 m，平均值 16.65 m。根据背景资料，可以划分出一个河道沙坝，发育较成熟。长 10 油层孔隙度最大值 9.63%，最小值 0.52%，平均值 6.49%。孔隙度高值主要分布在槐 155 井区附近。渗透率最大值 2.70 μm^2，最小值 0.04 μm^2，平均值 0.53 μm^2，渗透率高点主要分布在上 126 井区。孔隙度和渗透率高值范围较一致，孔隙度和渗透率对应关系较好（见图 6.55）。

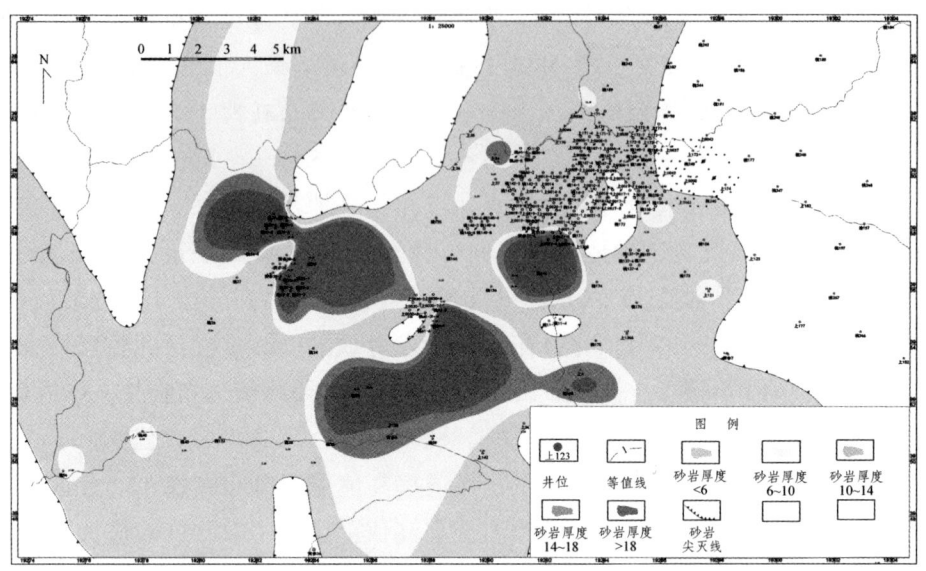

图 6.47 黄陵探区延长组长 1 砂层厚度等值线

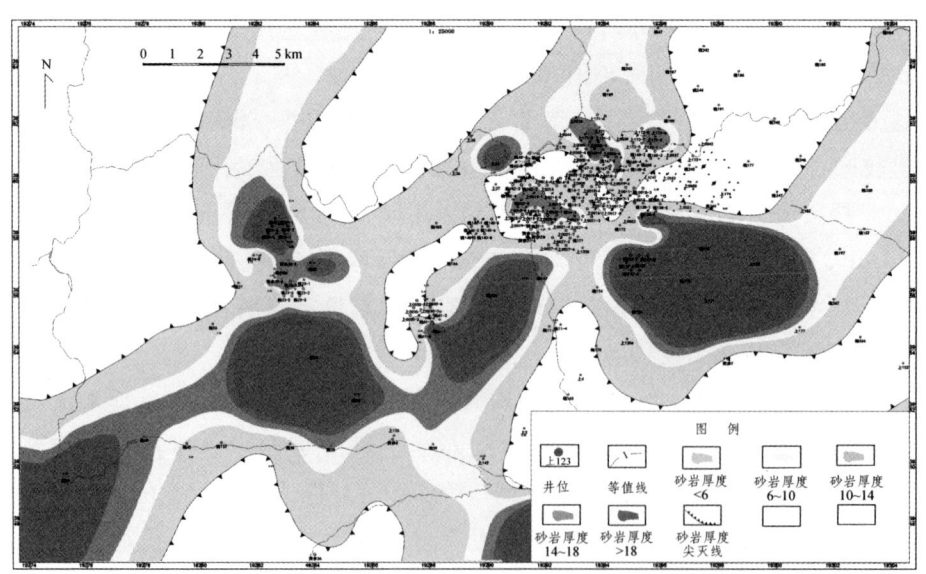

图 6.48 黄陵探区延长组长 2 砂层厚度等值线

第 6 章 储层质量特征研究

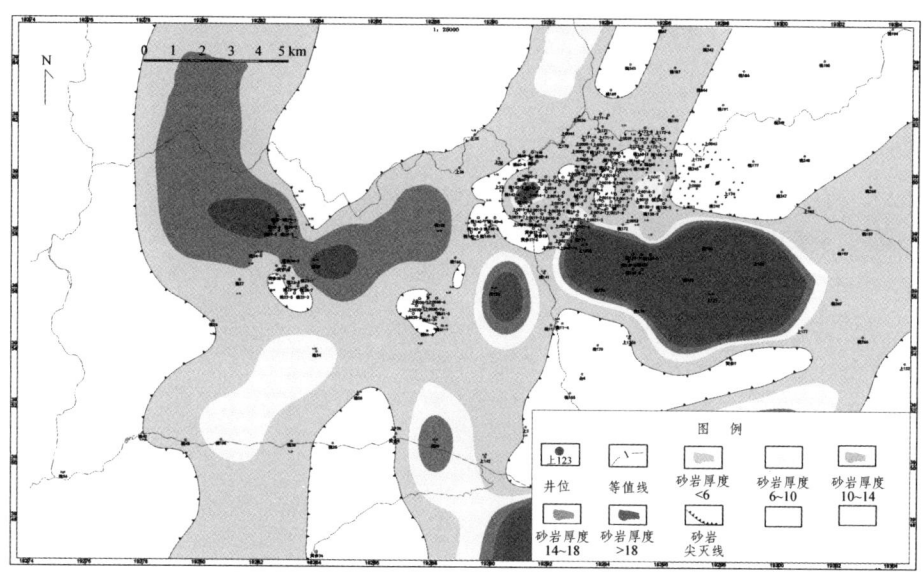

图 6.49 黄陵探区延长组长 3 砂层厚度等值线

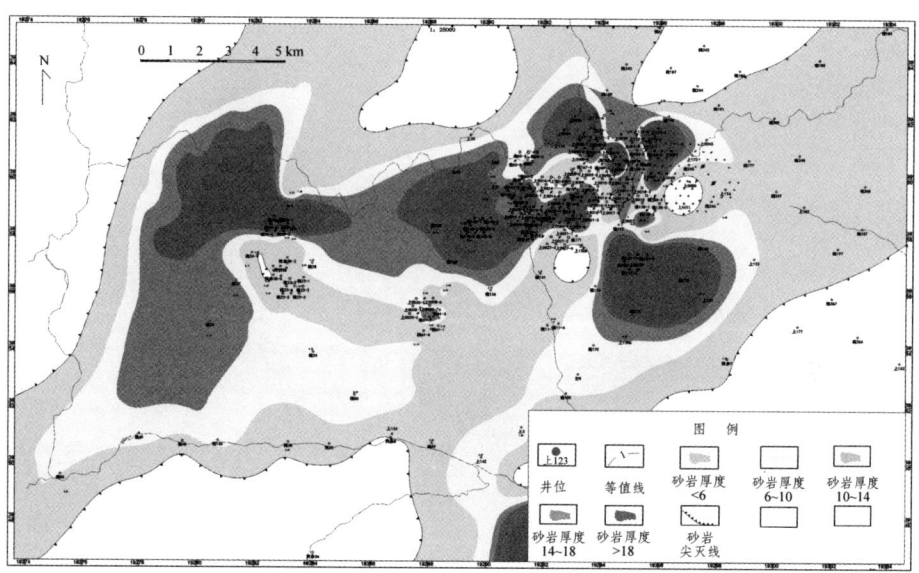

图 6.50 黄陵探区延长组长 4+5 砂层厚度等值线

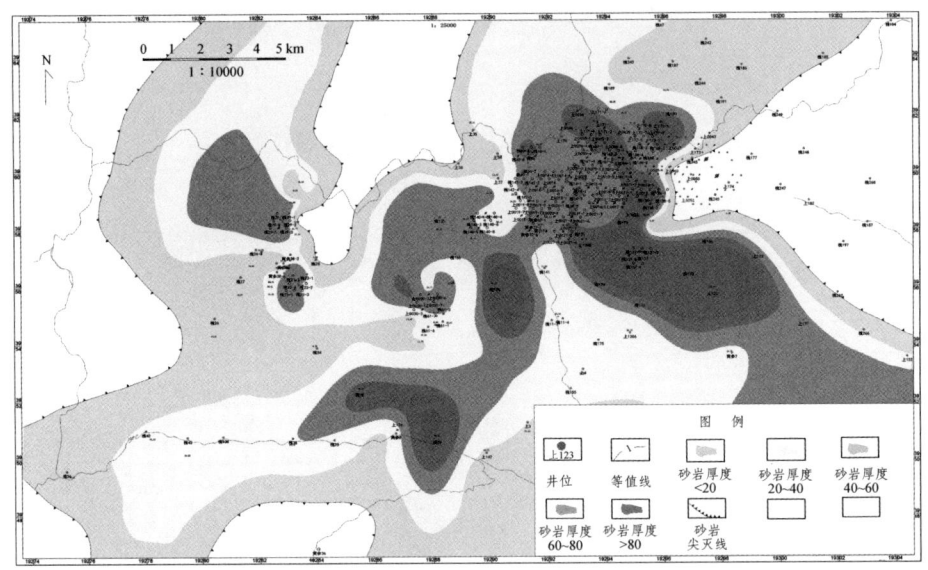

图 6.51 黄陵探区延长组长 6 砂层厚度等值线

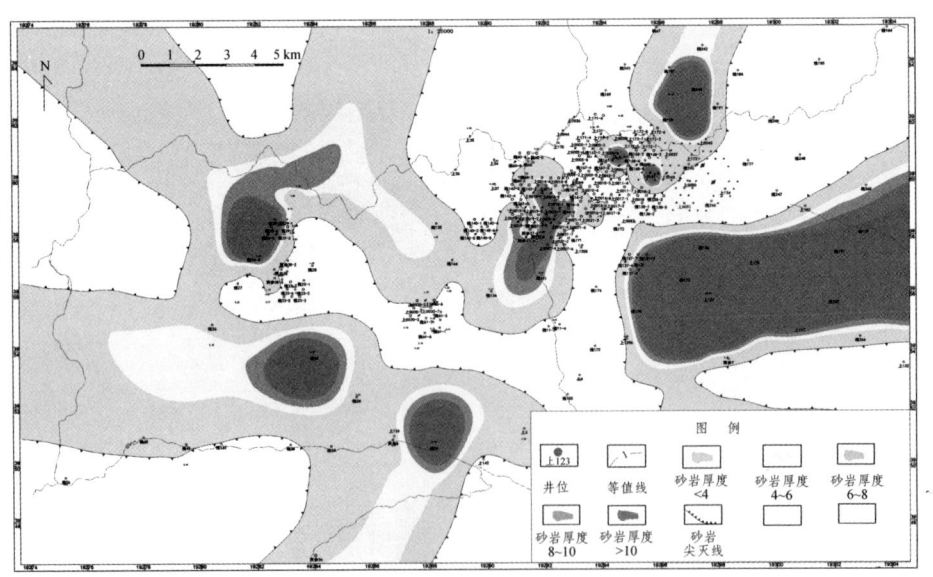

图 6.52 黄陵探区延长组长 7 砂层厚度等值线

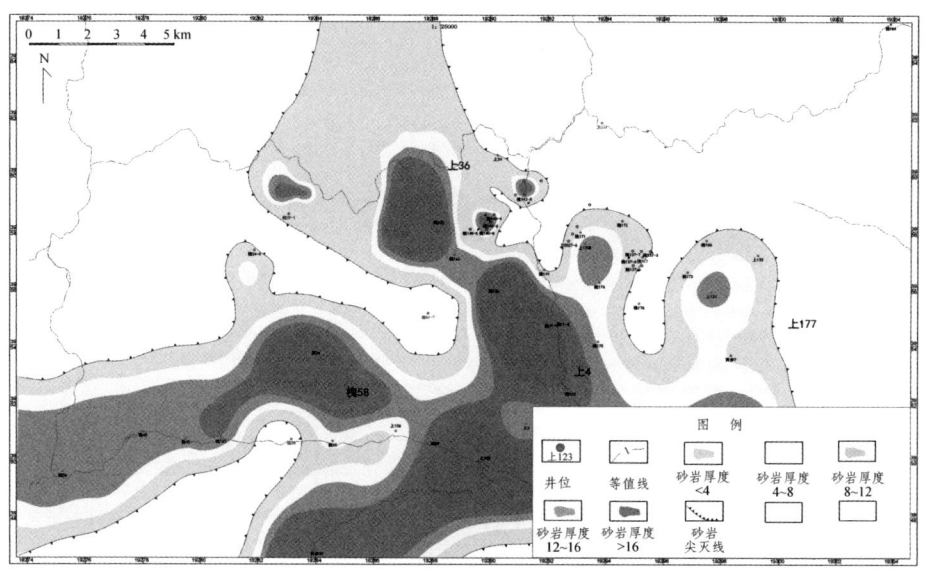

图 6.53　黄陵探区延长组长 8 砂层厚度等值线

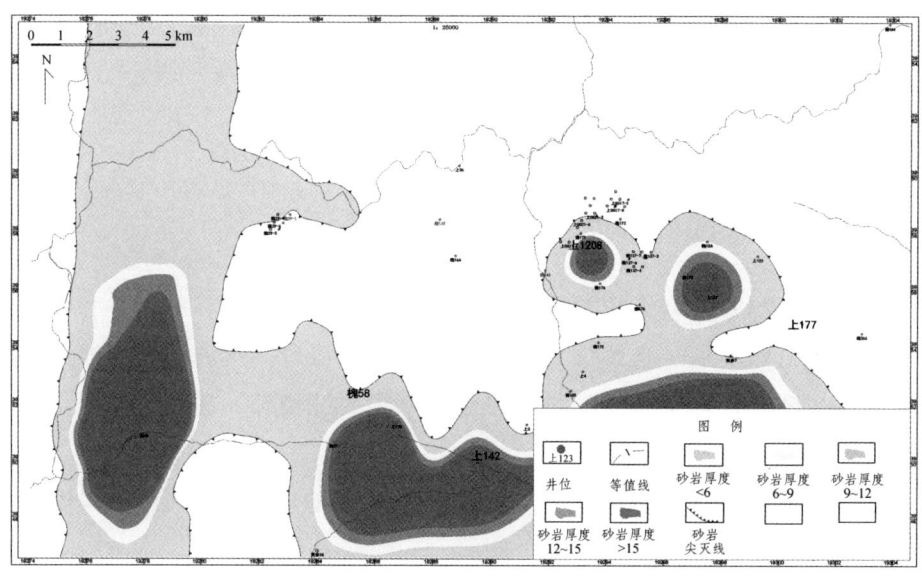

图 6.54　黄陵探区延长组长 9 砂层厚度等值线

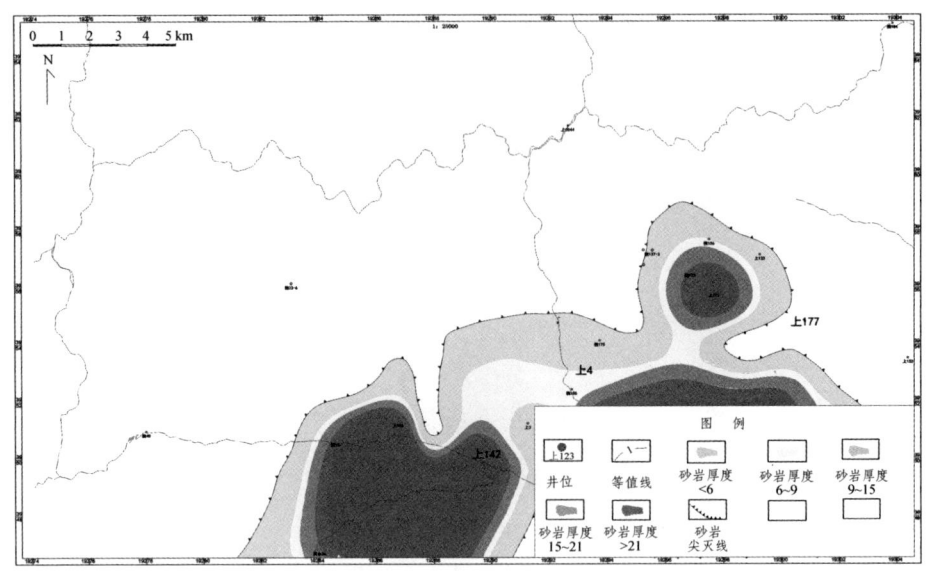

图 6.55 黄陵探区延长组长 10 砂层厚度等值线

6.4 有效厚度标准

6.4.1 测井曲线选择与岩心分析资料评价

楼坊坪区测井系列为数控测井系列，对目的层进行了标准测井和综合测井。其中，自然电位、自然伽马可较好地区分砂泥岩，声波时差曲线可用来解释储层孔隙度，储层孔隙度与储层渗透率相关性较好，深感应曲线可较好地反映含油性。

采用自然电位、自然伽马、声波时差、深感应电阻率曲线，参考微电极等其他曲线可以定量解释油层。

表 6.10 吴起油田楼坊坪区含油面积圈定依据

储量类别	纵向单元	井区	含油面积/km²	总井数/口	边界位置	含油边界确定依据
已开发	延 9^3	28-27	1.12	11	南、北	外推1个开发井距及2m有效厚度线
					东、西	外推1个开发井距,2m有效厚度线,1/2井间距
		探 108	4.48	52	南、北	外推1个开发井距及2m有效厚度线
					东、西	外推1个开发井距,2m有效厚度线,1/2井间距
		28-42	0.62	9	四周	外推1个开发井距及2m有效厚度线
		28-44	1.47	23	南、北	2m有效厚度线,1/2井间距
					东、西	外推1个开发井距及2m有效厚度线
	延 10^1	28-55	0.88	11	南、北	外推1个开发井距及2m有效厚度线
					东、西	
		28-41	2.49	31	四周	外推1个开发井距,2m有效厚度线,1/2井间距
	长 $4+5^2$	28-45	0.93	7	南、北	2m有效厚度线,1/2井间距
					东、西	外推1个开发井距及2m有效厚度线
		28-58	1.43	17	南、北	外推1个开发井距及2m有效厚度线
					东、西	外推1个开发井距,2m有效厚度线,1/2井间距
	长 6^1	探 31	20.74	228	南、北	外推1个开发井距及2m有效厚度线
					东、西	已申报含油面积边界,2m有效厚度线,外推1个开发井距
		探 28	7.47	82	南、北	外推1个开发井距及2m有效厚度线,1/2井间距
					东、西	已申报含油面积边界,2m有效厚度线,外推1个开发井距
		探 90	8.14	89	南、北	外推1个开发井距及2m有效厚度线
					东、西	已申报含油面积边界,外推1个开发井距,2m有效厚度线
	长 6^2	探 31	14.74	184	南、北	外推1个开发井距及2m有效厚度线
					东、西	已申报含油面积边界,外推1个开发井距,2m有效厚度线
		25-51	2.16	32	南、北	已申报含油面积边界
					东、西	已申报含油面积边界,外推1个开发井距,2m有效厚度线
		25-29	4.67	75	南、北	2m有效厚度线,1/2井间距
					东、西	外推1个开发井距及2m有效厚度线
	长 6^3	探 56	32.64	297	南、北	2m有效厚度线,1/2井间距
					东、西	外推1个开发井距及2m有效厚度线
	长 8^1	25-49	1.96	20	四周	外推1个开发井距及2m有效厚度线
		25-28	0.69	6	四周	外推1个井距,2m有效厚度线,1/2井间距
	长 9^1	25-46	0.73	8	四周	外推1个开发井距及2m有效厚度线
		25-44	3.40	31	南、北	外推1个开发井距及2m有效厚度线
					东、西	外推1个开发井距,2m有效厚度线,1/2井间距
		探 97	2.82	30	四周	外推1个开发井距,2m有效厚度线,1/2井间距
		28-10	1.40	10	南、北	外推1个开发井距及2m有效厚度线
					东、西	外推1个开发井距及2m有效厚度线
		28-4	1.30	14	四周	外推1个井距,2m有效厚度线,1/2井间距

本次研究对本区延安组、延长组进行了大量岩心样品的岩石学和储层物性、含油性测试分析。常规岩心分析项目有孔隙度、渗透率、饱和度、碳酸盐含量、含盐量、粒度、薄片分析等，并进行了压汞、铸体薄片、岩电试验、电镜扫描、X 衍射等分析，满足了储量计算的要求。

6.4.2 储层物性测井解释方法

1. 岩心分析物性研究

岩心分析样品的选择遵循以下标准：①取心收获率大于 90%；②岩心分析密度大于 3 块/米；③去掉岩性界面附近及测井值异常段（如井径异常扩大）的样品。

本区统计取心且在含油层段提供孔隙度、渗透率、饱和度分析数据的井 27 口，样品数共计 1 500 余块。它们不仅构成了这两个油层亚组储层物性岩心分析的重要基础，同时也是岩心刻度测井条件下建立储层参数解释模板和延安组、延长组油层组各油层亚组储层物性参数系统分析对比的必要支撑。

2. 测井解释模板

（1）长 4+5、长 6 油层组。

① 孔隙度。

通过岩电归位，建立长 4+5、长 6 油层组声波时差与岩心分析孔隙度的关系（见图 6.57），即

$$\Phi = 0.186\,9\Delta t - 32.823 \quad (n=105, \quad R=0.908) \quad (6.5)$$

式中　Φ——分析孔隙度（%）；

Δt——声波时差（μs/m）；

n——样本个数；

R——回归系数。

长 4+5、长 6 油层组各油层亚组的测井解释孔隙度及其与岩心分析孔隙度的对比检验结果表明（见图 6.57），岩心分析孔隙度与测井解释孔隙度的平均绝对误差为 0.58%，平均相对误差为 5.90%，符合储层物性参数测井解释规范 8% 的要求，可用于包括未取心井在内的所有井剖面的有效储层的孔

隙度解释。

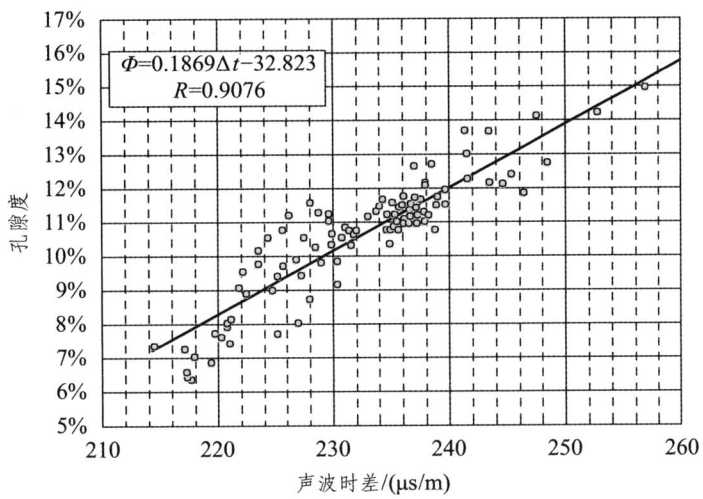

图 6.56　长 4+5、长 6 油层组砂岩储层声波时差与孔隙度关系
（8 口井，105 组数据，相关系数 = 0.908）

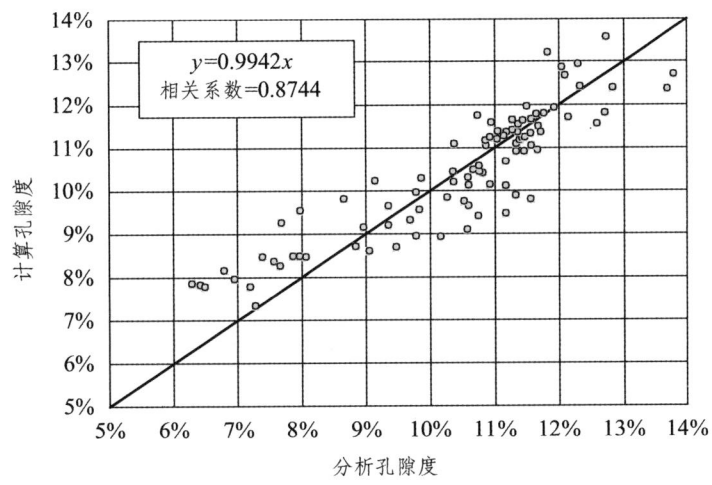

图 6.57　长 4+5、长 6 油层组砂岩实测分析孔隙度与测井解释孔隙度对比关系
（8 口井，105 组数据，绝对误差 = 0.58%，相对误差 5.90%）

② 渗透率。

在样品点数据进行了韵律单砂层归位基础上的厚度加权，以层点数据为统计分析单位，建立了岩心分析渗透率与孔隙度之间的统计关系模型（见图

6.58），相应的渗透率 K 与孔隙度 Φ 的拟合公式为

$$K = 0.0196 e^{0.2881\Phi} \quad (n=105,\ R=0.8852) \quad (6.6)$$

据此进行了长 4+5、长 6 油层组各油层亚组储层渗透率参数的测井解释和有效厚度段储层测井解释渗透率与岩心分析渗透率参数的对比检验（见图 6.59）。结果表明，岩心分析渗透率与测井解释渗透率之间具有较好的相关性，相关系数接近 80%。

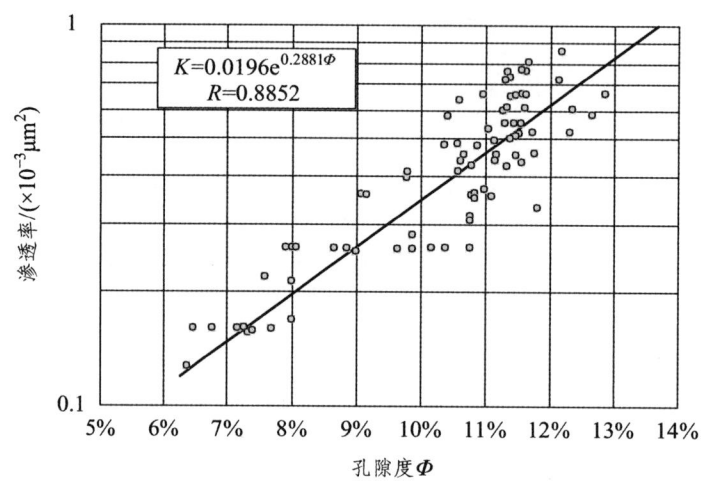

图 6.58　长 4+5、长 6 油层组砂岩储层渗透率与孔隙度关系

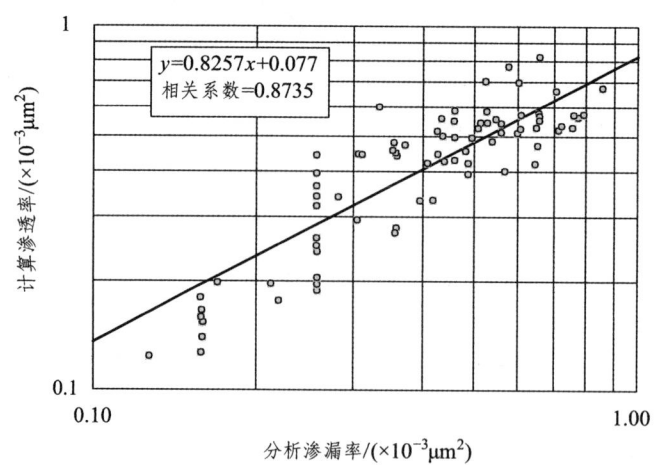

图 6.59　长 4+5、长 6 油层组砂岩实测渗透率与计算渗透率对比关系

（2）长 8、长 9 油层组。

① 孔隙度。

通过岩电归位，建立长 8、长 9 油层组声波时差与岩心分析孔隙度的关系（见图 6.60），即

$$\Phi = 0.259\,2\Delta t - 47.364 \quad (n=60, R=0.934) \quad (6.7)$$

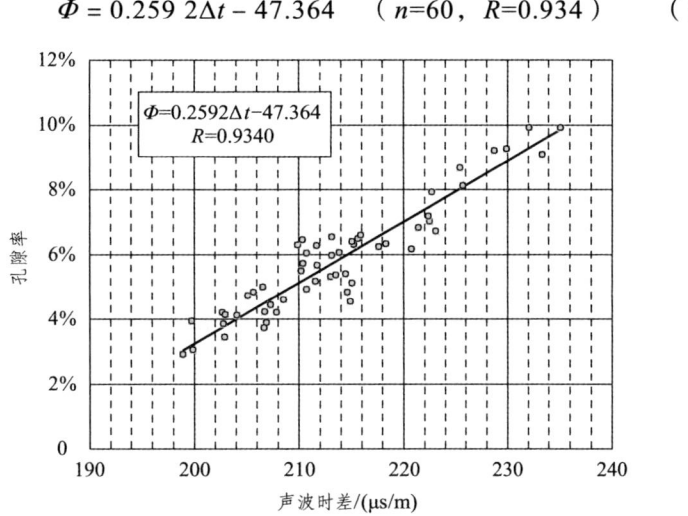

图 6.60　长 8、长 9 油层组砂岩储层声波时差与孔隙度关系
（5 口井，60 组数据，相关系数 0.934）

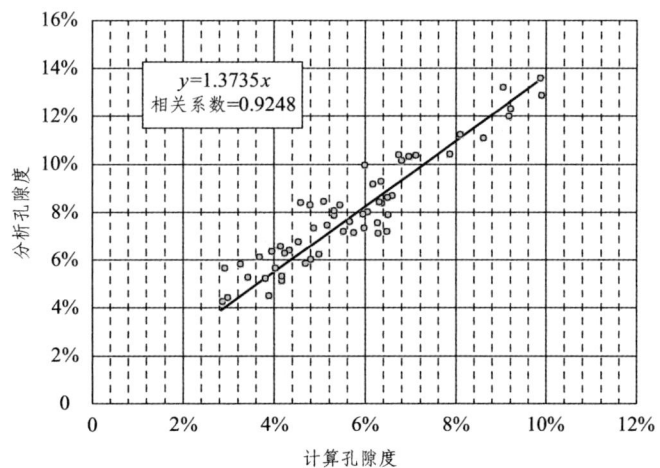

图 6.61　长 8、长 9 油层组砂岩实测分析孔隙度与测井解释孔隙度对比关系
（5 口井，60 组数据，绝对误差 0.51%　相对误差 5.10%）

长 8、长 9 油层组各油层亚组的测井解释孔隙度及其与岩心分析孔隙度的对比检验结果表明（见图 6.61），岩心分析孔隙度与测井解释孔隙度的平均绝对误差为 0.51%，平均相对误差为 5.10%，符合储层物性参数测井解释规范 8%的要求。

② 渗透率。

在样品点数据进行了韵律单砂层归位基础上的厚度加权，以层点数据为统计分析单位，建立了岩心分析渗透率与孔隙度之间的统计关系模型（见图 6.62），相应的渗透率与孔隙度拟合公式为

$$K = 0.024\,3e^{0.2949\varPhi} \quad (n=60,\ R=0.8152) \quad (6.8)$$

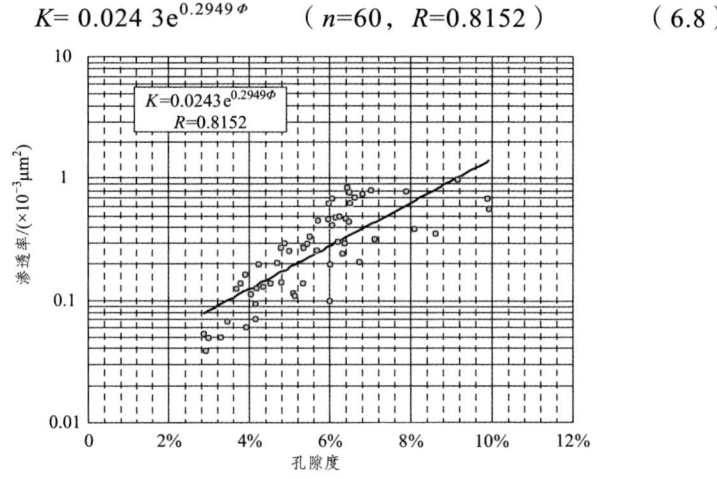

图 6.62　长 8、长 9 油层组砂岩储层渗透率与孔隙度关系

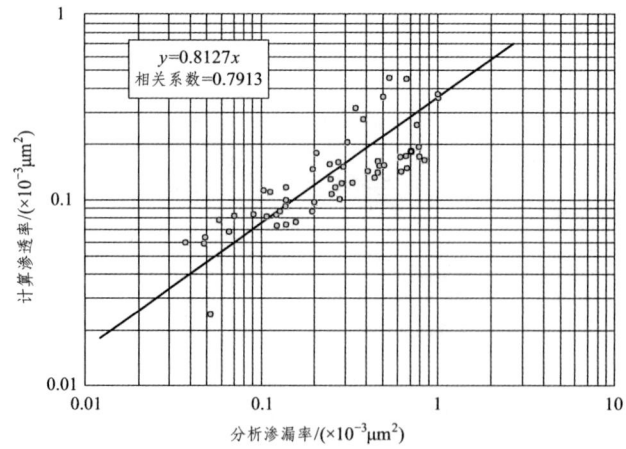

图 6.63　长 8、长 9 油层组砂岩实测渗透率与计算渗透率对比关系

据此进行了长 8、长 9 油层组各油层亚组储层渗透率参数的测井解释和有效厚度段储层测井解释渗透率与岩心分析渗透率参数的对比检验（见图 6.63）。结果表明，岩心分析渗透率与测井解释渗透率之间具有较好的相关性，相关系数接近 80%。

6.4.3 含油饱和度解释方法

根据楼坊坪区延安组、延长组油层组的油藏特点和资料基础，本次采用密闭取心法、压汞法、测井解释法三种方法综合确定含油饱和度。

1. 密闭取心法

（1）长 4+5、长 6 油层组。

本区长 4+5、长 6 油层组密闭取心资料主要来自 28-30-4 井，该井取心进尺共计 98 m，收获率 98.13%，现场及时选样、分析，取得油水饱和度样品分析数据 75 组，分析数据的系统性和可靠性良好，密闭取心和化验分析过程符合规范要求。将密闭取心油层段测定的孔隙度与含水饱和度作散点图，通过函数回归，拟合获得了孔隙度与含水饱和度关系曲线（见图 6.64）。

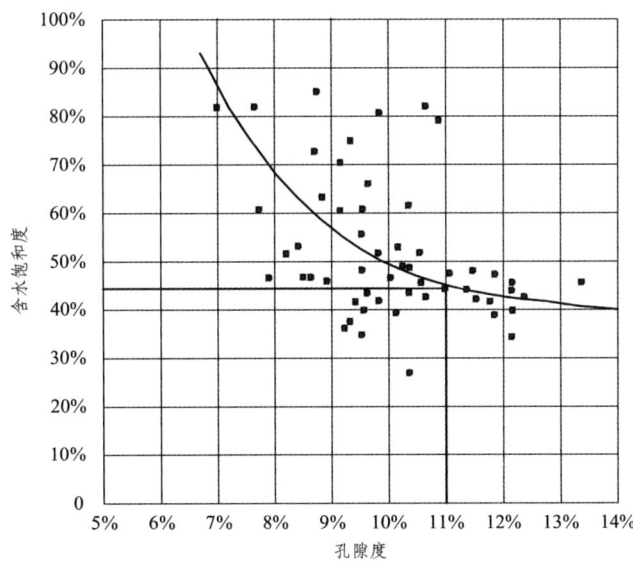

图 6.64　长 4+5、长 6 油层组密闭取心段孔隙度与含水饱和度关系

依据孔隙度解释模型计算获得了本区所有井的长 4+5、长 6 油层组各油层亚组储层的孔隙度解释参数，经体积加权后得出本区长 4+5、长 6 油层组的平均孔隙度分别为 11.6%，10.4%。采用孔隙度与含水饱和度关系模型计算获得的长 4+5、长 6 油层组的平均含水饱和度为 45.5%。

该井现场未做原油脱气失水试验，参考延长油田三叠系长 4+5、长 6 油层的现场失水试验结果，损失含水为 3%～5%。28-30-4 井取心时正好在阴雨凉爽的 9 月中下旬，因此失水率较小，确定失水率为 3%。对计算的含水饱和度进行校正，校正后本区长 4+5、长 6 油层组平均含水饱和度为 48.5%，则平均含油饱和度为 51.5%。

（2）长 8、长 9 油层组。

本次储量计算长 8、长 9 油层组的密闭取心资料来自邻区 23-92-1 井、旗胜 39-11，取心进尺共计 51.35 m，收获率 97.9%，密闭取心过程符合规范要求，现场及时选样、分析，取得油水饱和度样品分析数据 134 组，分析数据的系统性和可靠性良好。

确定含油饱和度的具体方法是：首先将密闭取心油层段测定的孔隙度与含水饱和度作散点图（见图 6.65），并拟合成 $\varPhi\text{-}S_w$ 关系曲线。

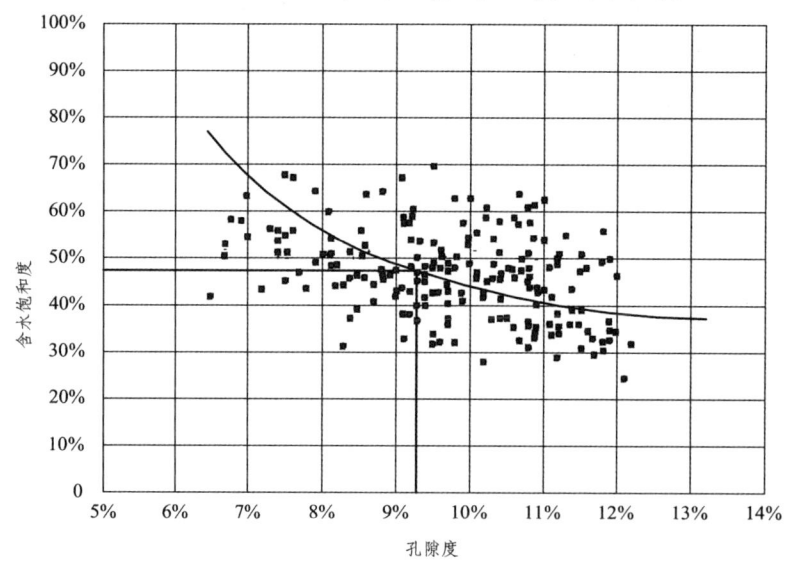

图 6.65 长 8、长 9 油层组密闭取心段孔隙度与含水饱和度关系

根据楼坊坪区长 8、长 9 油层的孔隙度测井解释面积加权平均值分别为

9.6%、8.9%，则平均含水饱和度为 47.5%。

密闭取心时在的 9 月中下旬，因此失水率较小，确定失水率为 3%，对计算的含水饱和度进行校正，校正后本区长 8、长 9 平均含水饱和度为 50.5%，则平均含油饱和度为 49.5%。

2. 压汞法解释含油饱和度

（1）长 4+5、长 6 油层组。

本区长 4+5、长 6 储层岩性为长石砂岩，岩性细而致密，孔隙喉道以中小孔喉为主，喉道分选比较差，不具渗流能力或渗流能力很差的微孔喉系统在整个孔隙系统中所占比例较大，这决定了研究区低含油饱和度的特征。

通过区内 3 口井 10 块岩样的高压压汞资料，经 J 函数换算后得到 J-S_o 关系图（见图 6.66），据此拟合出一条有代表性的平均 J 函数曲线。

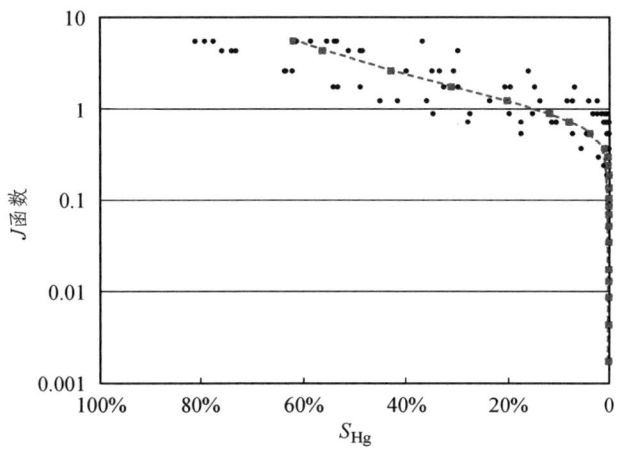

图 6.66　长 4+5、长 6 储层平均 J 函数曲线

J 函数和毛管压力 P_c 的关系式为

$$J = P_c \times \sqrt{\frac{K}{\Phi}} / [\delta_{Hg} \times \cos(\theta_{Hg})] \quad (6.9)$$

式中　δ_{Hg}——汞-空气系统界面张力，取 480 mN/m；

θ_{Hg}——汞-空气系统接触角，取 140°；

P_c——毛管压力（MPa）；

K——渗透率（×10^{-3} μm^2）；

Φ ——孔隙度百分比，取小数时，$1/[\delta_{Hg} \times \cos(\theta_{Hg})]$ 为 0.086。

压汞 10 块岩样孔隙度和渗透率平均值分别为 0.101 和 $0.384 \times 10^{-3} \mu m^2$，则 J 函数 $J = P_c \times C$ 中的 C 取值为

$$C = \sqrt{\frac{K}{\Phi}} / [\delta_{Hg} \times \cos(\theta_{Hg})] = 0.168 \qquad (6.10)$$

由平均 J 函数曲线通过 $P_c = J/C$ 换算获得平均毛管压力曲线（见图 6.67）。根据孔隙度与喉道中值半径 r_{50} 的关系（见图 6.68），取孔隙度下限值 8.0%，对应 r_{50} 值为 0.035 μm，其相应的 P_c 值为 20 MPa（见图 6.69），在平均毛管压力曲线上对应的 S_o 值为 50%（见图 6.67），得到楼坊坪区长 4+5、长 6 油藏的原始含油饱和度为 50%，这与密闭取心分析法得到的原始含油饱和度相当。

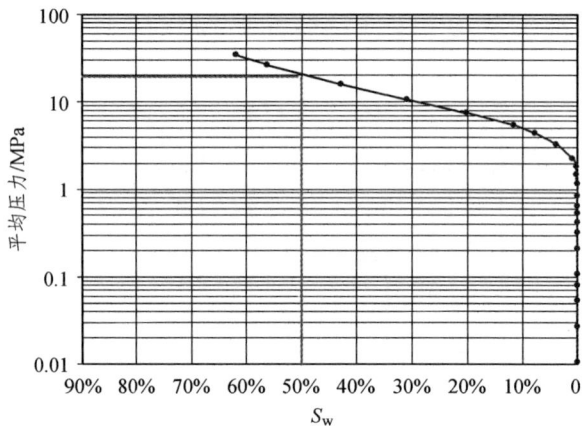

图 6.67 长 4+5、长 6 储层平均毛管压力曲线

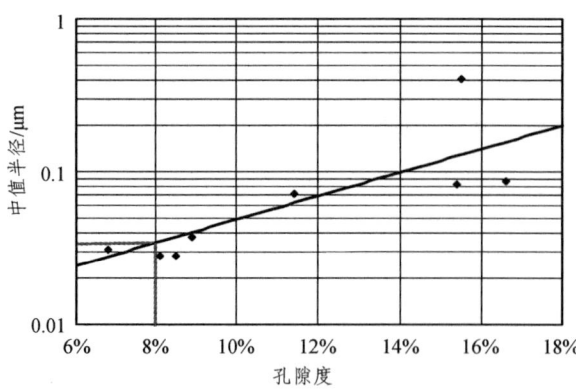

图 6.68 储层喉道中值半径与孔隙度关系

第 6 章 储层质量特征研究

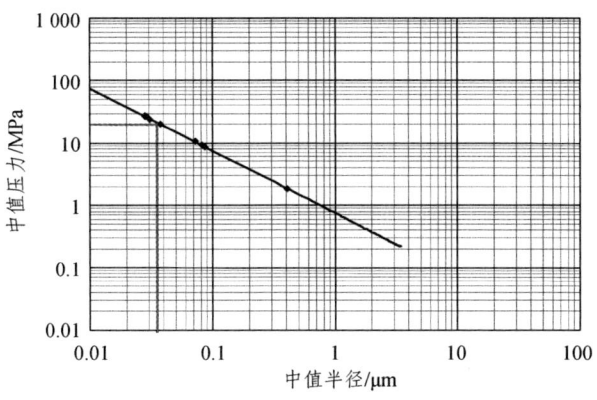

图 6.69 喉道中值半径与毛管压力关系

（2）长 8、长 9 油层组。

通过楼坊坪区 2 口井长 8、长 9 油层组的 10 余块岩样压汞资料，经 J 函数换算后得到 J-S_o 关系图，据此拟合出一条有代表性的平均 J 函数曲线（见图 6.70）。

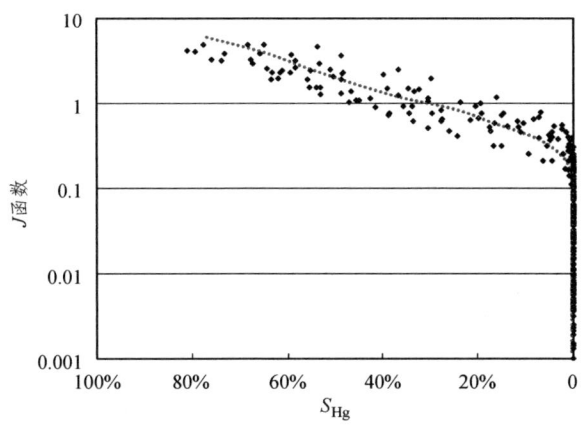

图 6.70 长 8、长 9 储层平均 J 函数曲线

同前，压汞岩样孔隙度和渗透率平均值分别为 0.085 和 0.51×10^{-3} μm^2，则由式（6.9）和（6.10）可得 C=0.265。

由平均 J 函数曲线通过 $P_c = J/C$ 换算获得平均毛管压力曲线（见图 6.71）。根据孔隙度与喉道中值半径 r_{50} 的关系（见图 6.72），取孔隙度下限值 7.0%，对应 r_{50} 值为 0.04 μm，其相应的 P_c 值为 10 MPa（见图 6.73），在平均毛管压力曲线上对应的 S_o 值为 50%（见图 6.71），该值减去表皮系数 5%，楼坊坪区长 8、长 9 油藏的原始含油饱和度为 45%，这与密闭取心分析法得到的原始含油饱和度相差 4.5%，基本符合。

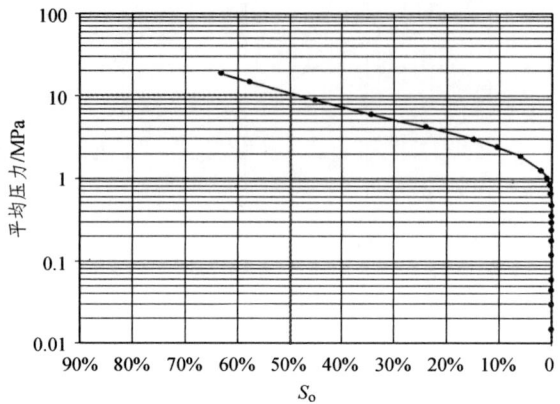

图 6.71　长 8、长 9 储层平均毛管压力曲线

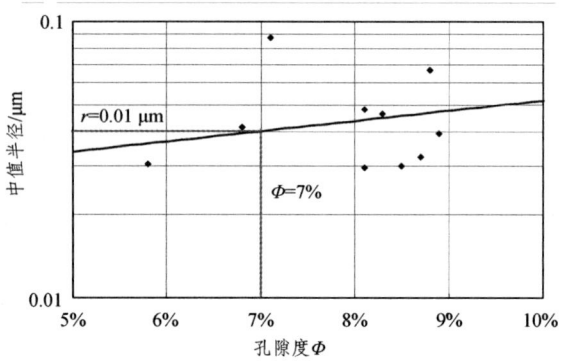

图 6.72　储层喉道中值半径与孔隙度关系

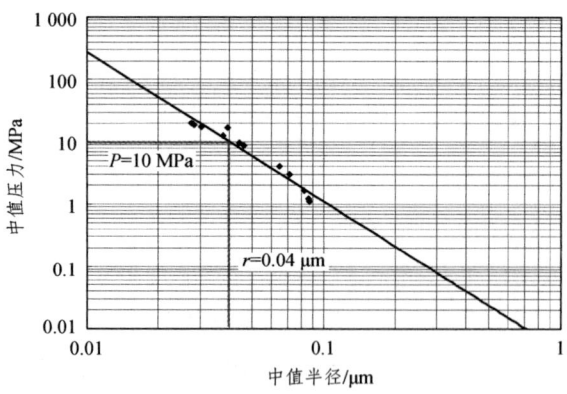

图 6.73　储层喉道中值半径与毛管压力关系

3. 测井解释含水（油）饱和度

运用阿尔奇公式计算含油饱和度，首先需要确定出其中的 a、b、m、n 等参数，这些参数可通过岩电实验获得。经验表明，这几个参数与储层的特性密切相关，如岩石颗粒形状、比表面面积、分选程度、胶结类型、压实程度，以及各向异性、孔隙结构、润湿性等。在多数情况下，可以获得一组有地区代表意义的特征岩电参数值。

（1）长 4+5、长 6 油层组。

饱和度的计算可利用阿尔奇公式，即

$$s_\mathrm{w} = \sqrt[n]{\frac{abR_\mathrm{w}}{\Phi^m R_\mathrm{t}}} \tag{6.11}$$

式中　R_w——地层水电阻率（Ω·m）；

　　　M——胶结指数；

　　　n——饱和度指数；

　　　a、b——岩性系数；

　　　Φ——有效孔隙度（%）；

　　　R_t——地层电阻率（Ω·m）。

采用本区 28-30-4 井以及临区吴 93 井、吴 98 井等长 4+5、长 6 油层组共 25 块岩样，测量出地层因素 F 和孔隙度 Φ 对应的实验数据。经回归分析，其回归关系为幂函数曲线（见图 6.74）。

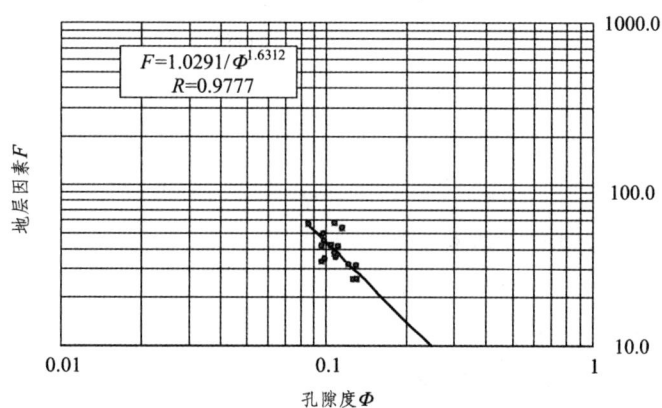

图 6.74　长 4+5、长 6 油层组电阻率因素与孔隙度关系

$$F = \frac{a}{\Phi^m} = \frac{1.0291}{\Phi^{1.6312}} \quad (n=25, R=0.9777) \quad (6.12)$$

同时，利用这 25 块样品，采用失水法试验测得 105 组电阻增大率 I 和含水饱和度 S_w 数据，经回归分析，其回归关系为幂函数曲线（见图 6.75），即

$$I = \frac{b}{S_w^n} = \frac{1.0642}{S_w^{1.876}} \quad (n=25, R=0.9203) \quad (6.13)$$

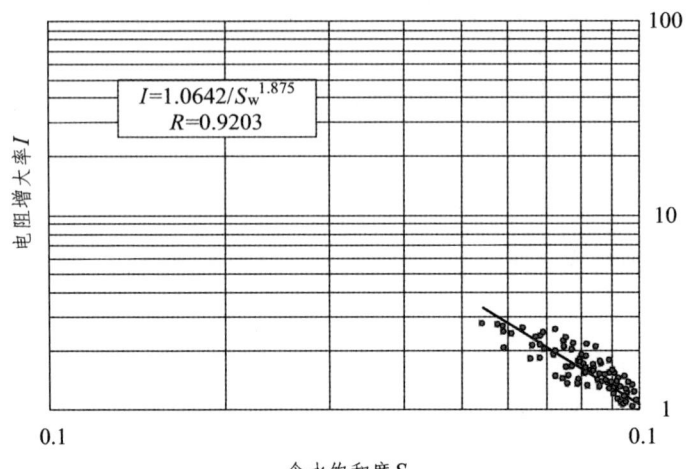

图 6.75　长 4+5、长 6 油层组电阻率指数与含水饱和度关系

通过上述实验确定的岩电参数为 $a = 1.0291$，$m = 1.6312$，$b = 1.0642$，$n = 1.875$。

本区地层水平均矿化度为 87 778.89 mg/L，油层平均温度为 61.1 ℃，查图版得到地层水电阻率 R_w 为 0.055 Ω·m。油层电阻率 R_t 取深感应电阻率，孔隙度 Φ 采用声波时差计算值。

根据阿尔奇公式对储量区长 4+5、长 6 各储量单元的韵律单砂层进行了含水饱和度解释及其相应的含油饱和度计算，纵向上分计算单元进行厚度加权平均、平面上采用面积权衡，求得本区长 4+5、长 6 油层组的体积加权平均含油饱和度分别为 53.7%和 51.3%，与密闭取心法、压汞法计算的含油饱和度一致。因此，基于阿尔奇公式的测井解释含油（水）饱和度具有较高的精度，可以据此系统进行长 4+5、长 6 油层组不同单元的含油饱和度解释与计算。

第 6 章 储层质量特征研究

（2）长 8、长 9 油层组。

根据本区探 91 井、探 92 井共 6 块岩心样品岩电实验分析数据，获得了长 8、长 9、长 10 油层组砂岩的地层因素 F 和孔隙度 Φ 的幂函数回归关系曲线（见图 6.76），方程为：

$$F = \frac{1.0072}{\Phi^{1.8624}} \quad (n=6,\ R=0.9994) \quad (6.14)$$

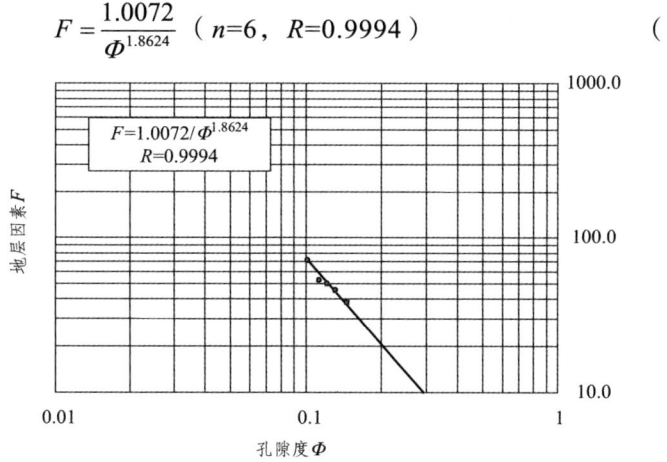

图 6.76　长 8、长 9 油层组电阻率因素与孔隙度关系

同时，利用这些样品，采用失水法试验测得 125 组电阻增大率 I 和含水饱和度 S_w 数据，经回归分析，其回归关系为幂函数曲线（见图 6.77），方程为

$$I = \frac{1.2208}{S_w^{2.0632}} \quad (n=65,\ R=0.9295) \quad (6.15)$$

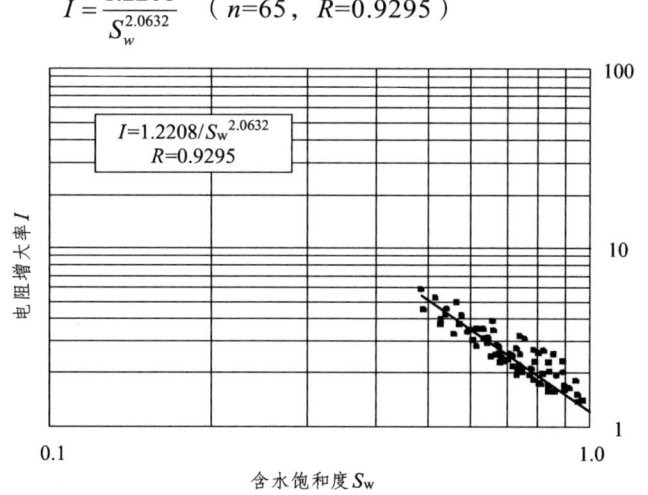

图 6.77　长 8、长 9 油层组电阻率指数与含水饱和度关系

通过上述实验确定的岩电参数为 a=1.007 2，m=1.862 4，b=1.220 8，n=2.063 2。

本区地层水平均矿化度 18 001.73 mg/L，油层平均温度为 71.8 ℃，查图版得到地层水电阻率 R_w 为 0.18 Ω·m。油层电阻率 R_t 取深感应电阻率，孔隙度 Φ 采用声波时差计算值。

根据阿尔奇公式对储量区长 8、长 9 各储量单元的韵律单砂层进行了含水饱和度解释及其相应的含油饱和度计算，纵向上分计算单元进行厚度加权平均、平面上采用面积权衡，求得本区长 8、长 9 油层组的体积加权平均含油饱和度分别为 48.0%、49.0%，与密闭取心法、压汞法计算的含油饱和度一致。因此，基于阿尔奇公式的测井解释含油（水）饱和度具有较高的精度，可以据此系统进行长 8、长 9 油层组不同单元的含油饱和度解释与计算。

6.4.4 有效厚度的下限标准

1. 有效厚度的岩性下限

四性关系研究结果表明，本区各油层组砂岩储层的岩性、物性和含油性之间存在较为密切的内在联系，含油性较好的储层，其砂岩粒度相对偏粗、分选性、物性也相对较好，含油级别相对较高。

压裂生产段的岩性统计结果显示，延 9、延 10、长 4+5、长 6、长 8、长 9、长 10 油层组工业油流层主要为细砂岩及其以上级别的含油储层。

根据岩屑录井显示、结合粒度分析、薄片资料等综合统计发现，各油层组含油性为油斑及其以上级别的砂岩主要为细砂岩，而粉砂岩与泥质砂岩、钙质砂岩一般均不含油，部分粉砂岩中仅见油迹。

因此，延 9、延 10、长 4+5、长 6、长 8、长 9、长 10 油层组有效厚度的岩性下限定为细砂岩。

2. 有效厚度的含油级别下限

通常情况下，主要依据岩心、岩屑或薄片分析的含油饱满程度依次将其划分为含油产状由好到差的不同级别,即饱含油、含油、油浸、油斑、油迹和荧光。

根据吴起油田楼坊坪区 20 口生产井压裂段油、水产能和岩屑录井、岩心描述的含油产状记录,延 9、延 10、长 4+5、长 6、长 8、长 9、长 10 油层组初月平均日产油量均在工业油流以上的压裂生产段岩心的含油产状均达到了油斑及其以上级别。同时,一般生产井压裂试油层段大多选择了油斑及其以上含油级别的含油段,压裂后均可获得工业油流。

因此,延 9、延 10、长 4+5、长 6、长 8、长 9、长 10 油层组的有效厚度含油下限为油迹及其以上含油产状级别。

3. 有效厚度的物性下限

孔隙度、渗透率是影响储集能力、产油能力的主要因素,因而通常以孔隙度和渗透率反映物性下限。本次研究以大量的岩心物性、含油性、压汞数据和多井点层段丰富的试油、试采资料为基础,应用经验统计法、压汞实验法、每米采油指数法等 3 种方法,综合分析吴起油田楼坊坪区延 9、延 10、长 4+5、长 6、长 8、长 9、长 10 油层组砂岩储层有效厚度的物性下限标准。

(1) 长 4+5、长 6 油层组。

① 经验统计法。

与前述方法相同,编制了长 4+5、长 6 油层组的孔隙度、渗透率的累积频率曲线和累计能力丢失曲线(见图 6.78)。由此可以看出,当渗透率下限取 0.2×10^{-3} μm^2 时,累计渗透能力丢失为 3.5%,渗透率样品丢失为 20%。由于本区物性分析所用的样品长度基本一致,渗透率样品丢失率大致相当于丢失 20%的储层厚度,与之相应的孔隙度为 8%,其累计储积能力丢失为 17.3%,孔隙度样品丢失为 25.4%。

因此,当渗透率下限取 0.2×10^{-3} μm^2,孔隙度下限取 8%时,其产油能力、储油能力丢失及相应的油层厚度损失都小于工业油气流井的储层产能、储能丢失极限,可以作为本区长 4+5、长 6 油层组的有效厚度物性下限。

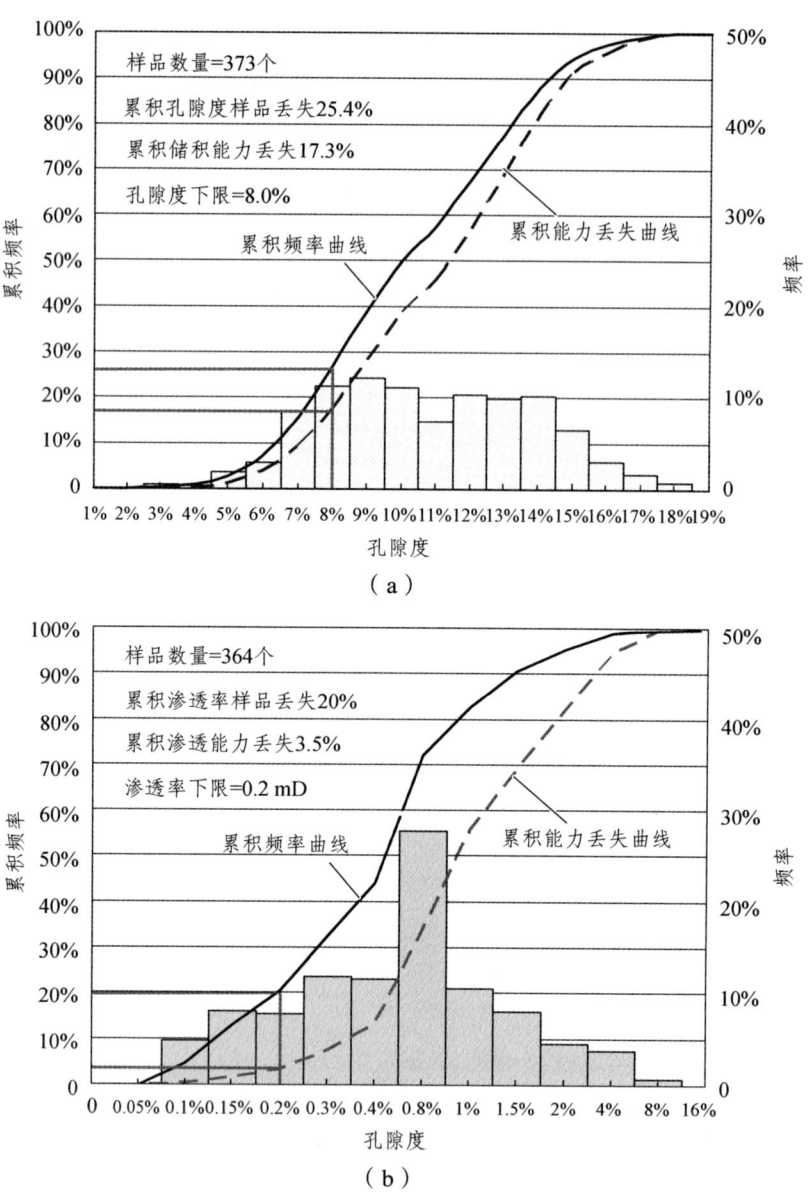

图 6.78 楼坊坪区长 4+5、长 6 油层孔隙度、渗透率频率分布曲线

② 压汞实验法。

根据本区长 4+5、长 6 油层组 25 块样品的排驱压力与孔隙度、渗透率的关系表明（见图 6.79），排驱压力与孔、渗关系曲线拐点对应其有效厚度的

孔隙度下限为 8%，渗透率下限为 0.2×10^{-3} μm²。

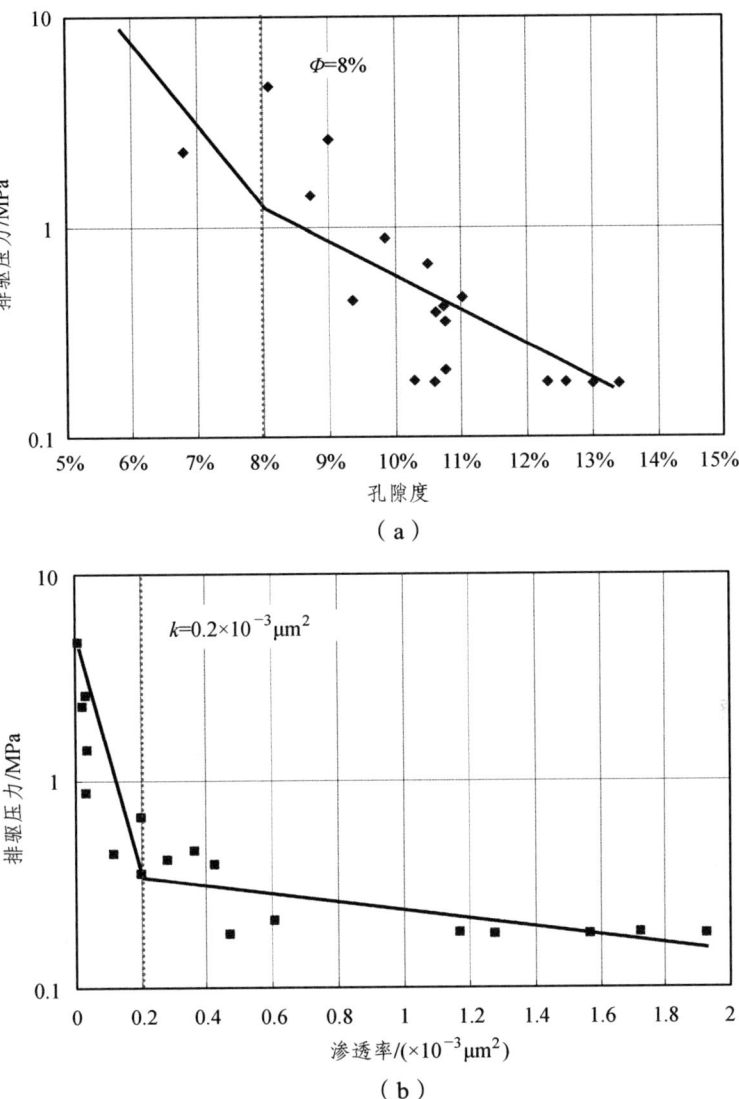

图 6.79 楼坊坪区长 4+5、长 6 油层排驱压力与孔隙度、渗透率关系

③ 每米采油指数法。

根据吴起油田楼坊坪区长 4+5、长 6 油层组每米采油指数与渗透率关系（见图 6.80），可以看出每米采油指数等于零的渗透率值为 0.2×10^{-3} μm²，根

据孔隙度与渗透率关系，当渗透率等于 $0.2 \times 10^{-3}\ \mu m^2$，对应的孔隙度值为 8.0%。因此，长 4+5、长 6 油层组压裂试油试采井段由每米采油指数法确定的物性下限孔隙度为 8.0%，渗透率为 $0.2 \times 10^{-3}\ \mu m^2$。

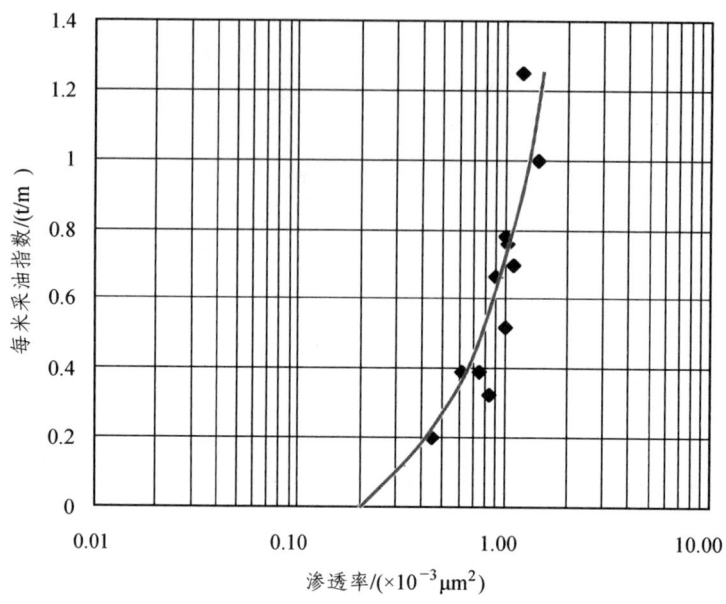

图 6.80　楼坊坪区长 4+5、长 6 油层每米采油指数与渗透率关系

基于以上 3 种方法，即经验统计法、压汞实验法和每米采油指数法，综合确定了本区长 4+5、长 6 油层组砂岩储层的物性下限，渗透率为 $0.2 \times 10^{-3}\ \mu m^2$，孔隙度为 8.0%。

（2）长 8、长 9 油层组。

① 经验统计法。

根据本区长 8、长 9 物性分析资料，编制了孔隙度、渗透率的累积频率曲线和累计能力丢失曲线（见图 6.81）。由此可以看出，当渗透率下限取 $0.15 \times 10^{-3}\ \mu m^2$ 时，累计渗透能力丢失为 1.5%、渗透率样品丢失为 10%。由于本区物性分析所用的样品长度基本一致，渗透率样品丢失率大致相当于丢失 10%的储层厚度，与之相应的孔隙度为 7%，其累计储积能力丢失为 12.3%，孔隙度样品丢失为 20%。

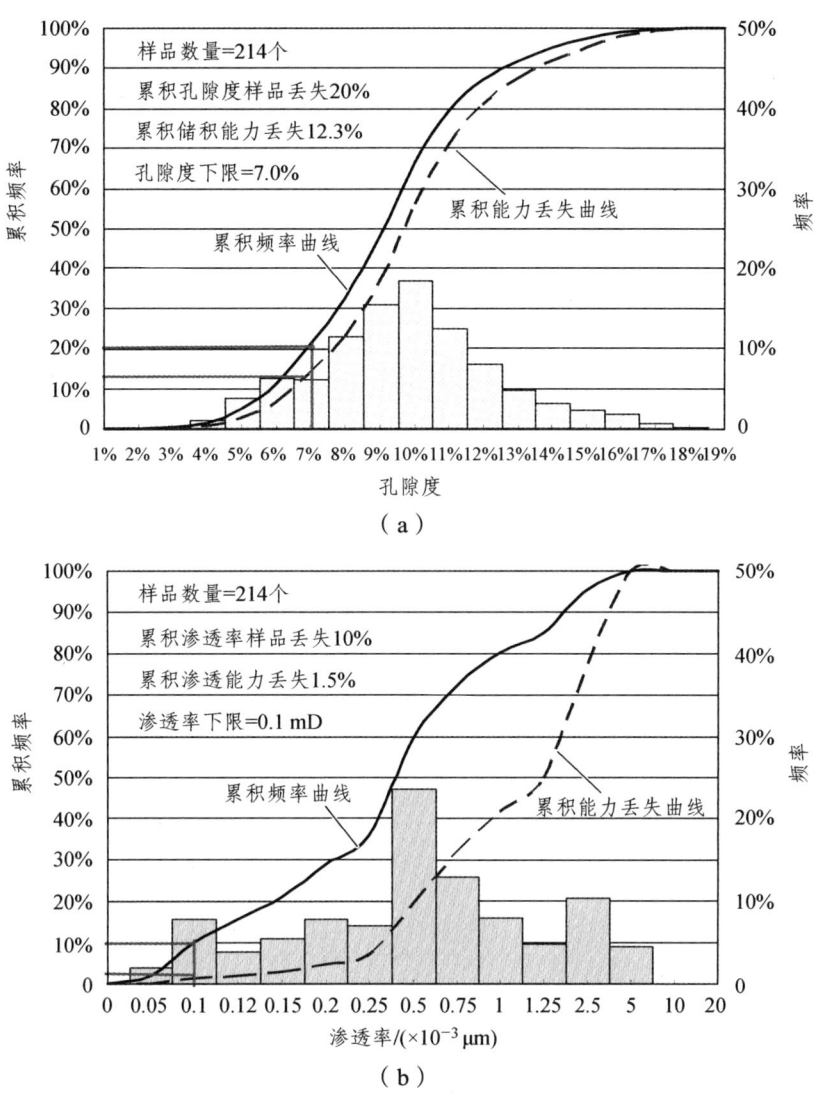

图 6.81 楼坊坪区长 8、长 9 油层孔隙度、渗透率频率分布曲线

因此,当渗透率下限取 $0.15 \times 10^{-3} \mu m^2$、孔隙度下限取 7%时,其产油能力、储油能力丢失,以及相应的油层厚度损失都小于工业油气流井的储层产能、储能丢失极限,可以作为本区长 8、长 9、长 10 油层组的有效厚度物性下限。

② 压汞实验法。

本区 17 块样品的排驱压力与孔隙度、渗透率关系表明（见图 6.82），长 8、长 9 油层排驱压力与孔隙度、渗透率关系曲线拐点对应其有效厚度的孔隙度下限为 7%，渗透率下限为 $0.15 \times 10^{-3} \mu m^2$。

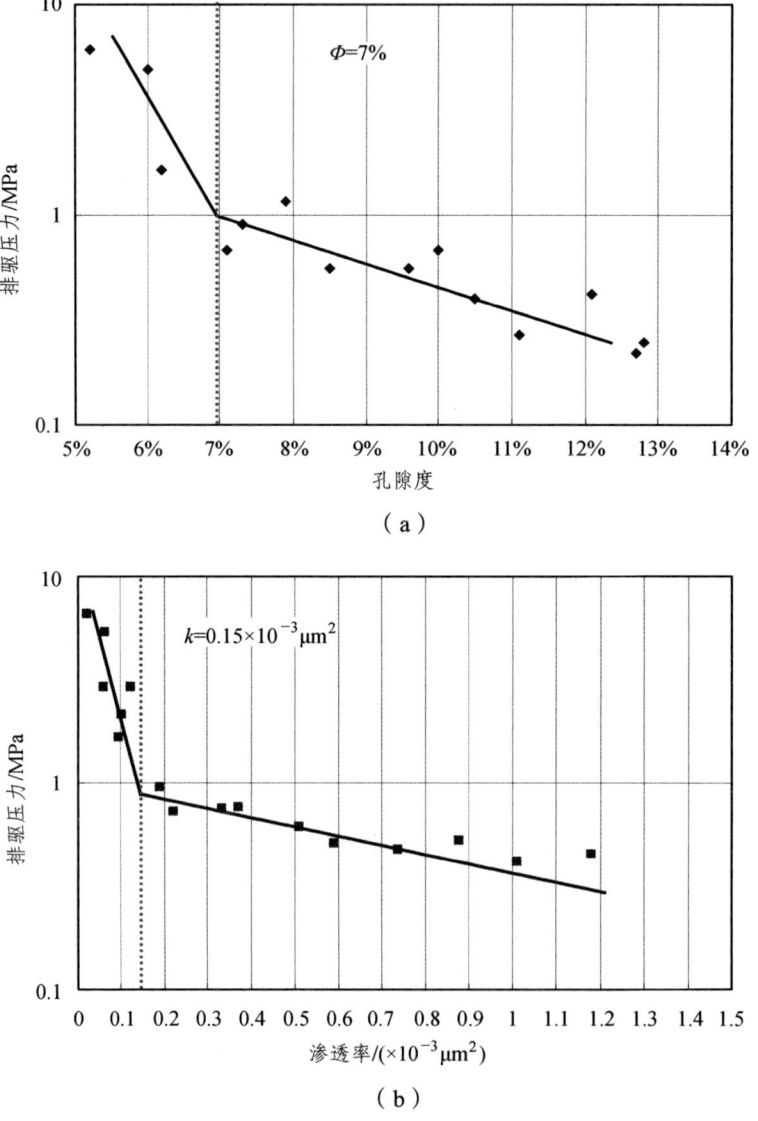

图 6.82　楼坊坪区长 8、长 9 油层排驱压力与孔隙度、渗透率关系

③ 每米采油指数法。

根据吴起油田楼坊坪区长 8、长 9 油层组每米采油指数与渗透率关系图（见图 6.83），可以看出每米采油指数等于零的渗透率值为 1.5×10^{-3} μm², 根据孔隙度与渗透率关系图，当渗透率等于 1.5×10^{-3} μm²，对应的孔隙度值为 7%。因此，长 8、长 9、长 10 油层组压裂试油试采井段的每米采油指数法确定的物性下限，孔隙度为 7%，渗透率为 1.5×10^{-3} μm²。

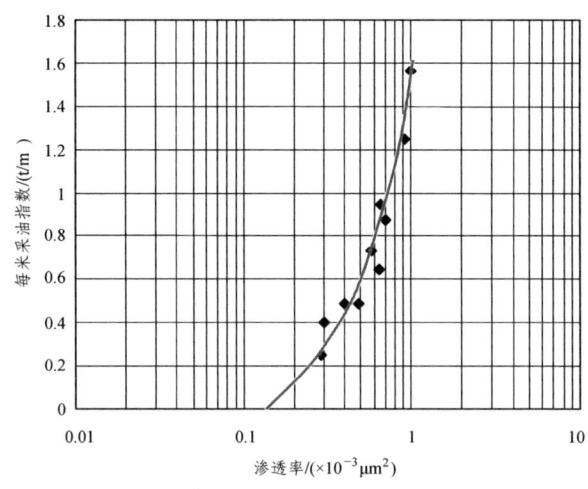

图 6.83　楼坊坪区长 8、长 9 油层每米采油指数与渗透率关系

基于以上 3 种方法，即经验统计法、压汞实验法和每米采油指数法，综合确定了本区长 8、长 9 油层组砂岩储层的物性下限，渗透率为 1.5×10^{-3} μm²，孔隙度为 7.0%。

4. 有效厚度的电性标准

（1）长 4+5、长 6 油层组。

根据本区 60 口井的长 4+5、长 6 油层组的 73 个层位试油或测井、取心等资料，编制了长 4+5、长 6 油层组电阻率与声波时差、测井解释孔隙度与含水饱和度交会图（见图 6.84）。其中，73 组数据，油水同层 43 个数据点，含油水层 5 个数据点，水层 3 个数据点，解释干层 1 个数据点，误入 2 个数据点，符合率为 97.3%，获得各种测井参数下限值如下：孔隙度≥8%；含油饱和度≥39%；电阻率≥19 Ω·m；声波时差≥218 μs/m。

（2）长8、长9油层组。

同理，基于上述方法，编制了长8、长9油层组电阻率与声波时差、测井解释孔隙度与含水饱和度交会图（见图6.85）。其中，91组数据，油水同层75个数据点，含油水层8个数据点，水层4个数据点，解释干层4个数据点，误入2个数据点，精确度约为97.8%，获得各种测井参数下限值如下：孔隙度≥7%；含油饱和度≥37%；电阻率≥28 Ω·m；声波时差≥228 μs/m。

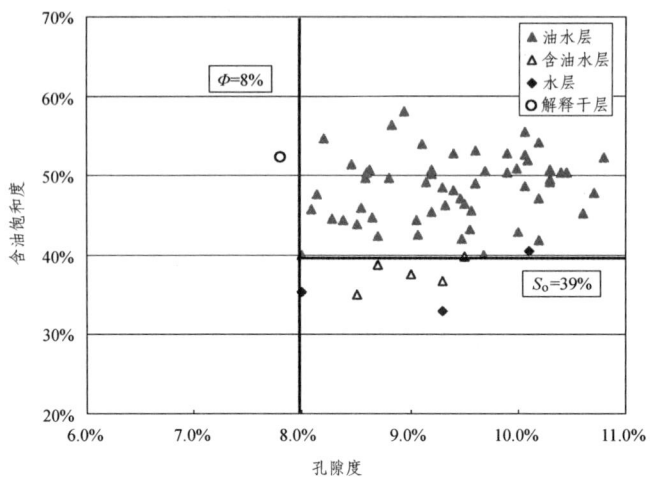

（a）深感应电阻与声波时差交会图

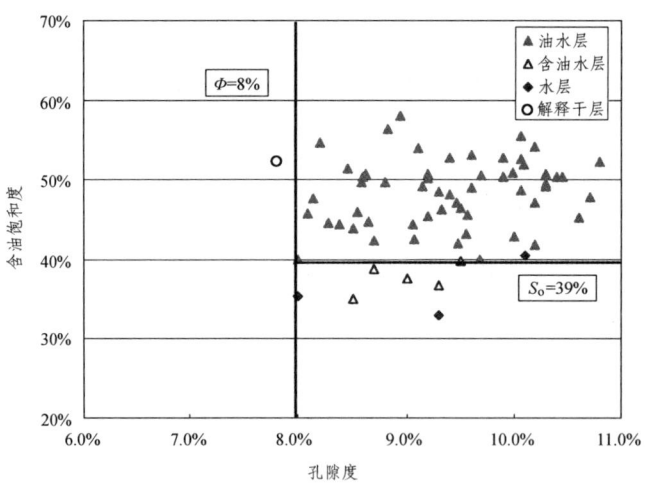

（b）孔隙度与含油饱和度交会图

图6.84　长4+5、长6油层特征图

第 6 章 储层质量特征研究

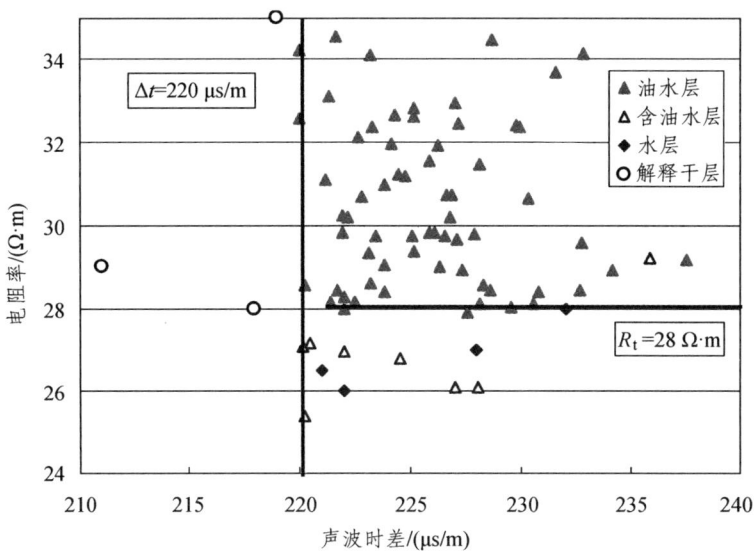

（a）深感应电阻与声波时差交会图

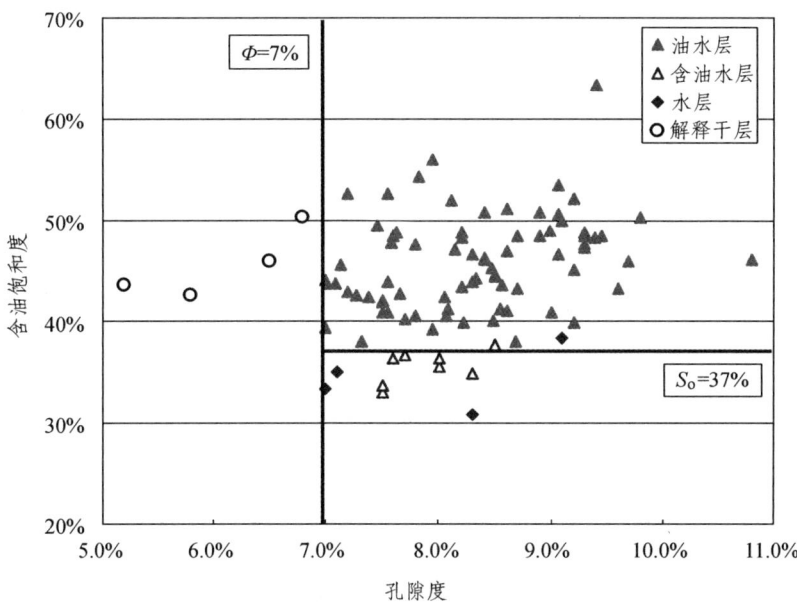

（b）孔隙度与含油饱和度交会图

图 6.85 长 8、长 9 油层特征图

综上所述，吴起油田楼坊坪区延 9、延 10、长 4+5、长 6、长 8、长 9 油层组油藏有效厚度的电性、物性和含油性的下限标准如表 6.11 所示。该有效

厚度下限标准与邻区各储层以往储量计算所采用的标准基本接近，具有较好的地区可比性，符合该区储量计算的实际地质和生产情况。

表 6.11 吴起油田楼坊坪区各油层组有效厚度下限标准

井区	层位	油层类别	岩性 岩性	物性 孔隙度	物性 渗透率 /×10^{-3}μm^2	含油性 岩心含油级别	电性 电阻率（RLD）/(Ω·m)	电性 声波时差（AC）/(μs/m)	电性 含油饱和度（So）
楼坊坪	延9、延10	油层	细砂岩	≥15.5%	≥3	油迹级别	≥11.5	≥241	≥45%
	长4+5、长6			8%	0.2		≥19	≥218	≥39%
	长8、长9			7%	0.15		≥28	≥220	≥37%

6.5 渗流特征

6.5.1 储层敏感性测试

本次测试对储层进行了水敏、速敏和酸敏实验，结果表明，储层无速敏、强盐敏、弱酸敏，评价结果如表 6.12 所示。调查该地区储层资料发现，曾对上 171 井进行过五敏评价，评价结果如表 6.13 所示。通过对比发现两次评价在速敏和盐敏中有偏差，油田在应用此资料时应该分井分层位进行评价。

表 6.12 黄陵探区储层敏感性评价数据（本次测试）

井号	岩芯号	深度/m	层位	气体渗透率/mD	孔隙度	敏感指数	敏感程度评价	备注临界值
S102	2 次 38/42	675.7	长 2	2.259	14.3%	0.17	弱速敏	5 m/d
S142	5 次 26/32	1 185.5	长 6	0.001 1	8.2%		无速敏	
S123	3 次 3/36	1 406	长 6	0.000 3	6.7%		无速敏	
S162	3 次 11/40	1 220	长 6	1.088	15.2%	0.72	强盐敏	17.64 g/L
S161	2 次 4/24	966	长 2	0.606	16.28%	0.75	强盐敏	29.4 g/L
S102	2 次 38/42	675.7	长 2	0.552	13.32%	0.72	强盐敏	29.4 g/L
S161	2 次 4/24	966	长 2	3.242	14.4%	0.09	弱酸敏	
S161	2 次 4/24	966	长 2	0.606	16.66%	0.25	弱酸敏	
S172	5 次 55/82	1 533	长 7	0.04	7.745%	0.32	中等偏弱酸敏	

表 6.13 黄陵探区储层敏感性评价数据（参考资料）

井号	深度/m	层位	气体渗透率/mD	孔隙度	临界值	敏感指数	敏感程度评价
上 171	1563.66 – 1563.76	长 6	0.026	11.4%	0.13 m/d	0.61	中等偏强速敏
上 171	1563.66 – 1563.76	长 6	0.019	9.5%	25 g/L	—	中等偏弱盐敏
上 171	1563.66 – 1563.76	长 6	0.019	9.5%	—	0.17	弱水敏
上 171	1563.66 – 1563.76	长 6	0.05	11.2%	—	-0.71	改善（酸敏）
上 171	1563.66 – 1563.76	长 6	0.03	10.2%	—	0.05	弱碱敏

6.5.2 润湿性分析

油藏岩石润湿性是油田开发的重要参数，它决定油水在岩石孔隙中的分布，油水在岩石孔隙中的渗流特征，水驱油时毛细管力的方向，以及水驱油采收率，等。准确确定油藏岩石的润湿性，对提高油田开发效果和提高采收率等方面都有十分重要的意义。

由于研究区取回的岩心均为常规钻井取心获得的岩石，易受到钻井液的污染，需要对岩样进行清洗，并采用老化的方法恢复油藏岩石初始润湿状态后，参照《油藏岩石润湿性测定方法》（SY/T 5153—2007）中介绍的自吸法，进行岩心润湿性的测定。

1. 自吸法定性判断

对于亲水岩石，将饱和油的岩样放入吸水仪[图 6.86（a）]中。因岩石亲水，在毛管力的作用下，水会自动渗入岩样的孔隙中并将岩石中的油驱替出来。被驱出的油上浮到吸水仪的顶部，其体积可从吸水仪上部刻度读出。岩样吸水，就表示岩石有一定的亲水能力。

同样，对于亲油的岩石，把饱和水的岩样浸入吸油仪中[图见 6.86（b）]。因岩石亲油，在毛管力作用下，油会自动渗入岩石中并将水驱替出来。驱出的水沉于仪器底部，其体积由管上刻度读出。岩样吸油，就表示岩石有一定的亲油能力。

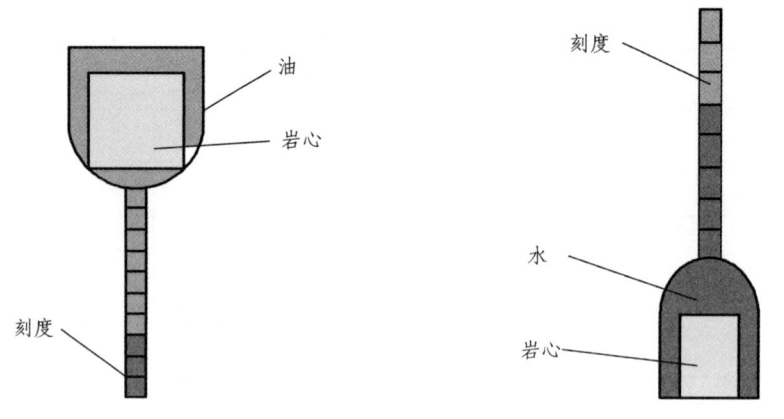

图 6.86　自动吸入法测润湿性装置

2. 自吸法定量判断

在毛管压力作用下，润湿流体具有自发吸入岩石孔隙中并排驱其中非润湿流体的特性，通过测量并比较油藏岩石在残余油状态（或束缚水状态）下，毛细管自吸油（或自吸水）的数量和水驱替排油量（或油驱替排水量），可以判别油藏岩石对油（水）的润湿性。

油湿指数定义为

$$I_\text{o} = \frac{\text{自吸油排水量}}{\text{自吸油排水量}+\text{油驱排水量}} \quad (6.16)$$

水湿指数定义为

$$I_\text{w} = \frac{\text{自吸水排油量}}{\text{自吸水排油量}+\text{水驱排油量}} \quad (6.17)$$

润湿指数定义为

$$I_\text{A} = I_\text{w} - I_\text{o} \quad (6.18)$$

计算油湿指数和水湿指数，根据油湿指数和水湿指数确定岩石的润湿性，其评价标准如表 6.14 所示。

表 6.14　自吸驱替法润湿性评价标准

岩心润湿性		油湿指数	水湿指数	相对润湿指数
强亲油		0.8~1.0	0~0.2	-1.0~-0.7
亲油		0.7~0.8	0.2~0.3	-0.7~-0.3
中间润湿	弱亲油	0.6~0.7	0.3~0.4	-0.3~-0.1
	中性	两指数相近		-0.1~0.1
	弱亲水	0.3~0.4	0.6~0.7	0.1~0.3
亲水		0.2~0.3	0.7~0.8	0.3~0.7
强亲水		0~0.2	0.8~1.0	0.7~1.0

润湿性实验结果如表 6.15 所示。

表 6.15　润湿性实验结果统计表

井号	岩心号	自吸排油量/mL	驱替排油量/mL	自吸排水量/mL	驱替排水量/mL	水湿指数	油湿指数	相对润湿指数	润湿性
上 304	S32-2	0.36	0.29	0.18	0.24	0.55	0.43	0.12	弱亲水
上 41	S44-3	0.54	0.39	0.32	0.40	0.58	0.44	0.14	弱亲水

以上实验结果表明，该研究区长 6 储层砂岩的润湿性为弱亲水，这一实验结果也和前面的相渗曲线所获得的结果相一致。

6.5.3　油水两相渗流特征

根据黄陵探区 4 块岩心非稳态法油水相对渗透率测试，结果如表 6.16 和图 6.87 所示。

表 6.16　长 6 储层相对渗透率综合数据

岩样号	层位	地层水测渗透率/($\times 10^{-3} \mu m^2$)	试验压差/MPa	见水前平均采油速度/(mL/min)	束缚水时		交点处		残余油时	
					含水饱和度	油有效渗透率/($\times 10^{-3} \mu m^2$)	含水饱和度	油水相对渗透率	含水饱和度	水相对渗透率
S32-9	长 6	0.8752	0.23	0.002 7	41.58%	0.250 4	61.63%	0.282	65.51%	0.30
S43-7	长 6	0.1816	0.46	0.013 9	41.14%	0.083 0	62.27%	0.113	64.54%	0.421
S43-11	长 6	0.02	12.02	0.000 4	47.02%	0.000 1	61.72%	0.022	68.50%	0.431
S41-5	长 6	0.01	13.0	0.000 2	38.10%	0.000 1	62.95%	0.040	63.84%	0.419
平均					41.96%	0.08	63.64%	0.11	65.60%	0.39

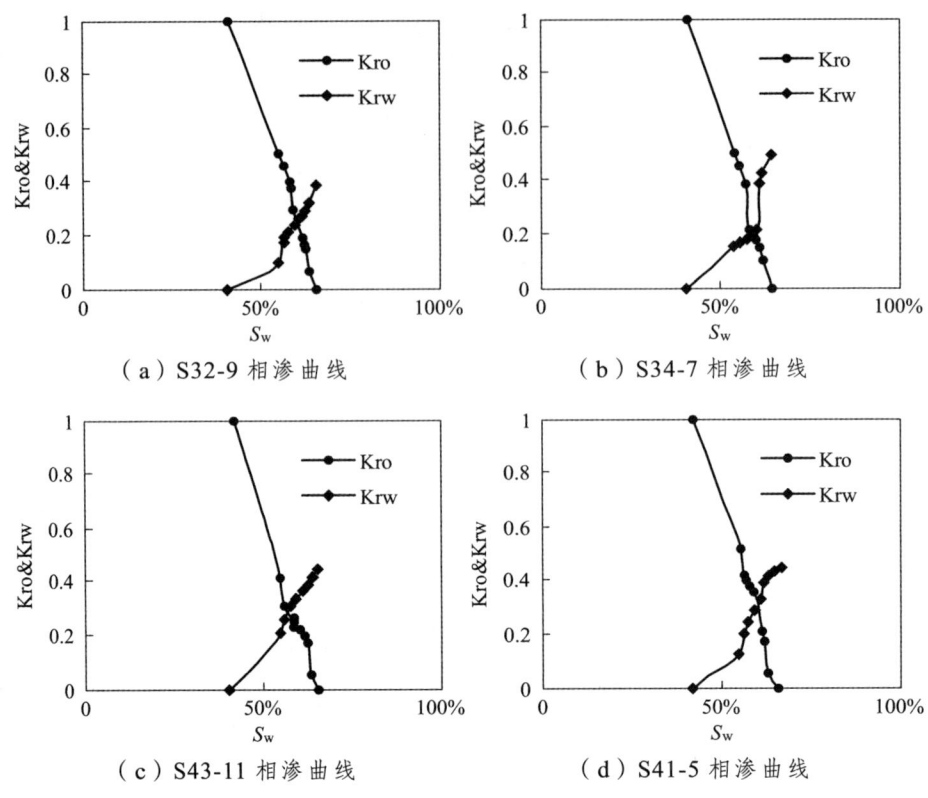

图 6.87 黄陵探区长 6 油层相对渗透率曲线

根据黄陵探区 20 块岩心非稳态法油水相对透率测试结果可以得出如下几点认识：

（1）储层束缚水饱和度由储层本身的特征与驱替压差共同作用，与储层孔渗关系不明显。该地区储层平均束缚水饱和度为 39.7%，同一储层束缚水饱和度分布比较宽，为 23.4%~48.3%。长 2 储层束缚水饱和度的平均值为 43.1%；长 3 储层束缚水饱和度的平均值为 38.6%；长 6 储层束缚水饱和度的平均值为 42.0%；长 7 储层束缚水饱和度的平均值为 32.3%；长 8 储层束缚水饱和度的平均值为 39.9%，如图 6.88 所示。

（2）储层残余油饱和度是储层本身的特征，与储层孔渗关系不明显。该地区储层平均残余油饱和度为 33.1%，同一储层残余油饱和度分布比较宽，为 28.4%~41.7%，不同储层束缚水饱和度差别不大。长 2 储层残余油饱和度的平均值为 34.5%；长 3 储层残余油饱和度的平均值为 29.3%；长 6 储层残余油饱和度的平均值为 32.1%；长 7 储层残余油饱和度的平均值为 32.5%；长 8 储层残余油饱和度的平均值为 35.5%，如图 6.89 所示。

（3）等渗点时含水饱和度表征该地区储层的润湿性，所有储层的岩样 $S_{w\text{等渗}}>50\%$，岩心偏亲水，如图 6.90 所示。

（4）水测渗透率与气测渗透率的比值大小表征该地区水对储层的伤害程度，水测渗透率与气测渗透率的比越接近于 1，水相渗流能力越强，越适合注水开发，本地区水测渗透率与气测渗透率的比在 0.17 左右，适合注水开发。最终水相相对渗透率表征水相渗流能力，它随着水测渗透率的增加而增大，最终水相相对渗透率平均值为 0.22，如图 6.91 所示。

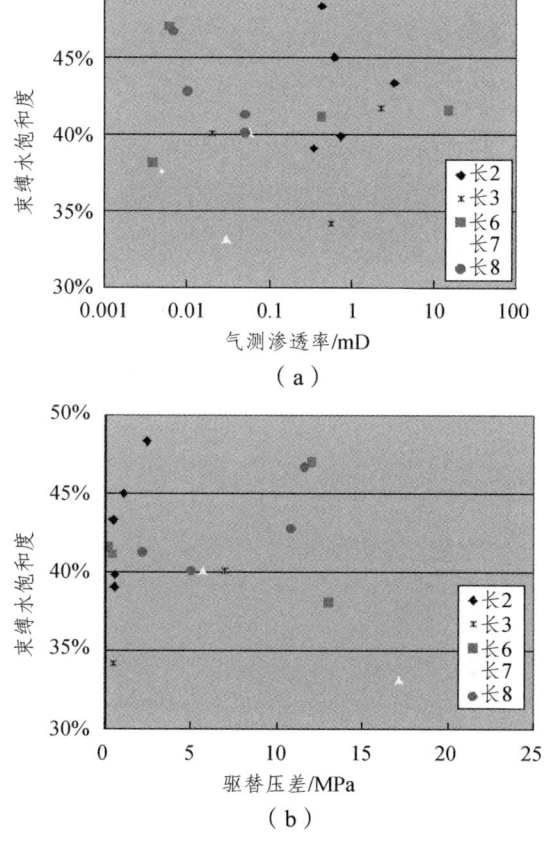

图 6.88　黄陵探区不同储层束缚水饱和度分布特征

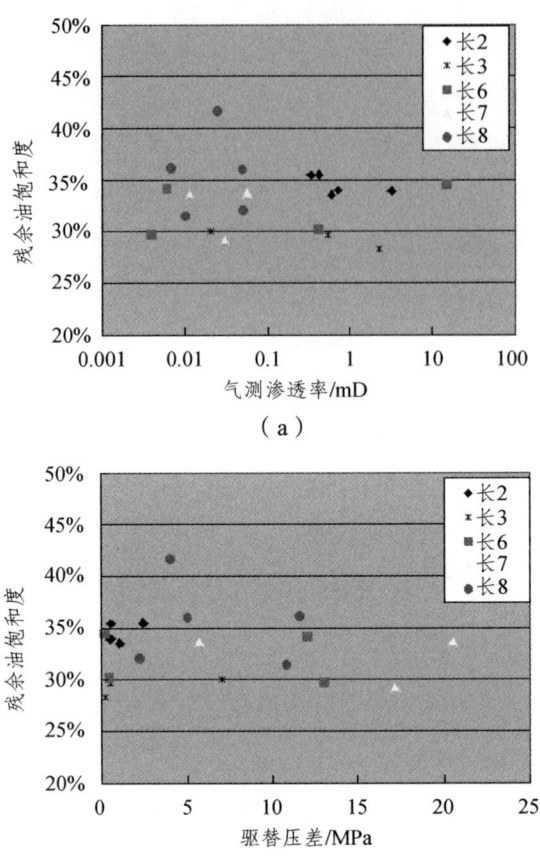

图 6.89 黄陵探区不同储层残余油饱和度分布特征

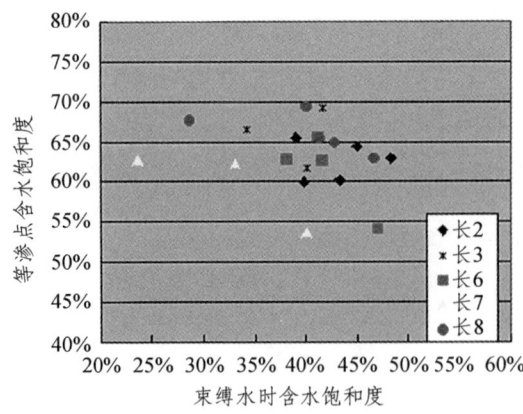

图 6.90 黄陵探区不同储层等渗点分布特征

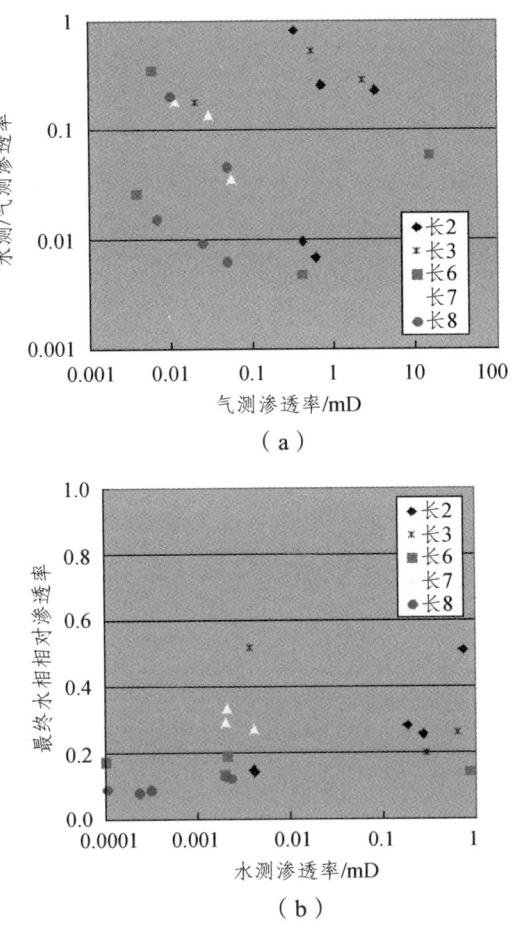

图 6.91 黄陵探区不同储层水相渗透率分布特征

6.5.4 启动压力梯度分析

由于研究区天然裂缝广泛发育，基质致密，符合典型裂缝性低渗透油藏特点，注水开发中应考虑基质-裂缝双重渗流系统，因此，本节利用研究区裂缝性低渗砂岩样品进行水驱实验，分析了裂缝系统与基质系统的启动压力特征。

1. 实验原理

基质的最小启动压力梯度是基质内流体纯基质岩心能够发生微观渗透时

的最小驱替压梯度，而裂缝岩心的驱替压力梯度是裂缝中的压力梯度。对比两者可分析裂缝驱替过程中，基质是否以驱替的方式发生渗流。当纯基质岩心的最小驱替压力梯度高于裂缝岩心的驱替压力梯度时，裂缝性岩心内岩心基质无法以驱替的方式进行流动，此时基质采收机理主要是渗吸作用；当纯基质岩心的最小驱替压力梯度低于裂缝岩心的驱替压力梯度时，基质岩心可以驱替的方式进行流动，此时基质岩心以驱替与渗吸综合方式驱油。因此，可以对比基质最小启动压力梯度与裂缝驱替压力梯度的关系，分析研究区的渗流规律。

2. 实验材料及实验设备

（1）实验用油、水为根据油田流体分析数据所制备样品。

（2）实验岩心，具体参数如表6.17所示。

表 6.17　岩心参数

岩心号	长度/cm	直径/cm	渗透率/×$10^{-3}\mu m^2$	孔隙度/%
S32-9	6.822	2.522	0.046	4.89
S43-10	6.972	2.512	0.091	8.03
S43-1	6.932	2.522	0.164	11.34
S32-10	6.734	2.504	0.306	9.6

（3）实验设备：高精度美国 ISCO 柱塞泵、切割机、虎钳、分析天平、高压驱替装置、微量压力测量仪、恒温箱及玻璃仪器等，如图 6.92 所示。

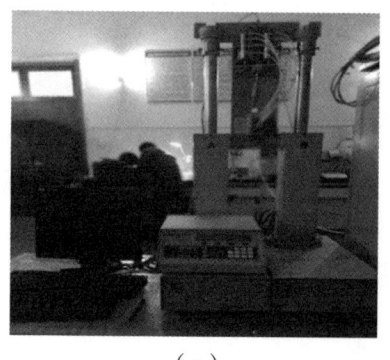

(a)　　　　　　　　　　　(b)

图 6.92　启动压力梯度测试部分仪器

3. 实验方法

（1）基质最小启动压力的求取方法。

文献调研发现，低渗透油藏的渗透规律不符合达西定律而是符合非达西渗流规律，主要原因是存在启动压力的缘故，具体驱替压力梯度与流速的关系如图 6.93 所示。

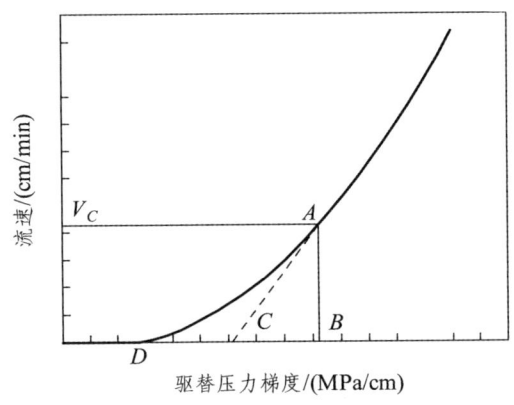

图 6.93　低渗透油藏非达西渗流特征

图 6.93 中，A 点以上为直线部分，符合达西渗流规律；D 点为开始发生渗流时的压力梯度，即要求取的压力梯度；C 为拟启动压力梯度，即曲线直线性部分的延长线 AC 与 X 轴的交点。虽然可以直接测试最小启动压力，但准确测试相对较为困难。因此，本文采用压差-流量方法测试，进行拟合，根据回归曲线求出最小启动压力梯度。

含启动压力的非达西渗流，其公式为

$$q = a\left(\frac{\Delta p}{L} - \lambda\right)^c \tag{6.19}$$

式中　q——流量（mL/min）；

a，c——分别为方程的回归常数；

Δp——岩样两端压差（MPa）；

L——岩样长度（cm）；

λ——最小启动压力梯度（MPa/cm）。

（2）裂缝岩心驱替压力的求取方法。

本节采用裂缝岩心驱替实验测试驱替压力，并求出在水驱过程中的最大水驱压力，计算出水驱过程中的最大驱替压力梯度。

4. 实验步骤

（1）选取钻取的岩心按国家标准《岩心常规分析方法》（SYT 5336—1996）进行渗透率、孔隙度测试。

（2）用岩心切割机将选取的岩心切割成两半，每半长度大约 3cm，分别进行启动压力测试实验与裂缝驱替压力测试实验。

（3）启动压力测试实验步骤：① 对选取的岩心进行饱和油，造束缚水；② 打开驱替泵，进行水驱，一直水驱至残余油饱和度；③ 进行启动压力测试，以不同的驱替速度（0.01 mL/min，0.02 mL/min，0.04 mL/min，0.06 mL/min，0.08 mL/min，0.1 mL/min）进行驱替，待流量稳定后，记录驱替压差，速度由低到高进行；④ 计算驱替压力梯度及流速，画出驱替压力梯度与流速的关系曲线；⑤ 对驱替压力梯度与流速曲线进行拟合，根据回归曲线得出最小启动压力梯度。

（4）裂缝驱替压力测试实验步骤：① 将饱和好后的岩心用挤压法进行造缝；② 对选岩心进行饱和油；③ 将饱和油后的岩心，放入岩心加持器中，用模拟地层水以某一驱替速度进行水驱实验，直至含水到 99% 以上，停止水驱；④ 记录压力与时间的关系，读出最大驱替压力，计算出驱替最大压力梯度与流量；⑤ 通过测试不同驱替速度（0.01 mL/min，0.04 mL/min，0.08 mL/min，0.1 mL/min）的最大驱替压力，即可得出驱替速度与驱替最大压力梯度的关系。

5. 实验结果与讨论

根据实验可得出基质驱替压力梯度与流速的关系，以及裂缝系统驱替压力梯度与流量的关系，如图 6.94 和图 6.95 所示。

第 6 章 储层质量特征研究

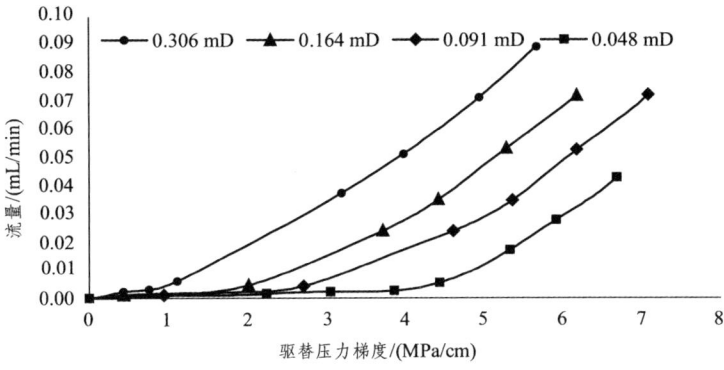

图 6.94　基质系统驱替压力梯度与流速关系

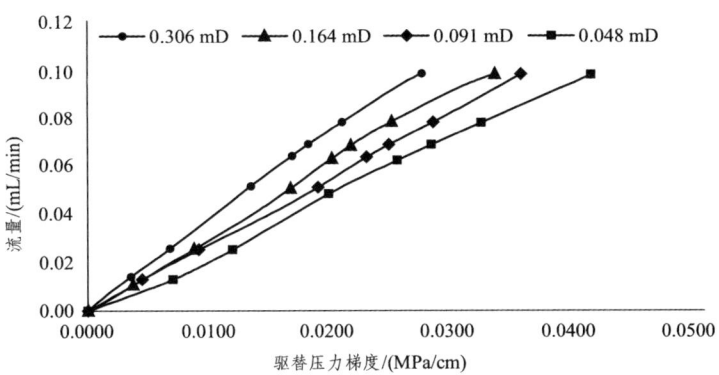

图 6.95　裂缝系统驱替压力梯度与流量关系

对基质系统驱替压力梯度与流速进行拟合，回归得出不同渗透率下的最小启动压力梯度及回归系数，如表 6.18 所示。

表 6.18　实验数据结果（流量 0～0.1 mL/min）

气测渗透率/mD	纯基质岩心			裂缝岩心	
	回归系数 a	回归系数 c	启动压力梯度/MPa	线性系数 α /[cm^2/(min·kPa)]	流速 0.02 cm/min 下的驱替压力梯度/(kPa/cm)
0.306	0.018 2	1.541 2	0.112 1	0.484 7	0.041
0.164	0.012 8	1.988 6	0.153 6	0.547 9	0.036
0.091	0.009 1	2.399 5	0.177 6	0.612 8	0.034
0.046	0.008 9	2.958 1	0.331 3	0.737 5	0.028

由表 6.18 可知，当模拟流量为 0~0.1 mL/min 时，裂缝性岩心压力梯度为 0.028~0.041 kPa/cm，而基质启动压力梯度为 0.1~0.33 MPa/cm，远大于裂缝性岩心驱替压力梯度。因此，基质渗透率为 $0.046 \times 10^{-3} \sim 0.306 \times 10^{-3} \mu m^2$ 的裂缝性岩心，在驱替速度小于 0.1 mL/min 时，注入水无法以驱替的方式进入基质，基质中的油主要是依靠渗吸作用驱替到裂缝系统中。裂缝性岩心水驱渗流过程可分为两个阶段，开始时为注入水单向沿裂缝推进阶段，通过逆向渗吸作用，注入水将基质系统内原油置换于裂缝面；当驱替压力克服黏滞力时，裂缝系统内原油开始流动，随注入水被驱替至夹持器出口端，如图 6.96 所示。

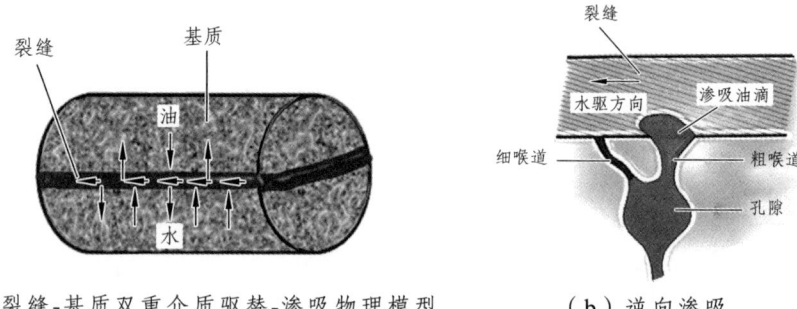

（a）裂缝-基质双重介质驱替-渗吸物理模型　　（b）逆向渗吸

图 6.96　裂缝性水驱过程示意图

6.6　油藏特征

6.6.1　温度压力

随着油藏深度的增加，地层压力增大、油层温度升高（见图 6.97），本区长 6 平均地层温度 57.8 ℃，地温梯度为 3.45 ℃/100 m；平均原始地层压力 10.7 MPa，压力系数为 0.72，属于常温、低压系统。由此也可以看出黄陵探区与国外致密油藏具有较大的不同，国外致密油藏多为高压系统，因此研究区油藏地层能量补充有较强的必要性。

第 6 章 储层质量特征研究

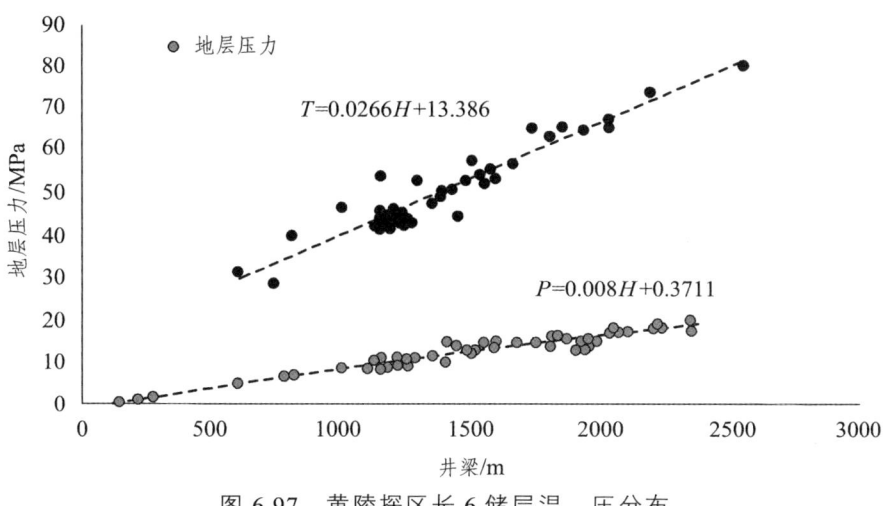

图 6.97 黄陵探区长 6 储层温、压分布

6.6.2 储层流体

通过对 3 口油井原油样品进行分析测试，结果显示（见表 6.19），本区长 6 油藏原油性质、原油密度及黏度等变化均不大，具有低密度（0.863 g/cm³）、低黏度（50 ℃ 条件下 3.64 MPa·s）、低凝固点（13.0 ℃），以及低含硫（0.02%）的特点。

表 6.19 研究区原油样品测试结果统计

井号	层位	密度 /（g/cm³）	动力黏度 /（MPa·s）	凝点/℃	含硫量
上 36	长 61	0.831	2.84	13	0.02%
坳平 4	长 62	0.875	4.76	13	0.02%
上平 31	长 63	0.882	3.43	13	0.02%
平均		0.863	3.64	13	0.02%

通过对 5 口井的地层水样进行分析测试，结果显示（见表 6.20），本区地层水 pH 值主要分布在 6.5~7.9，平均为 7.7，基本上趋近中性，偏弱碱性；总矿化度为 25 939~58 942 mg/L，平均为 39 218 mg/L，水型以 $CaCl_2$ 型为主。

表 6.20 研究区地层水性质测试结果统计

		井号	上 36	坳平 4	上平 31	上平 16	坳平 15	平均
		层位	长 6^3	长 6^3	长 6^3	长 6^1	长 6^2	
地层水离子含量/(mg/L)	阳离子	K^++Na^+	18 438	9 695	22 129	8 519	11 891	14 134
		Mg^{2+}	12	140	85	328	149	143
		Ca^{2+}	752	892	802	902	1 055	880
		Ba^{2+}+Sr^{2+}	137	103	103	206	97	129
		阳离子总量	19 339	10 830	23 119	9 955	13 191	15 287
	阴离子	Cl^-	28 512	16 893	35 716	15 535	20 578	23 447
		SO_4^{2-}	1 153	0	0	0	0	231
		HCO_3^-	0	82	0	449	183	143
		OH^-	30	0	0	0	0	6
		CO_3^{2-}	378	40	0	0	0	84
		阴离子总量	30 074	17 015	3 5716	15 535	20 761	23 820
		总矿化度	49 412	27 845	58 942	25 939	33 952	39 218
		水型	$CaCl_2$	$CaCl_2$	$CaCl_2$	$CaCl_2$	$CaCl_2$	$CaCl_2$
		pH 值	8.9	7.9	7.6	7.5	6.5	7.7
地层水密度/(g/cm^3)			1.025	1.026	1.024	1.02	1.03	1.02

第 7 章　裂缝发育特征研究

　　裂缝按照裂缝成因可以分为构造缝、成岩缝、层理缝、收缩缝等；按照发育的规模大小，可以分为大缝、中缝、小缝和微裂缝；按照裂缝的角度，分为直立缝、高角度缝、低角度缝、水平缝等；按照裂缝缝隙的充填程度，可以分为充填缝、部分充填和未充填三种；按照裂缝形成的力学性质，分为张裂缝、压裂缝和剪切缝。据统计低渗透油田裂缝宽度一般都很小，多数在十几到几十微米之间，裂缝的延伸长度大多小于一百米。低渗透砂岩油田裂缝孔隙度都十分小，一般小于 1%，但渗透率变化很大，从几十至上千毫达西不等。研究区主要发育两种性质和规模不同的裂缝，即构造裂缝和非构造裂缝。构造裂缝一般延伸距离远，垂向切穿厚度较大，在井间影响着水驱的方向和强度；非构造裂缝一般在井上比较发育，主要包括沉积形成的低角度层理缝和压实成岩作用形成的破裂缝，非构造裂缝在裂缝延伸规模和张开度上都很小，但是其发育数量很多，可以大大改善井下储层的渗流能力。

　　本次研究以黄陵地区和吴起地区为例，综合前人通过岩石声发射法、钻孔井臂崩落法、古地磁定向岩石差应变法，以及岩石压缩等实验方法所取得的成果和认识，对研究区裂缝的发育有一个整体宏观的认识。鄂尔多斯盆地低渗储层中发育的裂缝在地下大都为隐裂缝（或无效裂缝），往往储层不压裂就不具工业产能。在现今区域应力场影响下，经人工压裂改造后，与现今主应力方向近于平行或小角度相交的无效隐裂缝转变为"张性"显裂缝，在流体运移方面起主要作用。但是当压裂或注水压力过高时，隐裂缝变为显裂缝时便会引起水窜。因此，裂缝在低渗油藏注水开发中具有明显的双重作用，一方面可以提高注水井吸水能力，另一方面容易形成水窜，使采油井过早见水和水淹。

7.1 储层裂缝特征研究方法探讨

低孔低渗致密砂岩储层开发难度较大，裂缝发育情况对这类储层的产能影响十分重要。目前，对裂缝储层的研究方法主要有以下四种：露头调查、岩心观察、常规测井和成像测井。各种方法的优劣如表 7.1 所示。由于本区没有成像测井资料，只能利用常规测井曲线识别裂缝。

表 7.1 储层裂缝研究方法优劣对比

分析方法	优点	缺点
露头调查	直观观察裂缝发育情况	与地层实际有一定的差别
钻探取心	直接观察裂缝发育情况	需甄别裂缝成因，裂缝原始方位很难确定
常规测井	便宜、方便、数据较全	纵向分辨率不是很高，易受其他条件（充填物、泥浆、溶蚀等）影响
成像测井	目前最有效的裂缝识别和评价方法	成本高、耗时

常规测井方法识别裂缝一般有以下几种：

（1）三孔隙度比值法：根据总孔隙度 ϕ_t 和声波孔隙度 ϕ_s，可构造比值 RP。RP 越大说明次生孔隙度越发育，即裂缝、溶孔越发育。

（2）等效弹性模量差比法：用声波时差和密度测量值构造等效模量差比值。当地层为裂缝性地层时，则 DR＞0；当地层为致密性地层时，DR 接近于 0。

（3）次生孔隙度指标法：Csh 越大，裂缝越发育。存在水平裂缝时，Csh 周期跳跃。

（4）双感应幅差指标法：当遇到裂缝带时，由于泥浆侵入的影响，深、浅侧向曲线就会出现幅度差。这种幅度差的大小可用来作为一个裂缝指标。

（5）龟裂系数法：S 越大，裂缝发育间隙越小，裂缝发育频率越大。

（6）井径相对异常法。

（7）电阻率侵入校正差比法：当地层为裂缝性油气层时，R_t＞RILM，RTC＞0；当地层为裂缝性水层或致密地层时，R_t≈RILM，RTC≈0。该方法适用的条件是泥浆滤液沿裂缝侵入的深度在感应测井的探测范围内。

（8）胶结指数指标法：J 值越高，表示裂缝越发育；反之，裂缝越不发育。

（9）裂缝概率综合指标：利用常规测井曲线一共构造了 8 个裂缝参数，通过对这 8 个裂缝参数的综合评价，得到一个裂缝概率综合指标 CWP。

本次研究以黄陵探区和吴起地区露头调查和岩心观察分别作为检验手段，利用常规测井资料进行裂缝识别。经过对多种识别方法进行对比、筛选，构建了一个综合裂缝识别参数，能充分有效地识别裂缝。

7.2 黄陵探区裂缝研究

7.2.1 露头调查中的裂缝发育

在露头调查过程中，发现地层发育大量裂缝，如图 7.1 所示。根据露头调查结果，对该地区露头裂缝进行统计，得出统计结果如下：

（1）裂缝类型：层理缝、构造缝（错动缝、滑塌变形缝或 X 剪节理裂缝）。

（2）裂缝走向：水平、倾斜、垂直、X 形等，多数为倾斜或垂直裂缝。

（3）裂缝密度：0.02 ~ 0.05 条/m、0.5 条/m、1.75 条/m、2 条/m 等。

（4）裂缝长度：0.1 ~ 0.2 cm、1 m、2 ~ 3 m、4 m、8 m、9 m 等，一般为 2 ~ 10 m。

（5）裂缝宽度：0.5 ~ 0.8 cm。

（6）裂缝充填：方解石填充。

（7）分布层位：各油层组均有分布。

（a）错动裂缝

（b）长 8 裂缝面，方解石填充

（c）倾斜层理缝发育

（d）X剪节理

（e）3条垂直裂缝发育

（f）发育垂直裂缝

图 7.1　露头观察中的裂缝发育

7.2.2　岩心观察中的裂缝发育

在取岩心的过程中发现岩心发育有垂直裂缝，部分裂缝被方解石充填，裂缝面一般滴酸起泡，如图 7.2 所示。通过岩心观察统计，构造裂缝具有如下统计特征：

（1）发育程度总体为中等~较高，泥岩中较少。

（2）裂缝的发育密度一般为 3~4 条/m。

（3）长度在 0~10 cm 的裂缝占 70.4%；长度在 10~20 cm 的裂缝占 22.2%；长度在 20~30 cm 的裂缝占 3.4%；长度大于 1 m 的裂缝占 4%，最长的可达 1.5 m。

  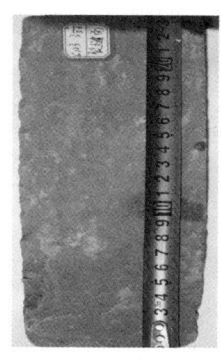

（a）槐45-3井，长6，井深　（b）上123井，长6，井深　（c）上123井，长6，井深
1 557.1 m，垂直裂缝发育　　1 439.3 m，裂缝面，含泥岩　　1 405.5 m，裂缝面

（d）上142井，长4+5～长　（e）上155井，长6，井深　（f）上155井，长6，井深
6，井深1 158.3 m，裂缝面　　1 055.96 m，滴酸起泡　　1 055.8 m，裂缝，方解石填充

图 7.2　岩心观察中的裂缝发育

7.2.3　裂缝分布平面图

晚中生代燕山期构造运动造成了鄂尔多斯盆地中生界区域性构造裂缝的广泛发育。黄陵探区目的层岩心和露头区岩石裂缝的定向观测和统计结果表明，储层段发育高角度的共轭构造裂缝系统，其优势方位主要有北东向和北西向两组。从典型的露头剖面看，平面上北东向和北西向，裂缝呈雁列式排列；在剖面上，露头上显示为高角度近直立构造缝，发育裂缝的岩层砂厚小于3 m。

根据储层岩石 DSA 法，地应力最大水平主应力方向为北 51°~56°，北北东—北东东向微裂缝系统最先形成有效主渗流通道。北西及北西西向裂缝为次级裂缝系统。该地区裂缝走向分别为北东东向、北东向、北北西向及北西向；裂缝的横向延伸长度比纵向切深大得多，延伸长度为 3~20 m，延伸高度为 0.1~0.6 m；裂缝间距总体呈对数正态分布，大小主要集中在 0~0.8 m，约占 85%；裂缝发育密度大于 1 条/m。

借助岩心观察和扫描电镜观察，研究区还发育层理缝和成岩微破裂缝两种非构造裂缝。

（1）层理缝：平行层理缝和斜层理缝为主，发育程度总体为中等~较高。裂缝的发育密度一般为 3~10 条/10 cm；裂缝长度大于岩心直径；裂缝张开度为 2~5 mm；裂缝大多未充填，少部分干沥青充填；沿裂缝周围，储层内部有油气显示或油气富集。

（2）成岩微破裂缝：长石颗粒在应力作用下，产生微破裂缝，其长度都在 0.2~20 mm，开度多在 1~30 μm。

从裂缝的规模上讲，研究区的层理缝和成岩破裂缝，其缝的延伸长度和扩展开度都比构造缝的宏观规模要小得多，流体渗流的能力相比较较低；然而，层理缝和成岩缝的发育数量远远比构造缝要多，沟通和改善了储层基质的渗流能力，在微观渗流上对于油水的驱替有重要影响作用。

根据该地区裂缝发育特征，绘制裂缝发育平面图。（见图 7.3~图 7.8）。研究区延长组储层内部裂缝主要发育于长 2、长 4+5、长 6、长 7、长 8，各层内裂缝主要呈北北东和北北西展布，长 2、长 6 期主要为北北西向，长 4+5、长 7、长 8 期为北北东向。全区主体上发育 5 条裂缝带，主要分布于研究区中部，一条带状分布于研究区中部槐 58—上 0030—7 槐 136—槐 141—槐 167-6 一线，呈北北东向，另一条北北东向分布于槐 25—黄参 8—槐 155 一线；另有两条北北西向带状分布于槐 140—黄参 37—槐 174 一线，以及弯曲带状分布于槐 137-3—槐 156—黄参 7 一线。这些裂缝对于沟通储层、提高渗透性能意义重大。

第 7 章 裂缝发育特征研究

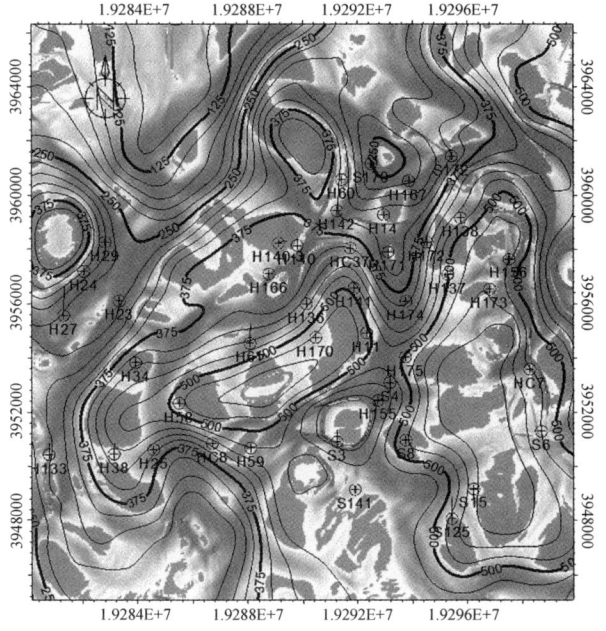

图 7.3 黄陵探区长 2 裂缝发育平面图

图 7.4 黄陵探区长 3 裂缝发育平面图

图 7.5 黄陵探区长 4+5 裂缝发育平面图

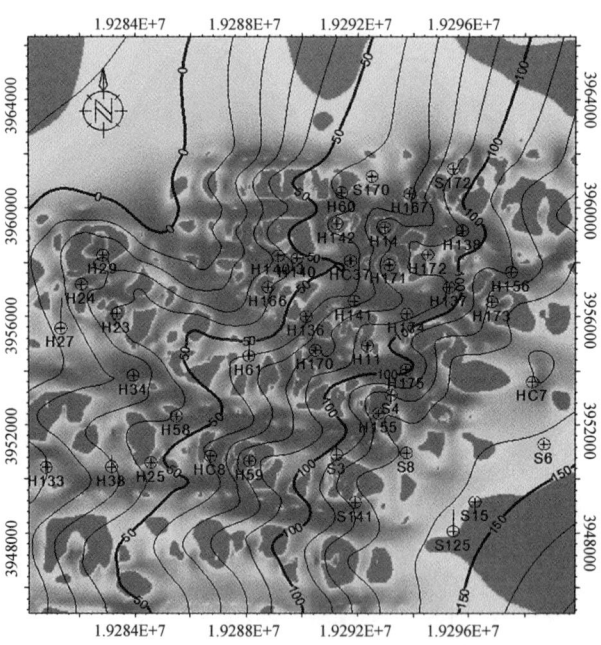

图 7.6 黄陵探区长 6 裂缝发育平面图

第 7 章 裂缝发育特征研究

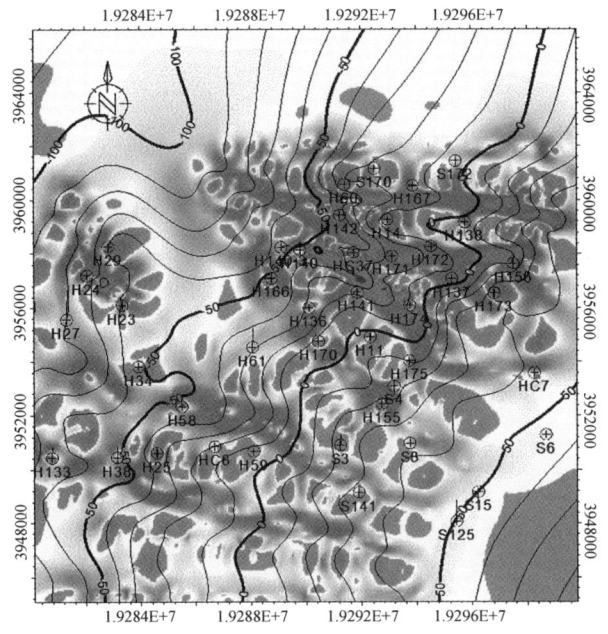

图 7.7 黄陵探区长 7 裂缝发育平面图

图 7.8 黄陵探区长 8 裂缝发育平面图

7.2.4 人工改造裂缝分布特征

根据黄陵指挥部给出的人工裂缝监测资料，对人工改造裂缝分布特征进行再分析。监测资料利用微地震监测的上平 5 井和上平 8 井的压裂施工，监测得到了裂缝网格的形态与走向，以及裂缝参数，根据上平 5 井的监测结果，对上平 5 井各级裂缝的改造体积进行计算，计算结果如表 7.2 和图 7.9 所示。

表 7.2　上平 5 裂缝监测结果统计

级 数	裂缝半长/m	裂缝宽/m	裂缝高/m	改造体积/m³
第 1 级	109.5	90	40	412 596
第 2 级	175	134	33	809 963
第 3 级	124	117	46	698 512
第 4 级	164	128	49	1 076 610
第 5 级	96.5	96	54	523 601
第 6 级	83	73	28	177 569
第 7 级	105.5	143	52	82 110
第 8 级	56	64	44	165 055
第 9 级	93	105	46	470 152
第 10 级	88.5	76	45	316 795
第 11 级	106	141	44	688 313
总 计	—	—	—	5 421 276

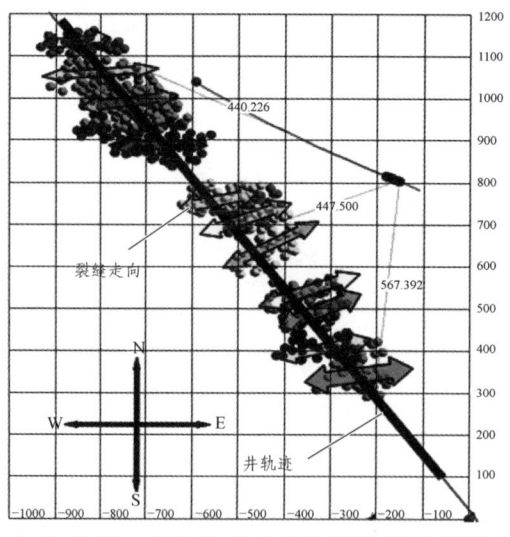

（a）上平 5 井压裂微地震监测结果平面图

第 7 章 裂缝发育特征研究

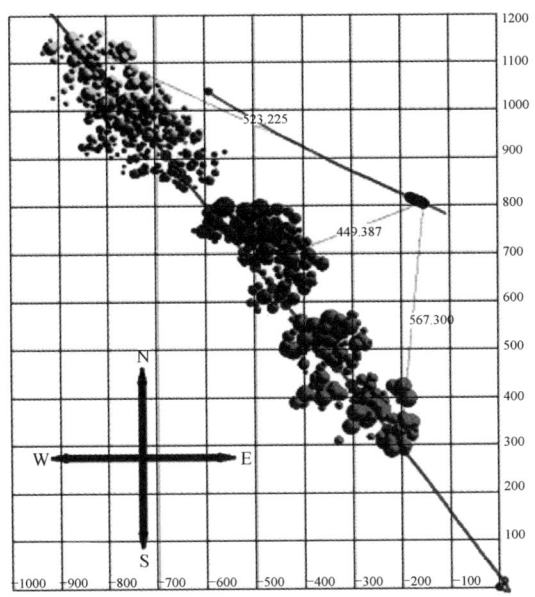

(b) 上平 5 井微地震监测结果剖面图

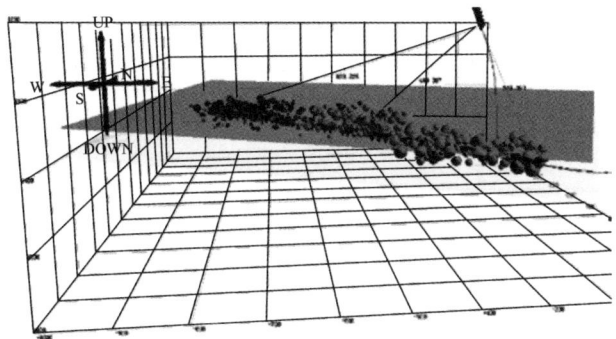

(c) 上平 5 井裂缝走向图

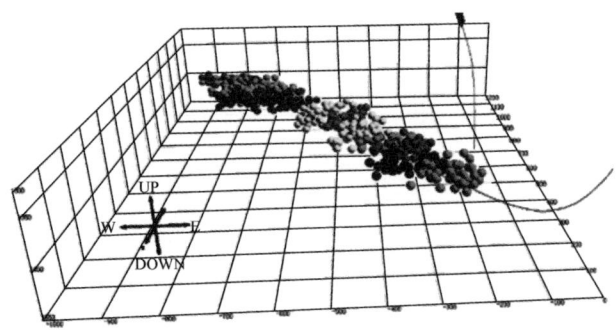

(d) 上平 5 井裂缝三维显示图

图 7.9 上平 5 井裂缝监测数据

图 7.9 中不同颜色代表不同的压裂段，球体大小代表微震的震级。

监测结果显示，上平 5 井在压裂过程中，裂缝走向为 54°~94°。图 7.9（d）为上平 5 井统计各段裂缝网格的长、宽、高与走向。监测的裂缝网格长度为 177~328 m，裂缝网格宽度较宽，为 64~145 m，波及面广，主要是多簇射孔的缘故；裂缝网格高度为 28~54 m，主要在目的层段内发育，分段分簇控制效果好，微震事件主要在各段内发育，达到压裂的最大体积，仅有少部分有重叠现象，可能与天然微裂缝有关。

裂缝走向为北偏东 54~96°，与本区的最大主应力一致。裂缝走向平均为北偏东 80°，裂缝走向与井筒夹角为 50°，近似垂直，产生的垂直缝，有利于扩大压裂体积。

根据上平 5 井的监测结果，对上平 5 井各级裂缝的改造体积进行计算，计算结果如表 7.3 和图 7.10 所示。

表 7.3　上平 8 裂缝监测结果统计

压裂层	裂缝半长/m	裂缝宽/m	裂缝高/m	改造体积/m³
第一段	194	157	82	2 614 109
第二段	238	166	83	3 432 192
第三段	257	124	85	2 835 190
第四段	263.5	178	85	4 172 804
第五段	215	149	83	2 782 987
第六段	236.5	128	71	2 249 613
第七段	247	145	82	3 073 882
第八段	291.5	172	108	5 667 600
第九段	248	135	104	3 644 410
第十段	184	137	61	1 609 447
第十一段	255	143	84	3 206 003
第十二段	162	130	68	1 498 910
总计	—	—	—	36 787 147

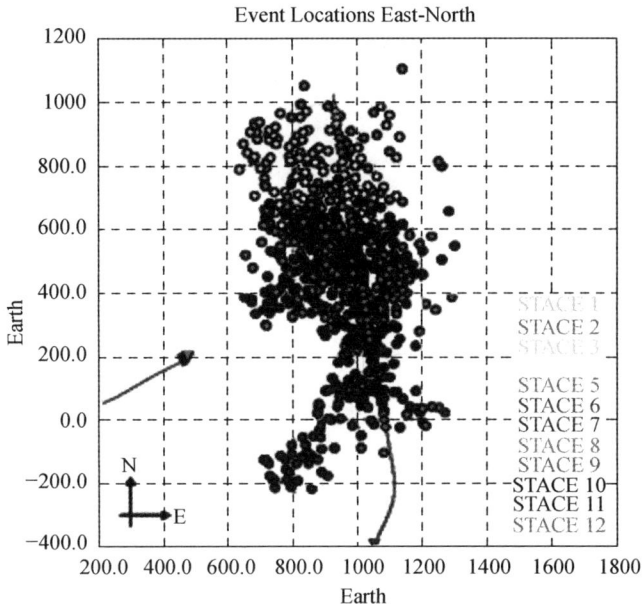

(a)上平 8 井压裂微地震监测结果平面图

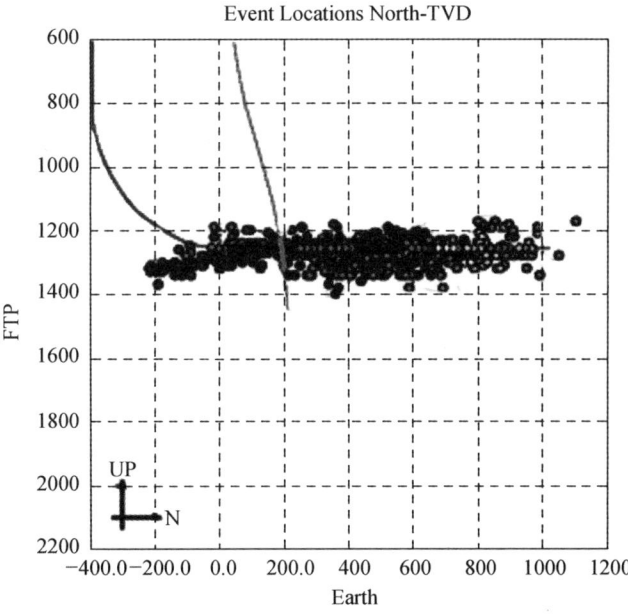

(b)上平 8 井微地震监测结果侧视图

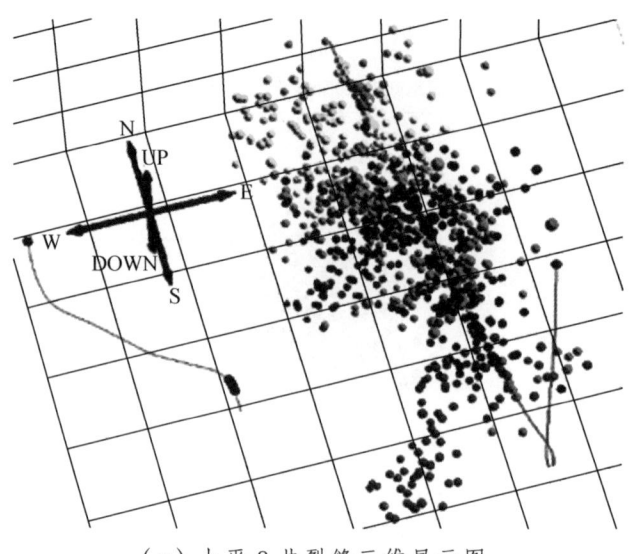

（c）上平 8 井裂缝三维显示图

图 7.10 上平 8 裂缝监测数据

上平 8 井的监测结果显示，此次人工造缝的裂缝网络延伸方向总体为北东 80°，总长度为 324～583 m，宽 124～172 m，高度 61～108 m，裂缝网络基本上呈双翼对称发育。根据信号质量分析，在压裂开始时间段背景噪音很低，对应的微地震监测影响较小。从监测结果来看，1～8 段事件较丰富，形成裂缝长度较长。但是 9～12 段裂缝有横向发育趋势，长度明显减小。

压裂过程中距射孔炮眼位置越远，则沿裂缝延伸方向上的改造区宽度和高度逐渐降低。因此，总体上看，每段的改造体积基本呈椭球状，据此对体积压裂改造区总体积进行估算约为 $567 \times 10^4 \, m^3$，考虑形状因子与储层有效厚度的影响，有效改造体积在 $256 \times 10^4 \, m^3$ 以上，结合该区开发方案中储量计算参数可得改造区原始地质储量平均在 $10.87 \times 10^4 \, t$ 左右。

7.3 吴起地区裂缝研究

7.3.1 构造裂缝研究

1. 延长组区域构造裂缝优势方位

晚中生代燕山期构造运动造成了鄂尔多斯盆地中生界区域性构造裂缝的广泛发育。根据吴起地区目的层岩心和露头区岩石裂缝的定向观测和统计结果表明（见图 7.11～图 7.13），储层段发育高角度的共轭构造裂缝系统，其优势方位主要有北东向和北西向两组。从典型的露头剖面看，平面上北东向和北西向裂缝呈雁列式排列；在剖面上，露头上显示为高角度近直立构造缝，发育裂缝的岩层砂厚小于 3 m。

根据储层岩石 DSA 法，地应力最大水平主应力方向为北 51°～56°，北北东—北东东向微裂缝系统最先形成有效主渗流通道。北西及北西西向裂缝为次级裂缝系统。

（a）

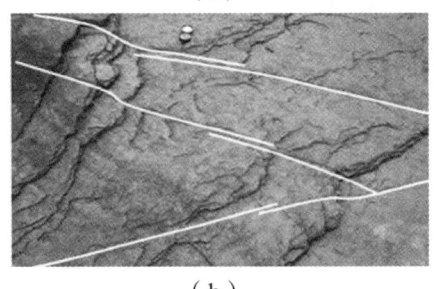

（b）

图 7.11　和尚塬延长组剖面　　　图 7.12　铜川金锁关延长组剖面

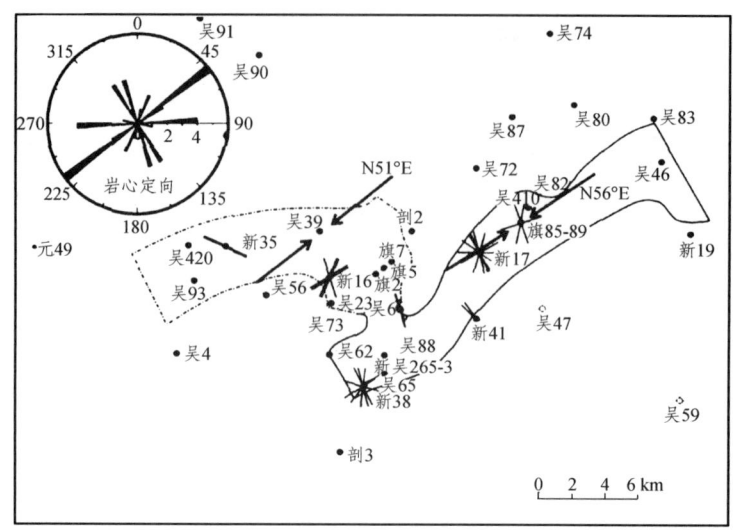

图 7.13　吴起地区裂缝系统与现今最大主应力方向的关系

对吴起地区的露头裂缝进行统计分析（见图 7.14），结果表明其走向分别为北东东向、北东向、北北西向及北西向；裂缝的横向延伸长度比纵向切深大得多；延伸长度为 3～20 m，延伸高度为 0.1～0.6 m；裂缝间距总体呈对数正态分布，大小主要集中在 0～0.8 m，约占 85%；裂缝发育密度大于 1 条/m。

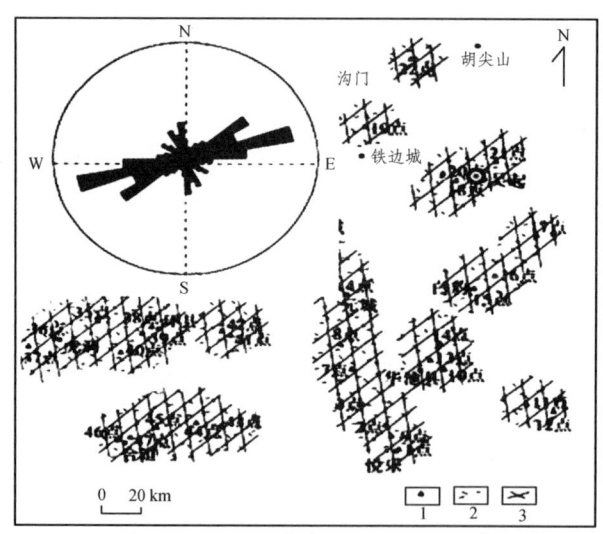

1—测点位置；2—北东东至北西向共轭剪切裂缝；
3—北北西至北东向共轭剪切裂缝。

图 7.14　吴起地区延长组露头裂缝发育图

2. 岩心资料描述构造裂缝

通过研究区 13 口井的岩心观察，其中新 66 井、谷 105 井、新 206 井等 3 口井构造裂缝发育明显（见图 7.15～图 7.17）。

构造裂缝观察具有如下特征：

（1）岩心连续观察，高角度、近垂直构造缝高 0.5～1.5 m。

（2）砂岩断面平直、未充填。

（3）可见 10 cm 的泥岩夹层破裂面参差不齐。其中以泥岩夹层为界面，明显是发育 2 组裂缝，但是这 2 组裂缝是同期还是不同期，泥岩夹层是不是构造缝转换面，还需进一步研究。

图 7.15　吴起地区谷 105 井构造缝发育特征

通过岩心观察统计，构造缝具有如下统计特征：

（1）发育程度总体为中等～较高，泥岩中较少。

（2）裂缝的发育密度一般为 3～4 条/m。

（3）裂缝的长度在 0～10 cm 的占 70.4%；长度 10～20 cm 的裂缝占 22.2%；长度 20～30 cm 的裂缝占 3.4%；长度大于 1 m 的裂缝占 4%，最长的可达到 1.5 m。

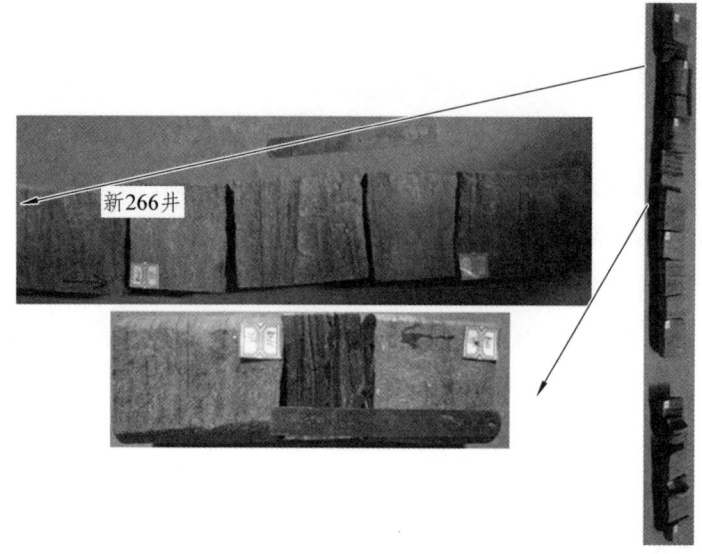

图 7.16 吴起地区新 266 井构造缝发育特征

图 7.17 吴起地区新 66 井构造缝发育特征

3. 成像测井资料描述构造裂缝

谷 46-104 井在长 6 层位经声电成像测井解释与评价,发现有 3 种不同类型的裂缝。现将不同类型裂缝的测量井段地层成像特征以及沉积解释分述如下:

在 1 825.0~1 825.6 m 发育斜层理,层理倾角 25~40°,层理倾向西偏北。储层及上围岩未见裂缝发育。储层主要发育水平层理和交错层理(见图 7.18)。

在 1 854.0~1 854.8 m 发育裂缝-钻井诱导缝。储层主要发育水平层理和交错层理。储层内未发育裂缝,上部围岩发育裂缝(见图 7.19)。

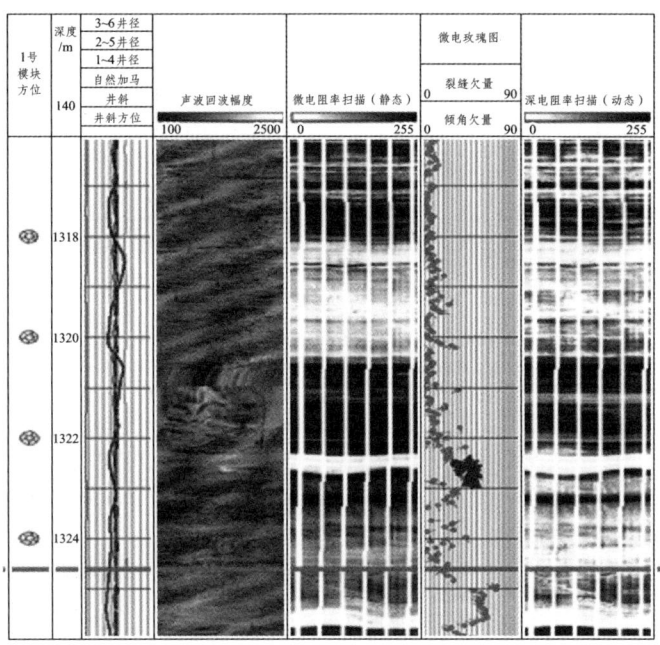

图 7.18　吴起地区谷 46-104 井长 6 段 1 816.0～1 826.0 m 成像特征图

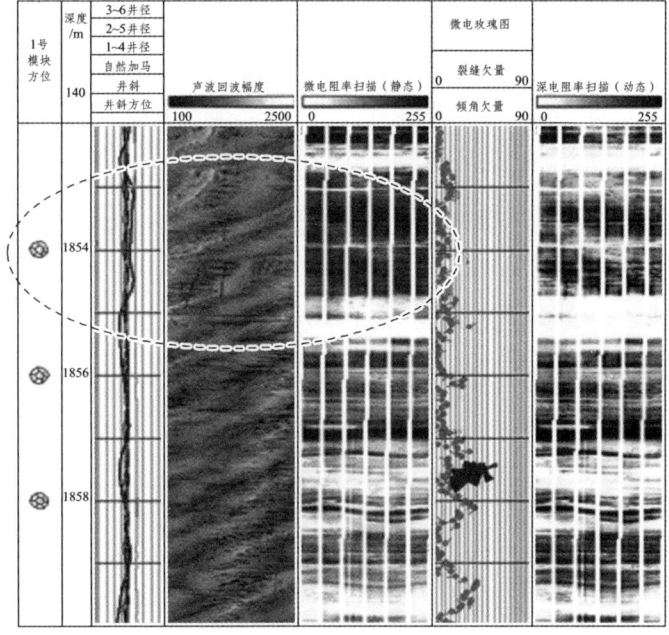

图 7.19　吴起地区谷 46-104 井长 6 段 1 852.0～1 860.0 m 成像特征图

1 904.0~1 914.0 m,砂体电成像静态图像整体较亮,表明电阻率较高。储层主要发育水平层理、交错层理和斜层理。1 911.5~1 912.2 m 发育斜层理,倾角 6°~10°,倾向西南。上围岩和储层内均有高角度裂缝发育(见图 7.20)。

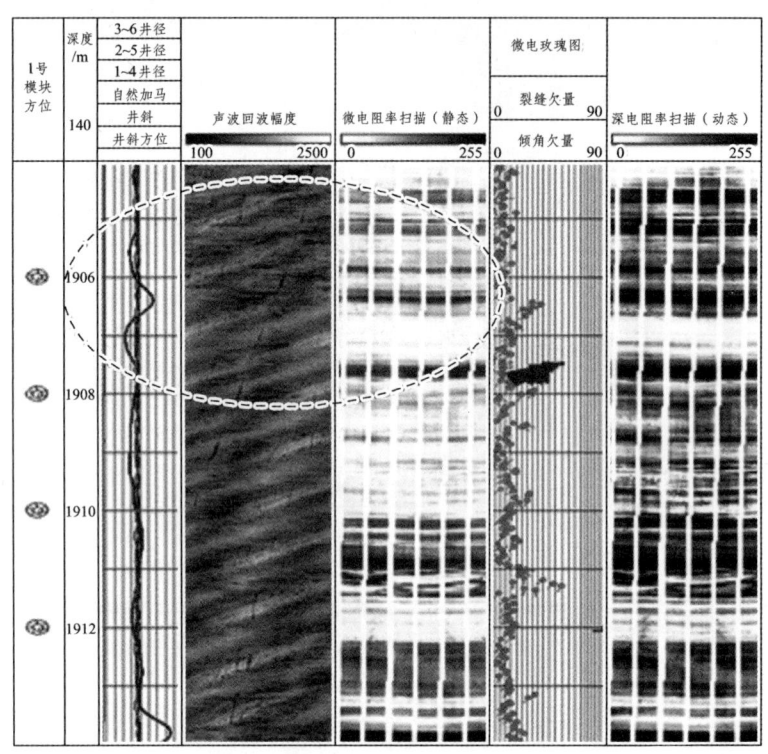

图 7.20　吴起地区谷 46-104 井长 6 段 1 904.0~1 914.0 m 成像特征图

1 954.9~1 962.3 m 电成像静态图像明暗相间,表明储层的非均质性较强。储层主要发育水平层理和波状层理。储层和围岩裂缝都发育(见图 7.21)。

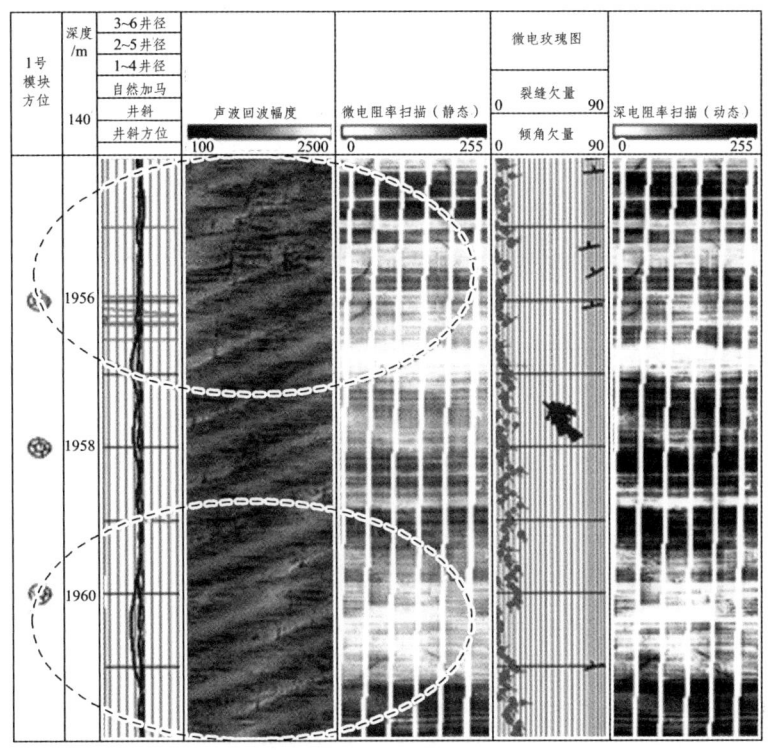

图 7.21　吴起地区谷 46-104 井长 6 段 1 954.0～1 962.0 m 成像特征图

对谷 46-104 井的裂缝发育参数进行统计分析（见图 7.22，表 7.4），结果表明其裂缝倾角为 61°～84°，平均为 81°，该裂缝为高角度裂缝，其中裂缝走向为北北东—北东东向裂缝系统，北东方向为主。

表 7.4　谷 46-104 井裂缝类型及特征

地质分层	深度位置/m	裂缝类型	倾角/(°)	走向/(°)
长 6	1 848.5	天然裂缝	62	78～258
	1 879.1	天然裂缝	61	65～245
	1 893.9	天然裂缝	75	102～282
	1 895.2	天然裂缝	70	93～273
	1 896.2	天然裂缝	76	72～252
	1 897.3	天然裂缝	70	89～269
	1 897.7	天然裂缝	76	80～260

续表

地质分层	深度位置/m	裂缝类型	倾 角/(°)	走向/(°)
长 6	1 898.2	天然裂缝	77	63~243
	1 898.5	天然裂缝	66	75~255
	1 898.9	天然裂缝	76	96~276
	1 899.4	天然裂缝	66	77~257
	1 900.3	天然裂缝	73	90~270
	1 912.1	天然裂缝	84	91~271
	1 921.2	天然裂缝	76	83~263
	1 925.0	天然裂缝	78	93~273
	1 946.5	天然裂缝	67	86~266
	1 947.1	天然裂缝	65	100~280
	1 947.4	天然裂缝	61	96~276
	1 948.0	天然裂缝	72	66~246
	1 949.3	天然裂缝	68	80~260
	1 950.0	天然裂缝	70	83~263
	1 950.7	天然裂缝	77	88~268
	1 951.9	天然裂缝	76	75~255
	1 953.0	天然裂缝	79	77~257
	1 953.5	天然裂缝	74	74~254
	1 954.1	天然裂缝	70	84~264
	1 954.3	天然裂缝	67	81~261
	1 955.3	天然裂缝	60	78~258
	1 955.6	天然裂缝	68	56~236
	1 956.1	天然裂缝	63	74~254
	1 961.0	天然裂缝	64	71~251
	1 962.5	天然裂缝	73	77~257

第 7 章　裂缝发育特征研究

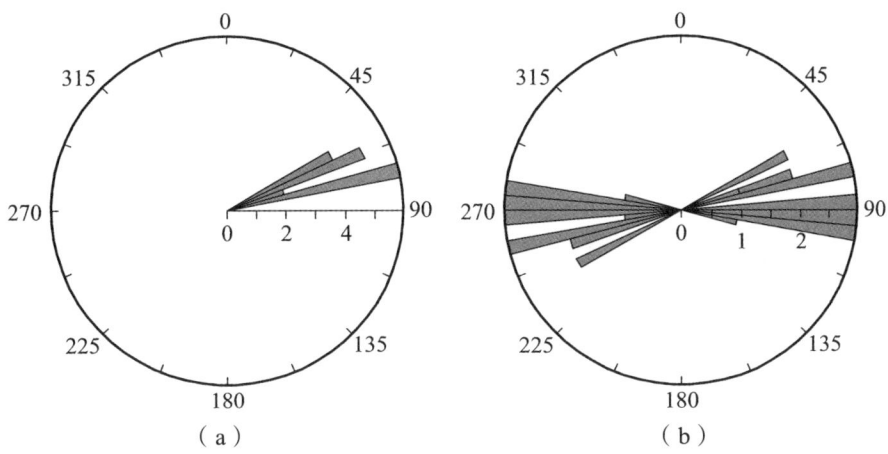

图 7.22　吴起地区谷 46-104 井裂缝倾角及延伸方向玫瑰图

4. 研究区层理缝及成岩缝特征

（1）层理缝：平行层理缝和斜层理缝为主，发育程度总体为中等~较高。裂缝的发育密度一般为 3~10 条/10cm；裂缝长度大于岩心直径；裂缝张开度为 2~5 mm；裂缝大多未充填，少部分干沥青充填；沿裂缝周围，储层内部有油气显示或油气富集。

（2）成岩微破裂缝：长度都在 0.2~20 mm；开度多在 1~30 μm；

（a）平行层理缝

（b）斜层理缝

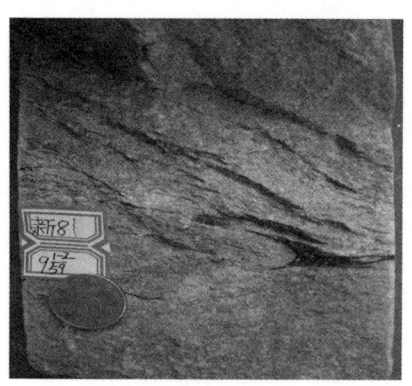 

（c）层理缝内部可见沥青质　　　　（d）沿层理缝油气富集

 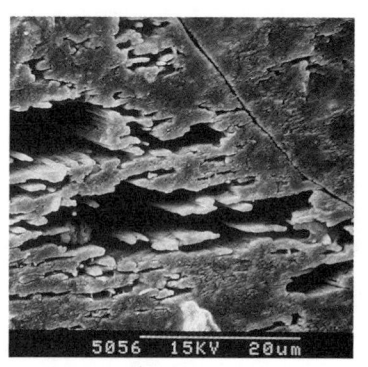

（e）　　　　　　　　　　　（f）

图 7.23　研究区层理缝及成岩缝特征

7.3.2　裂缝分布综合预测方法及动态验证

1. 裂缝分布综合预测方法

（1）构造裂缝定量预测方法简介。

裂缝研究起步较早，但储层裂缝研究是从 20 世纪中叶才开始的，至今已提出了许多观点，形成了许多研究方法。从国内外研究现状来看，关于裂缝参数定量表征和空间裂缝分布定量预测仍然是一个尚待进一步研究的课题，低渗储层裂缝分布定量预测是油气地质学研究的前沿领域之一。

裂缝定量预测方法有多种，主要有岩石破裂法、能量法、主曲率法、数学统计法、地球物理学方法。根据资料表明，部分学者采用地质统计法和岩石破裂法与能量法共同定量预测构造裂缝分布及发育程度。

（2）岩石破裂率值判断裂缝发育程度。

由于地层中往往发育张性和剪性为主的两种构造裂缝系统，有必要对这两种性质的裂缝发育和分布情况进行预测和综合研究。根据格里菲斯张破裂准则和莫尔-库仑剪破裂准则，分别得出岩石张破裂和剪破裂发育和分布状态。考虑到不同性质裂缝对储层段构造裂缝发育程度贡献大小，在预测岩石张、剪裂缝基础上，根据目的层岩心中张、剪裂缝统计结果，定义了地层岩石综合破裂值评价指标 F_y，即

$$F_y = \eta \times m + R \times n \tag{7.1}$$

式中　　η，R——分别为张破裂系数和剪破裂系数，是岩石张、剪破裂发育程度量度；

　　　　m，n——分别代表岩心裂缝系统中张性和剪性裂缝所占比率（或贡献率）。

原则上认为，评价指标 F 值越大，裂缝系统越发育。以岩心构造裂缝观测结果为评判依据，将裂缝发育程度分为不发育、弱（次）发育、发育区 3 个等级，以此给出裂缝发育程度半定量评价。

2. 岩石形变能量值判断裂缝发育程度

地层中单位体积的形变能量值 W（或应变比能）为

$$W = (\sigma_1^2 + \sigma_3^2)/2E - (\sigma_1\sigma_3)v/2E \tag{7.2}$$

式中　　σ_1，σ_3——分别为最大主应力、最小主应力；

　　　　E——弹性模量；

　　　　v——泊松比。

为了弥补 F 不能单独决定岩石破裂之后裂隙发育程度的不足，可以把形变能量值作为破裂准则的补充判据，共同来反映构造裂缝的发育程度。

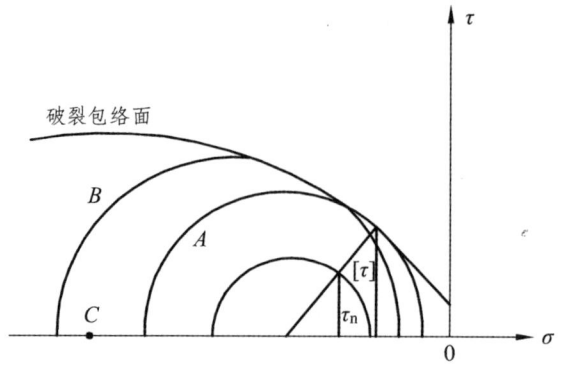

图 7.24 应力变形破裂包络线示意图

如图 7.24 所示，两个与破裂包络线相切的圆 A、B，它们均破裂，但它们所包含的应变能显然不同，B 大于 A，能量值大者有可能发育更多的裂缝，故单靠破裂值来决定构造裂缝的发育程度是不够的，还必须考虑到能量值的影响。另一种情况，能量值 W 大，也不一定能发育裂缝。如考虑岩石受静岩应力作用这种特殊情形，它在图中的应力圆成为坐标横轴上的一个点 C。它的能量值可以很大，但其破裂值始终为零，事实上这时岩石也不会发生破裂。由此可见，单独由能量值来确定裂缝发育程度也不行，还须考虑是否真正发生了破裂。如果岩石破裂值满足破裂准则时，可根据其能量值的大小，判断岩层裂缝的发育程度。

（4）岩石形变曲率法判断裂缝发育程度。

构造应力是地壳中最活跃的能量之一，不仅使沉积岩层产生各种变形（褶皱、断裂和裂缝），而且在岩层变形中可以产生、释放大量的热能，对盆地油气的形成、运移和聚集有直接的控制作用。

构造裂缝的发育状况往往与构造样式、所处的构造位置和地层岩石力学特性密切相关，它们在局部构造和断裂带中的分布具有明显的规律性。与局部构造相关的裂缝形成过程中，既有伴生裂缝，又有诱导裂缝，后者与局部构造部位关系密切。

利用应力与应变关系和构造主曲率可以预测裂缝分布规律和发育程度。一般认为，在褶皱型局部构造上，岩石变形强度从构造翼部向顶部不断加强；在地台型局部隆起上，岩石变形强度则从构造顶部向翼部逐渐加强。

因此,褶皱的翼部和端部无疑是裂缝强烈发育带,尤其是端部。与断裂相关的裂缝是构造裂缝的重要类型,为断裂的低级、低序次构造。在断裂形成的同时,往往产生一系列和断裂平行的剪破裂,这些剪破裂和断裂是同一应力场下的产物。断裂带中以伴生裂缝为主,断裂附近则是诱导裂缝的发育部位。宏观上,与断裂相关的裂缝分布受断层展布规律的控制。与断层相关的裂缝密度是岩性、断层面的位移、与断层面的距离、埋藏深度和断层类型等参数的分布函数。

总之,构造裂缝发育特征及分布规律受裂缝形成期的构造应力场活动强度及活动方式、岩石力学属性、先存构造变形特征及变形强度等多方面因素的制约。油气区储层裂缝可以由与应变能相关的剪裂缝、与岩层褶皱相关的张裂缝,以及与断层相关的剪裂缝和张剪裂缝为主组成。储层构造裂缝发育密度与褶皱曲率、应变能和断层密切相关,它们对裂缝发育程度的影响是相对独立的,通过叠加处理可以得到对裂缝密度的综合影响效应。

(5)改进的曲率法预测构造裂缝方法。

曲率法是预测构造裂缝的方法之一,此法已应用多年,虽取得了一定的成效,但预测的精度通常欠佳,往往不能满足油气勘探的需要。此法主要存在两方面的问题,一是以往构造面精度不够,常采用克里金插值方法,一般存在较大误差,特别是在构造局部突变的地区更是如此,拟合构造曲面的精度越差,必然导致曲率值的失真,从而影响构造裂缝的预测。二是在计算方法上,曲率方法分为线曲率和面曲率,过去的曲率计算方法较原始,往往仅采用线曲率的某一种方法,虽然近年来采用了面曲率,但两者结果往往不统一,一般只能采用一种计算结果,未能将两种类型的多方法结果进行综合应用,预测精度难以提升。

① 曲率法预测原理。

当岩石受构造应力挤压时,会沿某一方向发生弯曲(初始情况是无弯曲的岩层),中性以上部位承受拉张应力而形成张裂缝(见图 7.25)中性面以下则承受挤压力,不能形成张裂缝。曲率法是根据岩层发生形变与曲率的关系来预测张裂缝的分布,一般曲率越大,张应力也应越大,张裂缝也越发育,曲率值可间接反映张性裂缝的多少(相对值)。

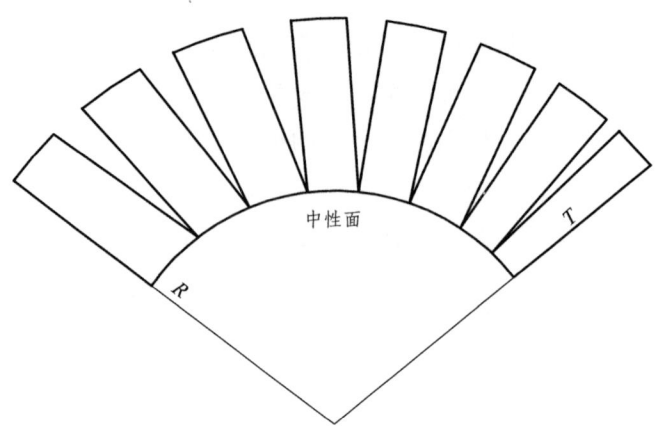

图 7.25　应力变形中性面张裂缝示意图

② 曲率法的改进。

根据曲率法存在的主要问题，重点就构造曲拟合及曲率的计算方法等进行系统的改进。构造曲面拟合的核心问题是井间插值或预测。以前使用的克里金方法是一种光滑内插方法，实际上是特殊的加权平均法。它难以表征控制井间构造的细微变化和离散性。同时，克里金为局部估值方法，对整体结构考虑不够。地层具有整体平缓，但局部构造变化大的特点，即局部的构造变化具有一定的随机性。因此，构造曲面的拟合选用在大构造背景下约束进行随机模拟和预测相对更科学、更合理。

随机模拟是以已知的信息为基础，以随机函数为理论，应用随机模拟方法，产生可选的、等概率的模拟方法。近年来，该方法发展迅速，出现了种类繁多、功能不同的模拟方法。随机模拟通常分为条件模拟和非条件模拟，基于非条件模拟运用较少，通常讲的随机模拟一般是指条件模拟。随机模拟主要有布尔型、指示型、模拟退火、高斯型、分形模拟等。

曲率计算方法可分为面曲率及线曲率两大类，面曲率有趋势面、曲面差分等多种方法，线曲率也有倾角变化率法、五点法（曲线拟合）、三点法、样条函数法等，经过敏感性实验筛选，发现面曲率的趋势面、曲面差分及线曲率的三点法、样条函数法效果较好。

趋势面拟合法：趋势面拟合是将含有地质特征的观测值分离成趋势值及观测值两部分，然后提取满足具有某种形式的、代表曲面的二元函数，用以拟合地质特征的趋势性变化，将构造面抽象为一个数学曲面。

曲面差分法：变差函数是指区域化变量 $Z(x)$ 在 x 与 $x+h$ 两点处的增量的方差之半，即区域化变量在相距为 h 的任意两点处的平方差值的一半。根据样品点计算的变差函数做实验变差函数，差分法的曲率计算与趋势面中的曲率计算是相同的。

3. 研究区天然裂缝的动态验证

研究区近年来陆续开展了干扰试井（压力恢复测试）、示踪剂测试、生产测井等工作。这些动态资料可以解释和验证上述裂缝分布预测特征。

（1）测压资料解释裂缝。

研究区收集到的测压资料解释结果表明，测压解释出裂缝的井点一般都有天然裂缝发育，或者靠近天然裂缝发育井点或区带。利用测压资料验证天然裂缝分布规律效果分析表明，预测结果好的占 45.2%，较好的占 43%，效果不好的占 11.8%。

（2）干扰试井资料解释裂缝。

谷 40-1 井、谷 40-2 井、谷 40-3 井和谷 40-4 井近年来含水率逐步上升，为了了解含水率上升的原因，进一步判断该井与周围井的连通情况及裂缝发育的方向，对该井组进行干扰试井测试。激动井为 40-2 井。从干扰试井 4 口井观察井响应压力曲线图可以看出，谷 40-3 井响应信号明显，从变化看为"三升三降"的干扰信号，符合激动井 40-2 井的激动周期"三升三降"的激动信号，信息滞后 30~100 h，说明谷 40-2 井与谷 40-3 井沟通。研究表明，该区天然裂缝预测的方向性和裂缝的发育范围与动态资料较为一致。

（3）注水剖面测井。

研究区开展了一定数量的生产测井。对生产测井的注水剖面测井成果分析认为，在 2 个层合注时，如果 2 个层中某个层吸水能力明显增强，该层可能存在裂缝通道，但该裂缝是否天然裂缝有待进一步分析。上述预测天然裂缝分布与吸水特征有一定的相关性。

7.3.3 人工裂缝与天然裂缝的耦合及其开发意义

低渗储集层由于岩性致密，通常没有自然产能，必须进行人工压裂才能获得较高的产能。目前，人工压裂主要采用水力压裂技术对低渗储集层进行改造，而人工压裂缝方位、空间几何形态受到天然裂缝的控制作用。

本次研究对研究区裂缝的发育有一个整体宏观的认识。鄂尔多斯盆地吴旗地区构造裂缝，长 6 储层存在北东、北西及北西西向三组裂缝。裂缝系统现今应力场通过控制不同组系裂缝目前的保存状态和张开程度而影响地层的渗透率，油气主渗流方向受现今应力场最大水平主应力方向控制。

天然裂缝的活动性既与应力差有关，又与现代最大主应力和裂缝夹角有关。鄂尔多斯盆地低渗储层中发育的裂缝在地下大都为隐裂缝（或无效裂缝），往往储层不压裂就不具工业产能。

在现今区域应力场影响下，经人工压裂改造后，与现今主应力方向近于平行或小角度相交的无效隐裂缝转变为"张性"显裂缝，在流体运移方面起主要作用。但是，当压裂或注水压力过高时，隐裂缝变为显裂缝时便会引起水窜。因此，裂缝在低渗油藏注水开发中具有明显的双重作用，一方面可以提高注水井吸水能力，另一方面容易形成水窜，使采油井过早见水和水淹。

影响压裂缝的地质因素：现今地应力方向和天然裂缝系统走向共同决定了该探区长 6 储层人工裂缝扩展方向约为北东-南西；吴旗地区具有现今最大水平主应力>垂直应力>最小水平主应力的特点，如旗 85-89 井长 6 储层三向应力关系为 50.45 MPa>45.37 MPa>28.4 MPa。最大水平主应力与垂直应力之比接近 1，因此决定了在研究区长 6 储层压裂缝，一般沿最大水平主应力方向延伸的垂直裂缝。

研究区通过谷 46-104 井综合压裂改造层位前后能量差、时差各向异性、平均各向异性，以及各向异性成像资料，表明该段地层压裂缝较为发育，向上部围岩有一定的延伸；裂缝向上延伸至 1 897.0 m，向下延伸至 1 921.0 m，延伸高度为 24.0 m，其中在 1 901.0~1 918.0 m 井段能量差及各向异性显示最强，该处裂缝最为发育。

监测数据表明，长 6 储层压裂缝一般与天然裂缝产生耦合，形成沿最大水平主应力方向（北北东—北东东）延伸的垂直裂缝。

通过对研究区域人工压裂缝方位与天然裂缝及最大主应力对比研究，认为天然裂缝对人工裂缝具有重要的控制作用。油气储集层，特别是特低渗透储集层中，一般发育有 3~4 组按一定规律分布的天然裂缝，且一般以高角度裂缝为主。在人工压裂造缝时，由于天然裂缝的抗张强度小于岩石的抗张强度，若达到一定条件，天然裂缝会优先张开并相互连通形成压裂缝，使压裂裂缝不再严格地沿着最大主应力方向延伸，并控制压裂裂缝的空间特征。当天然缝相对不发育时，现今最大主应力对人工缝开启方向具有控制作用，压裂裂缝的方向、形态受现今地应力场的特征控制。

人工压裂造缝是特（超）低渗透油田具有产能的重要手段。通常认为在均质性储集层中，人工裂缝的展布方向总是垂直于现今地应力场的最小主应力方向扩展。当超低渗油田裂缝发育时，由于基质和裂缝分布的强烈非均质性，人工裂缝的分布除了受现今地应力场的控制外，还受古构造应力场作用下形成的天然裂缝的控制。

井网部署时，要充分考虑研究区天然裂缝发育程度、发育方位及其与现今地应力的最大主应力的匹配关系。若研究区天然裂缝发育，人工压裂缝可能沿着天然裂缝方位延展，井排方向部署时主要是要考虑以天然裂缝走向为主；当研究区天然裂缝相对不发育时，人工压裂缝走向可能与最大主应力方向一致，井排方向应以最大主应力方向为主，从而达到油田有效开发，最大限度杜绝油井爆性水淹的目的。因此，充分考虑人工缝与天然缝耦合作用，对超低渗油田注水开发具有重要的意义。

第 8 章　储层质量及开发综合评价

高效开发低渗透砂岩油藏的一个关键技术就是储层评价并优选富集区。对低渗透砂岩油藏储层评价时，要根据储层特性，选定评价参数，建立相应的储层评价方法。

以黄陵地区为例，对研究区域进行储层评价及有利区预测。

1. 储层分类标准

通过储集层沉积相及储层四性关系等项系数的综合对比研究，确定储集层综合评价分类的主要指标，分层建立砂岩储层分类标准。

2. 储层综合评价结果

依据综合评价分类指标，分类评价储层。并绘制各类储层平面展布图。

在了解区域沉积背景和分析单井资料的基础上，依据层序地层学和沉积学原理，对沉积相的综合研究，建立沉积微相模式，确定各段的沉积微相展布，从而了解沉积微相的空间分布和各积微相的不同沉积演化特征。

在研究区构造特征、沉积、储层特征及控制因素综合研究的基础上，结合目前的试油试采资料和生产状况，综合评价，筛选出有利的区带，为下步勘探部署提供依据。

8.1　评价参数的选取

根据黄陵探区延长组储层沉积规律和物性特征，参考常规油气藏储层评价参数，选择如下四项参数作为储层综合分类评价参数。

1. 孔隙度

孔隙度指岩样中孔隙体积 V_p 与岩样体积 V_f 的比值，以百分数或小数表示。它是地质储量计算及储层评价中不可或缺的参数。另外，孔隙度是计算油田的储量丰度和单储系数的重要参数，储层孔隙度越大，油田的储量丰度和单储系数就越大。因此，储层孔隙度可以作为遴选油藏富集区的一个重要参数。

2. 渗透率

渗透率是指在一定压差下，岩石允许流体通过的能力，是直接反应储层渗流能力大小的指标，也是影响油井产能的重要参数。从储层流动性好坏上来看，储层渗透率越大，储层物性越好。因此，储层渗透率是储层评价的一个基本参数。

3. 含油饱和度

含油饱和度是指储层中含油的孔隙体积 V_g 与其总孔隙体积 V_p 之比，一般用百分数或小数表示。含油饱和度是计算天然气储量、单储系数和储量丰度的重要参数之一。另外，根据油水两相渗流特征，含油饱和度也是影响油相在储层中相对渗流能力的一个重要指标。

因此，无论从储层渗流能力的高低，还是从储量计算来看，含油饱和度也是储层评价的一个基本参数。

4. 砂层厚度

同孔隙度一样，油层厚度也是计算油田储量丰度的重要参数。也是储层评价的一个基本参数。

8.2 储层综合评价

1. 聚类分析法

聚类分析（Cluster Analysis）是对样品或变量进行分类的一种多元统计方法，目的在于将相近的事物归类。

聚类（Clustering）是将某个对象划分为若干类（Class or Cluster）的过程，使得同一类内数据对象具有较高的相似性，而不同类的数据对象是不相似的。相似或不相似的定义基于属性变量的取值确定，一般就采用对象间的距离来表示。一个聚类就是由彼此相似的一组对象所构成的集合，同组的对象常常被当作一个对象加以看待。

系统聚类是一种逐次合并类的方法，在规定了样品之间的距离和类与类之间的距离让 n 个样品各自成为一类。开始时，因每个样品自成一类，类与类之间的距离与样品之间的距离是相等的；然后，将距离最近的两个类合并。如此重复，每次循环减少一个类别，直至所有的样品归为一类为止。然而，合并成一个类别就失去了聚类的意义，所以聚类过程应该在达到某个类水平数（即未合并的类数）时停下来，在此得到的聚类就是分析结果。如何决定聚类个数是一个很复杂的问题，整个聚类过程还可以用二叉树谱系聚类图直观地表示出来。聚类分析谱系图如图 8.1 所示，根据谱系图可以合理确定分类数及各个类所含的样品。

系统聚类的步骤如下：

（1）选择分类参数。

（2）原始数据的初处理，数据变换方法主要有标准化变换、正规化变换和极差标准化变换。

① 标准化变换。

$$x'_{ij} = \pm \frac{x_{ij} - \overline{x_j}}{\sigma_j} \quad (8.1)$$

式中 x_{ij}——样品 i 的第 j 个指标值；

$\overline{x}_j$——所有样品第 j 个指标的平均值；

σ_j——第 j 个指标的标准偏差；

x'_{ij}——标准化后的样品 i 的第 j 个指标值。

式（8.1）中的"±"，当指标为正向指标时取"+"，如储层划分中的含气饱和度；当指标为负向指标时取"−"，如储层划分中的可动水饱和度。

② 极差标准化变换。

$$x'_{ij} = \frac{x_{ij} - x_{j,\min}}{x_{j,\max} - x_{j,\min}} \quad (8.2)$$

式中　$x_{j,\max}$——第 j 个指标最大值；
　　　$x_{j,\min}$——第 j 个指标最小值。

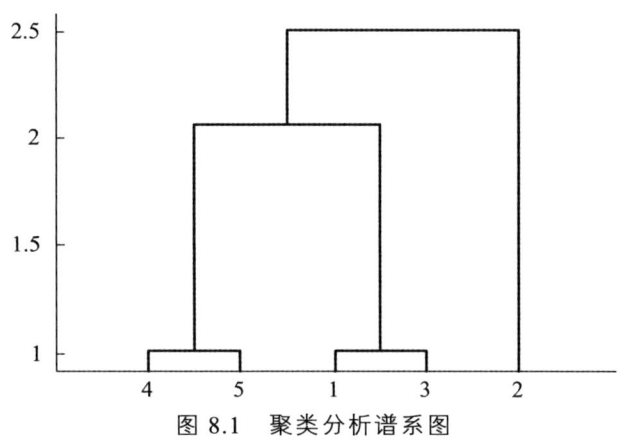

图 8.1　聚类分析谱系图

（3）计算样品之间的距离或相似度。以样品 x_i 和 x_j 为例，它们之间的距离记为 d_{ij}，距离越小表示它们越相似，如下是 4 种常用的关于距离的度量方式。

① 欧氏距离（Euclidian Distance）。

$$d_{ij} = \sqrt{\sum_{k=1}^{m}(x_{ik} - x_{jk})^2} \quad (8.3)$$

② 欧氏距离平方（Squared Euclidian Distance）。

$$d_{ij} = \sum_{k=1}^{m}(x_{ik} - x_{jk})^2 \quad (8.4)$$

③ 闵可夫斯基距离（Minkowski）。

$$d_{ij} = \left[\sum_{k=1}^{m}(x_{ik} - x_{jk})^p\right]^{1/p} \quad (p \geqslant 1) \quad (8.5)$$

④ 切比雪夫距离（Chebyshev）。

$$d_{ij} = \max_{1 \leqslant k \leqslant m} |x_{ik} - x_{jk}| \tag{8.6}$$

对于样品 x_i 和 x_j，还可以定义它们之间的相似系数，仍记为 d_{ij}，其相似系数越大表示它们越相似，常用的相似系数有如下两个：

① 皮尔逊相似系数（Pearson）。

$$d_{ij} = \frac{\sum_{k=1}^{m}(x_{ik} - \overline{x}_i)(x_{jk} - \overline{x}_j)}{\sqrt{\sum_{k=1}^{m}(x_{ik} - \overline{x}_i)^2}\sqrt{\sum_{k=1}^{m}(x_{jk} - \overline{x}_j)^2}} \tag{8.7}$$

② 夹角余弦（Cosine）。

$$d_{ij} = \cos(\theta_{ij}) = \frac{\sum_{k=1}^{m} x_{ik} x_{jk}}{\sqrt{\sum_{k=1}^{m} x_{ik}^2}\sqrt{\sum_{k=1}^{m} x_{jk}^2}} \tag{8.8}$$

（4）令每个观测记录各自成为一个类别。

（5）计算类与类的距离，并将距离最近的两个类合并成一个类，类的数目减1。其中，常用的类 G_a 与类 G_b 之间的距离定义如下：

① 最短法。

$$D(a,b) = \min(d_{ij} | x_i \in G_a, x_j \in G_b) \tag{8.9}$$

② 最长法。

$$D(a,b) = \max(d_{ij} | x_i \in G_a, x_j \in G_b) \tag{8.10}$$

③ 重心法。

将 $x_a = \frac{1}{n_a}\sum_{x_i \in G_a} x_i$、$x_b = \frac{1}{n_b}\sum_{x_j \in G_b} x_j$ 分别称为类 G_a 与类 G_b 的重心，其中 n_a 和 n_b 分别是 G_a 和 G_b 所观测的个数，记 $D(a,b) = d_{ab}$。

④ 类平均法。

$$D(a,b) = \frac{1}{n_a n_b} \sum_{x_i \in G_a} \sum_{x_j \in G_b} d_{ij} \tag{8.11}$$

（6）如果当前的类数目大于1，转至步骤（4）。

（7）结束聚类过程，根据聚类结果进行分类。

2. 聚类分析法储层分类评价

采用目前国际上比较流行、比较专业、实用、易应用的统计软件 SPSS 对黄陵探区储层进行快速聚类。其中，SPSS 的快速聚类过程使用的是 K 均值分类法（K-Means Cluster），它允许事先指定聚类个数。根据选择的四个控制因素（孔隙度、渗透率、含油饱和度和砂层厚度），在充分考虑裂缝对储层影响的基础上进行聚类分析，分出储层分类参数（见表 8.1），其中 IA 类储层为最好的储层。

表 8.1 储层综合评价分类参数表

油层组	储层类别	平均砂厚/m	平均孔隙度	平均渗透率/mD	平均含油饱和度	类别井数/个	类别百分比
C1 层	IA	40.8	10.9%	33.93	53.3%	4	6%
	IB	4.5	13.5%	128.0	12.7%	3	5%
	II	9.3	13.8%	7.02	21.5%	31	49%
	III	11.7	9.4%	2.92	10.1%	25	40%
C2 层	IA	35.0	9.5%	16.06	27.5%	9	14%
	IB	15.6	13.9%	33.99	8.0%	15	24%
	II	4.6	13.6%	5.27	24.4%	21	33%
	III	6.0	9.2 %	2.52	16.1%	18	29%
C3 层	IA	5.0	13.4%	2.81	23.9%	14	22%
	IB	23.3	7.1%	1.82	43.7%	10	15%
	II	4.3	8.5%	0.86	29.2%	16	25%
	III	8.3	9.1%	0.81	10.1%	25	38%
C4+5 层	IA	8.2	9.6%	9.00	24.8%	27	23%
	IB	8.1	7.7%	2.20	34.3%	26	22%
	II	26.1	7.8%	1.28	16.8%	29	25%
	III	5.1	8.5%	0.82	13.2%	35	30%

续表

油层组	储层类别	平均砂厚/m	平均孔隙度	平均渗透率/mD	平均含油饱和度	类别井数/个	类别百分比
C6层	IA	37.3	9.4%	1.84	34.9%	30	23%
	IB	38.0	8.9%	3.98	39.4%	5	4%
	II	24.2	9.0%	1.20	25.4%	78	59%
	III	14.7	7.0%	2.83	15.8%	19	14%
C7层	IA	20.0	8.1%	3.94	27.5%	11	19%
	IB	6.3	11.2%	11.30	53.8%	9	15%
	II	2.6	9.4%	1.27	28.1%	20	34%
	III	6.5	7.3%	0.68	14.3%	19	32%
C8层	IA	5.6	8.3%	1.04	34.6%	18	33%
	IB	3.4	14.3%	8.70	43.4%	5	9%
	II	6.6	8.7%	2.22	25.4%	12	22%
	III	11.2	7.8%	1.31	14.9%	20	36%
C9层	IA	23.8	8.5%	1.08	14.9%	8	24%
	IB	11.1	8.9%	1.37	29.9%	6	18%
	II	5.8	6.1%	0.31	18.4%	12	35%
	III	12.6	7.2%	0.47	7.1%	8	24%
C10层	IA	11.8	8.3%	0.96	25.4%	5	18%
	IB	5.6	6.9%	1.30	25.1%	5	35%
	II	5.1	6.1%	0.24	23.0%	11	24%
	III	11.8	5.9%	0.15	6.5%	10	24%

根据聚类分析参数对储层进行聚类分析，绘成平面展布图如图 8.2～图 8.10 所示。IA 类储层以长 2、长 3、长 4+5、长 6、长 7 最为发育，IB 类储层分布于长 2、长 4+5、长 6、长 7 和长 9。

不同油层组，储层的砂厚及孔渗饱的分类界限值不同。平均来看，各类储层特征如下：

（1）IA 类储层：平均砂厚 22 m，平均孔隙度为 9.7%，平均渗透率为 8.7 mD，平均含油饱和度为 30.2%，储层裂缝不发育，基质物性较好，储层最终采收率较高。

（2）IB类储层：平均砂厚 13.8 m，平均孔隙度为 10.7%，平均渗透率为 23.9 mD，平均含油饱和度为 33.2%，这类储层裂缝及微裂缝发育，平均孔渗比 IA 略高，但是开发过程中受应力敏感性及其他条件的影响较大，储层最终采收率受其他因素影响较大，不及 IA 类稳定。

（3）II类储层：平均砂厚 10.4 m，平均孔隙度为 9.6%，平均渗透率为 2.4 mD，平均含油饱和度为 23.7%，这类储层砂厚较薄，储层物性条件较差，渗透率较低，单井控制储量有限。即使个别井初期产量会赶上 I 类储层，但是稳产时间有限，最终采收率不及 I 类储层。

（4）III类储层：平均砂厚 9.5 m，平均孔隙度为 8.2%，平均渗透率为 1.5 mD，平均含油饱和度为 12.7%，这类储层砂厚很薄，储层物性条件差，渗透率很低，开采比较困难。

各油层组位于 IA 类储层和 IB 类储层内的井统计如表 8.2 所示。依据试油资料进行比对，该评价标准较为准确。

表 8.2 黄陵探区 I 类（包括 IA 和 IB 类）储层主要代表井

序号	层号	类别	代表井
1	长 1	IA 类	H23-7，H23-6，H23-5，H23-3
2	长 1	IB 类	H23-1，S35，S36
3	长 2	IA 类	H23-2，S125，S14，H59，HC58，S126，H25，H28，H23-2，H23-3，H23-7，H23-6，H23-5，H29-7，H29-2
4	长 2	IB 类	H34，H58，S142
5	长 3	IA 类	H29-3，H29-5，H29-6，H137-7，H137-4，H137-3，S0006-1，H167-5，S0006-4，S0005-3，S0005-1，S0018-3，S0018，H138-1
6	长 3	IB 类	H59，H156，H123，S121，S123，H137，H58，H38，H133，H45，H61-7，H61-3，H24-4
7	长 4+5	IA 类	S0030-2，S0030-6，S0030-1，S0030-7，S0030-3
8	长 4+5	IB 类	H136，H141，H140-6
9	长 6	IA 类	H59，S121，H173，H137-4，H137，S0052，H137-6，H138-2，H138-1，S0018，H137-3，H137-7，H138-3，S1208
10	长 6	IB 类	H136，H141，S0027-4，HC37，HC37-6，H167-5，HC37-2，S0006-4，S0006-1

续表

序号	层号	类别	代表井
11	长 7	IA 类	H137-3, H137, H137-4, H156, H123, H173, H176, S121, S123, S177, H267, H197, H157, S6, H268
12	长 7	IB 类	H59, S120, S125, H141, S0027-4, HC37-6, HC37, S0019-3, S0021-4, S0020-1, S0019-5, S0015-1, H14-5, H14-3, H14-2, S0014-5, S0014-1, S0014, S0014-4, S0019-7, S0019-2
13	长 8	IA 类	H27, S126, HC8, H59, S121, H136, H11-7, H155, S8
14	长 8	IB 类	—
15	长 9	IA 类	S6
16	长 9	IB 类	S1208, S126, HC8, S142
17	长 10	IA 类	S6, H25
18	长 10	IB 类	S126, HC8, S142

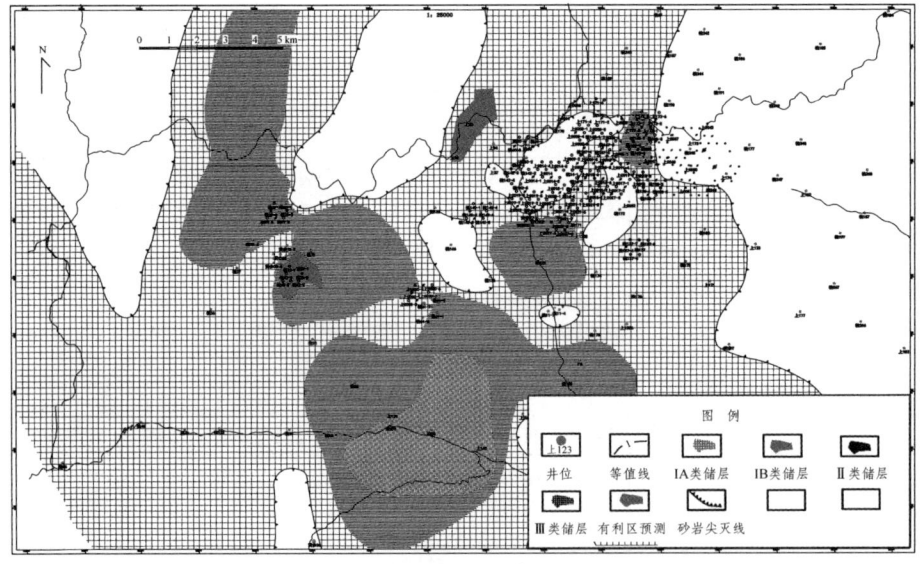

图 8.2 黄陵探区延长组长 1 储层综合评价图

第 8 章 储层质量及开发综合评价

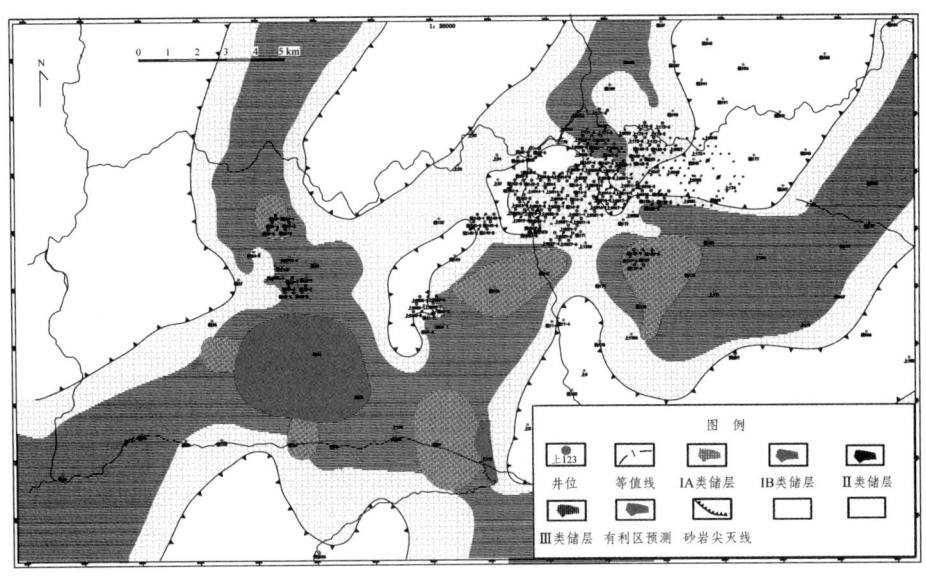

图 8.3 黄陵探区延长组长 2 储层综合评价图

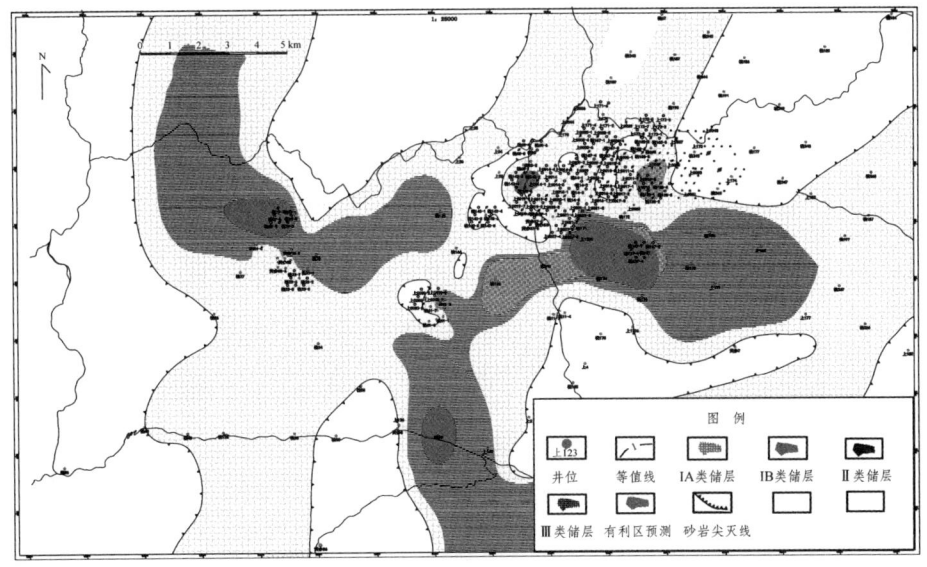

图 8.4 黄陵探区延长组长 3 储层综合评价图

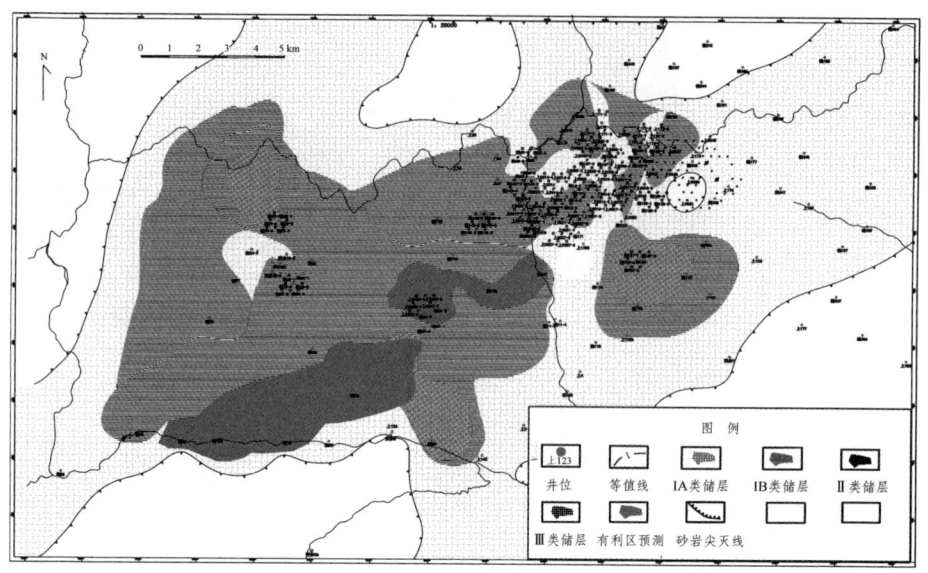

图 8.5 黄陵探区延长组长 4+5 储层综合评价图

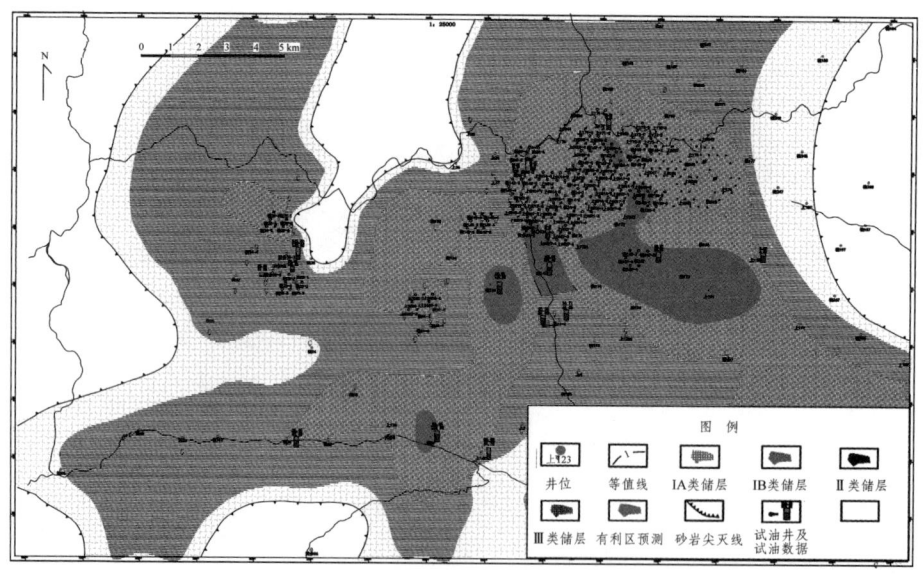

图 8.6 黄陵探区延长组长 6 储层综合评价图

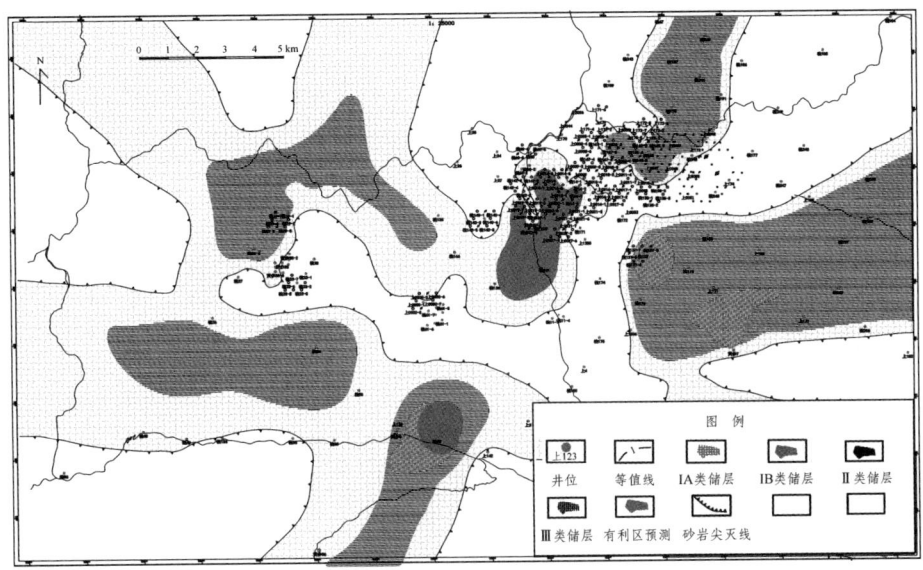

图 8.7 黄陵探区延长组长 7 储层综合评价图

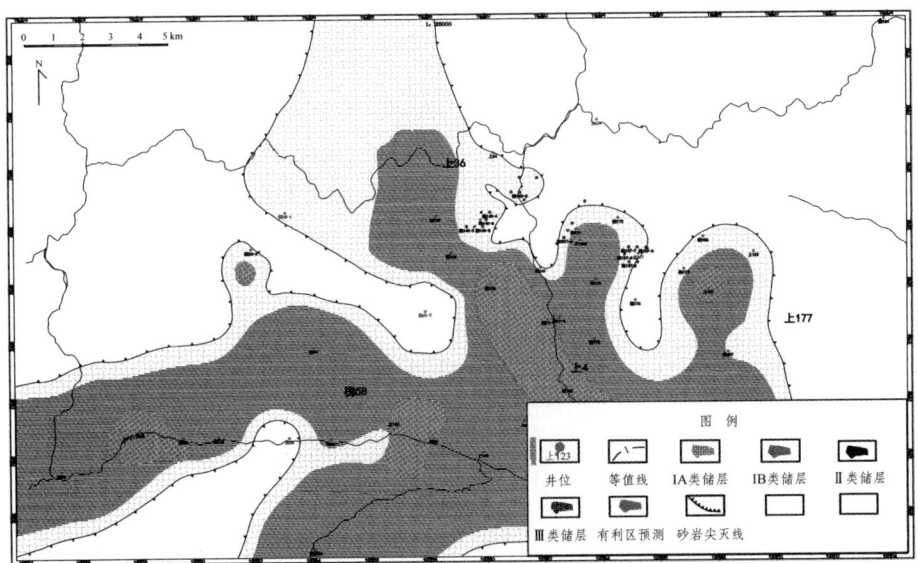

图 8.8 黄陵探区延长组长 8 储层综合评价图

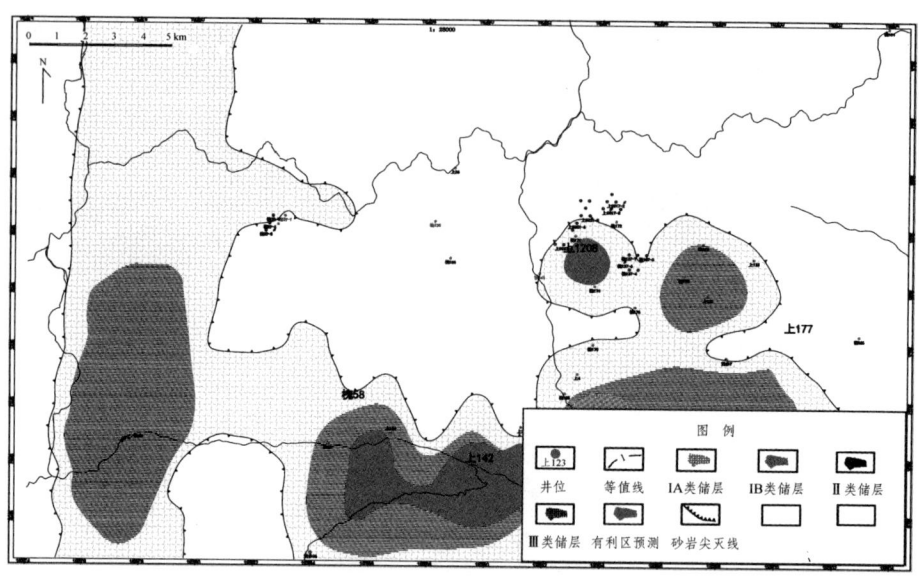

图 8.9 黄陵探区延长组长 9 储层综合评价图

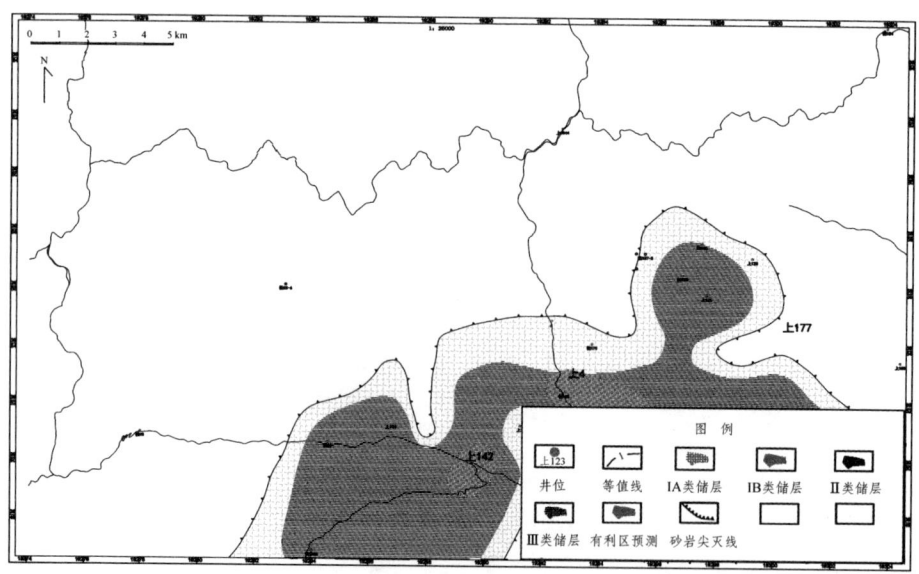

图 8.10 黄陵探区延长组长 10 储层综合评价图

8.3 试采验证

根据聚类法储层分类结果,我们找出对应井对应层位的岩样的测试资料,进行对比分析,对不同类型储层的岩样测试资料进行总结,得出不同类型储层的测试特征。

1. ⅠA 类储层特征

(1)可动流体饱和度特征:储层孔隙内可动流体饱和度大于 45%,大孔隙发育,可动流体都储存于大孔隙内,如图 8.11 所示。

(2)常规压汞特征:排驱压力小于 0.5 MPa,中值压力小于 5 MPa,如图 8.12 所示。

(3)喉道发育特征:主流喉道半径大于 0.7 μm,平均孔喉比小于 180,喉道半径较大,孔喉比较小,储层流动能力较强,如图 8.13 所示。

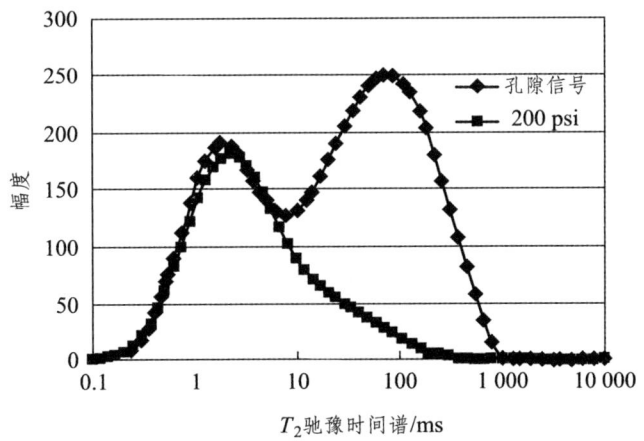

图 8.11　ⅠA 类储层可动流体饱和度特征(图中 $S_{可动}$=53.4%)

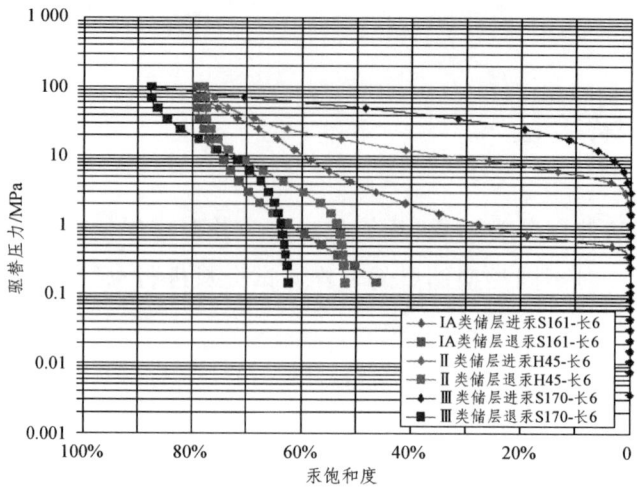

图 8.12 ⅠA、Ⅱ、Ⅲ储层常规压汞曲线

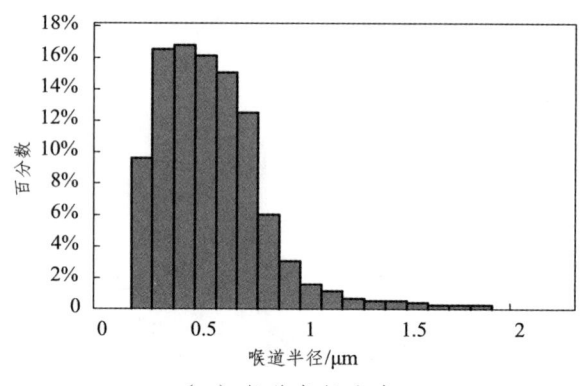

（a）喉道半径分布

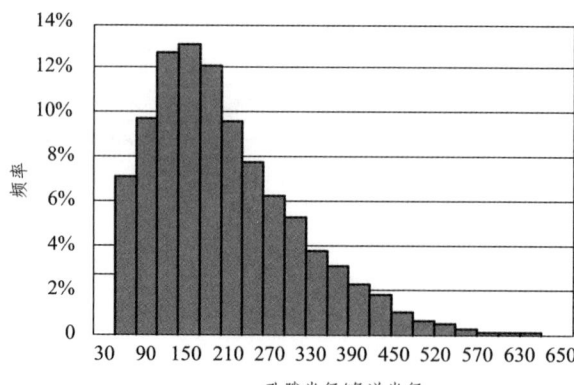

（b）孔隙喉道半径比分布

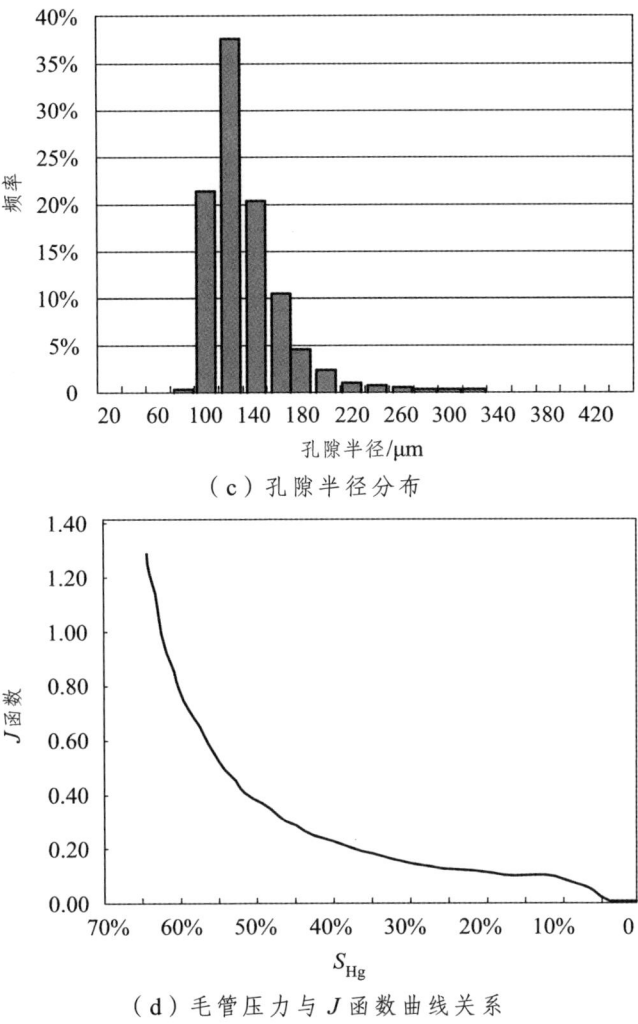

(c)孔隙半径分布

(d)毛管压力与 J 函数曲线关系

图 8.13　ⅠA 类储层喉道发育特征

2. ⅠB 类储层特征

由于ⅠB 类储层一般包含裂缝,而实验室测试岩样较小,受取心局限性和岩样尺寸局限性的影响,ⅠB 类的储层特征实验测试很难体现。

3. Ⅱ类储层特征

(1)可动流体饱和度特征:储层孔隙内可动流体饱和度大于 30%,中孔隙发育，可动流体都储存于中孔隙内，如图 8.14 所示。

（2）常规压汞特征：排驱压力小于 2 MPa，中值压力小于 12 MPa，如图 8.12 所示。

（3）喉道发育特征：喉道半径中等，孔喉比中等，储层流动能力一般。主流喉道半径大于 0.4 μm，平均孔喉比小于 350，如图 8.15 所示。

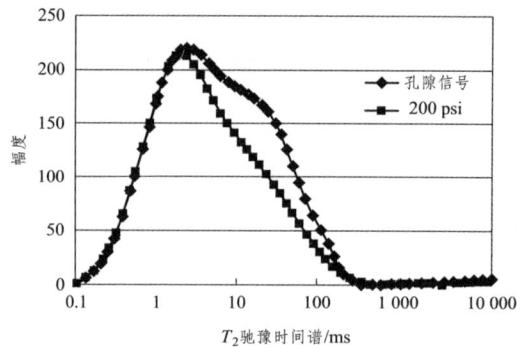

图 8.14　Ⅱ 类储层可动流体饱和度特征（图中 S$_{可动}$=30%）

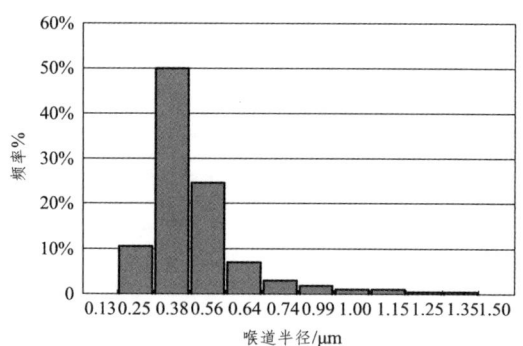

（a）喉道半径分布

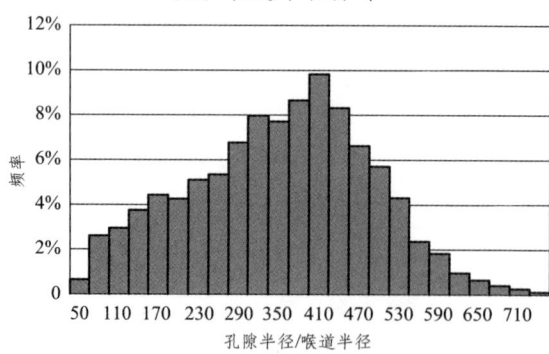

（b）孔隙喉道半径比分布

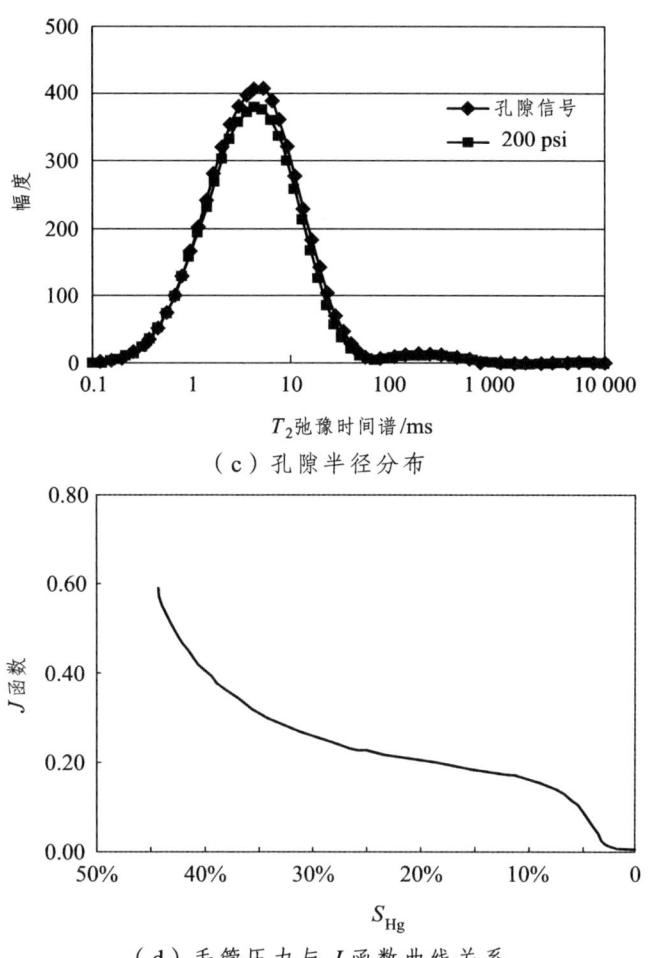

(c) 孔隙半径分布

(d) 毛管压力与 J 函数曲线关系

图 8.15　Ⅱ类储层喉道发育特征

4. Ⅲ类储层特征

（1）可动流体饱和度特征：储层孔隙内可动流体饱和度小于30%，小孔隙发育，可动流体都储存于小孔隙内，很难动用，如图8.16所示。

（2）常规压汞特征：排驱压力小于 6 MPa，中值压力小于 30 MPa，如图 8.14 所示。

（3）喉道发育特征：喉道半径较小，孔喉比较大，即便孔隙发育（孔隙度较大），但储层流动能力较差，开采效果较差。主流喉道半径小于 0.4 μm，平均孔喉比大于 350，如图 8.17 所示。

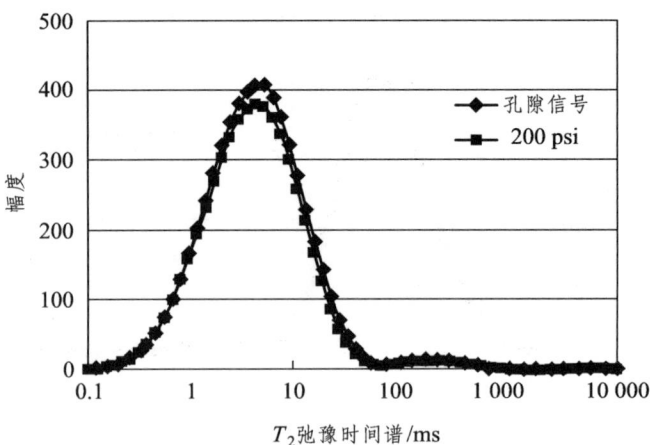

图 8.16　Ⅲ 类储层可动流体饱和度特征（图中 $S_{可动}$=6%）

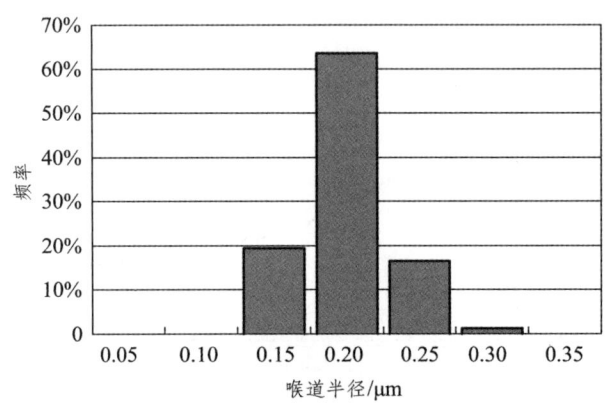

（a）喉道半径分布

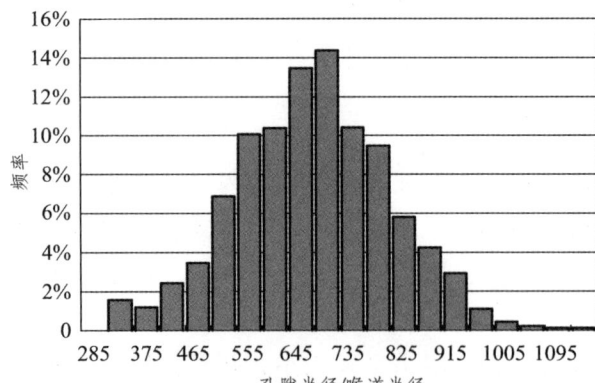

（b）孔隙喉道半径比分布

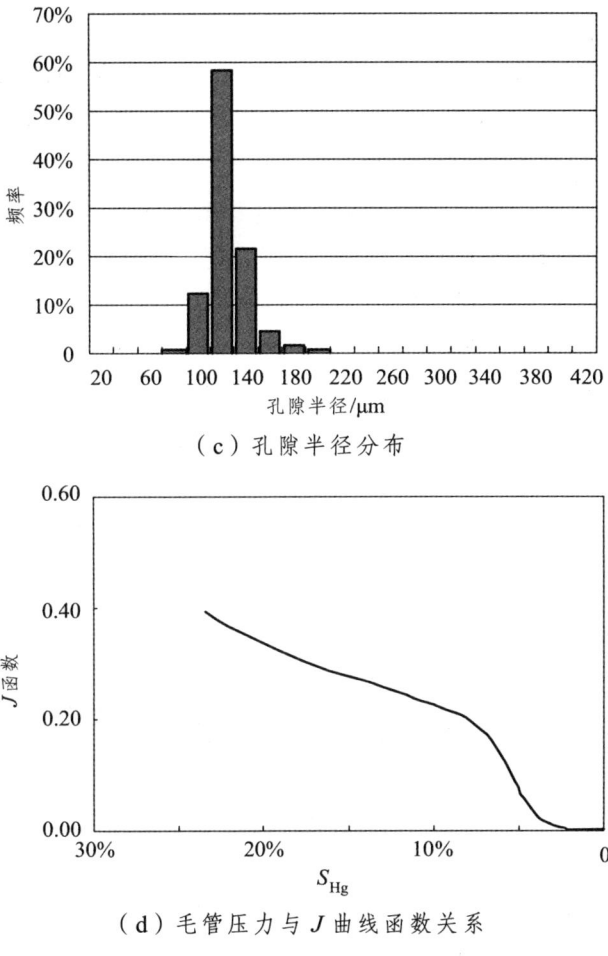

（c）孔隙半径分布

（d）毛管压力与 J 曲线函数关系

图 8.17　Ⅲ 类储层喉道发育特征

8.4　生产数据验证

根据黄陵探区部分井 2012 年生产数据，结合储层评价综合图，找出 IA 类和 IB 类和 Ⅱ 类储层的生产特征。

（1）IA 类储层的生产特征曲线。

全年以一个产量稳定生产（约 0.3 t/d），目前含水率比较稳定，约为 50%。代表井为槐 142 井、上 142 井和槐 59 井，产油特征曲线如图 8.18（a）所示。

（2）IB 类储层生产特征曲线。

平均日产油 0.8 t/d，目前含水率约为 40%，代表井为槐 168 井、槐 61 井、槐 61-5 井等，产油曲线如图 8.18（b）所示。值得注意的是，IB 类储层包含微裂缝，在试油或者生产初期表现出较好的物性特征，但是储层实际控制的储量大小还和基质储层物性有关，因此储层合理配产很重要。另外，储层边底水是否发育以及发育程度也影响这类储层的最终采收率。在实际生产时，因为初始产量设定不准，配产不够合理，致使这类井产量变化剧烈。但是这类储层发育微裂缝，储层受应力敏感性的影响较大，产量剧烈变化将导致井底压力变化剧烈，对井底附近的储层伤害较大，而有些储层伤害一旦发生是无法恢复的，故生产时应尽量避免较大的产量变化。

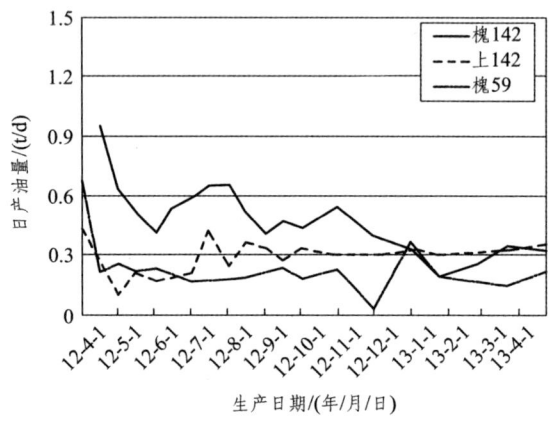

（a）IA 类储层产油特征曲线

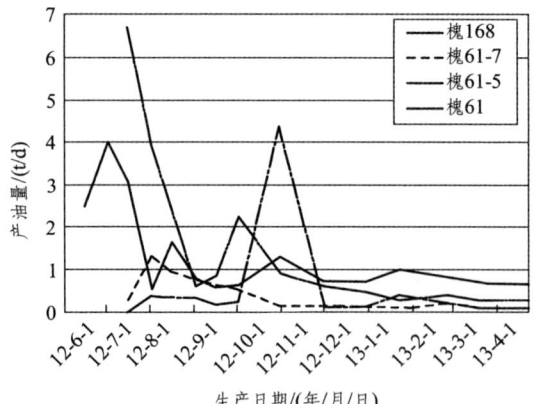

（b）IB 类储层产油特征曲线

图 8.18　I 类储层生产特征曲线

（3）Ⅱ类储层生产特征曲线。

平均日产油 0.2 t/d，但是，日产油量有下降的趋势，目前含水率约为 67%，代表井为槐 11-4 井、槐 11-7 井等，产油特征曲线如图 8.19 所示。这类储层由于储层物性较差，含油饱和度不及Ⅰ类储层，单井控制储量有限，所以生产特征呈下降趋势。目前，这几口井时断时续的生产。

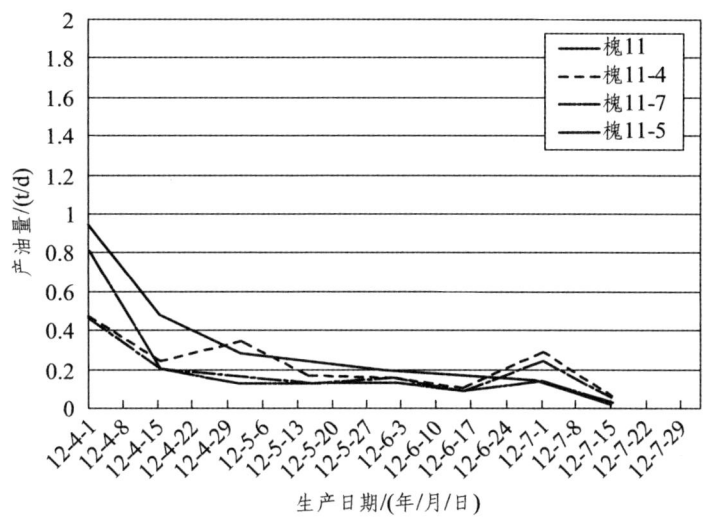

图 8.19　Ⅱ类储层生产特征曲线

Ⅲ类储层由于物性太差，未进行开采或开采不及一月就关井，未找到相关生产特征曲线。

8.5　水平井开发效果分析

截至 2017 年底，该区共有水平井 51 口，合计日产液 370 m³/d、日产油 149 t/d、平均含水率 50%；水平井生产动态整体表现为初期产量较高（10 t/d 以上），产量递减快，投产 3~5 个月后，产量递减均在 50% 以上（日产油低于 5 t/d），投产 1 年后单井平均日产油 3 t/d。从生产动态曲线可以看出整个递减过程含水稳中有降，表现为明显的能量不足引起供液能力下降。

8.5.1 开发效果评价

为了研究区块水平井投产以来的整体生产动态,对研究区内水平井按照投产时间拉齐,绘制区块整体和平均单井的生产动态曲线(见图 8.20)。由图中可以看出该区水平井在投产后 300 天左右出现一个明显的液量、含水均明显降低的过程,分析其原因有两方面:① 随着生产时间的延长,体积压裂入地液量逐渐返排完全;② 裂缝系统内原始流体及部分基质流入裂缝的流体(受流度比影响,基质内可流动水优先进入裂缝)采出后(此阶段主要为"裂缝-井筒"模式),裂缝系统能量衰竭,继续供液能力下降,此时产液主要通过"基质-裂缝-井筒"模式提供,基质渗流能力差,因此液量较低;同时,因前期基质内部分水已经流入裂缝,因此基质内含水饱和度较低。因此,生产动态表现为液量、含水均明显降低。

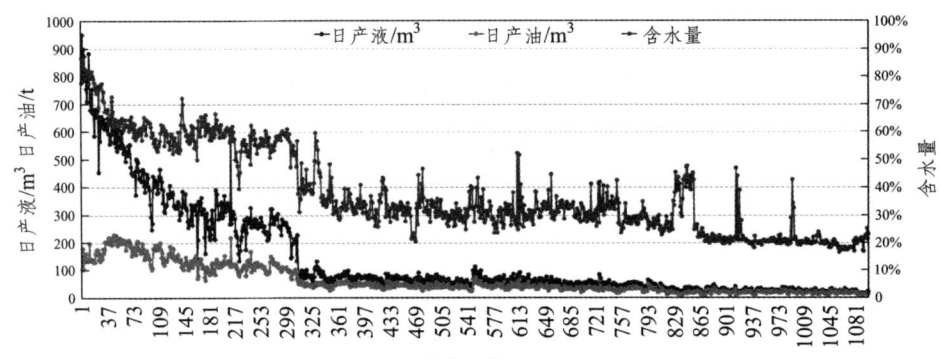

(a)黄陵探区水平井整体生产动态曲线

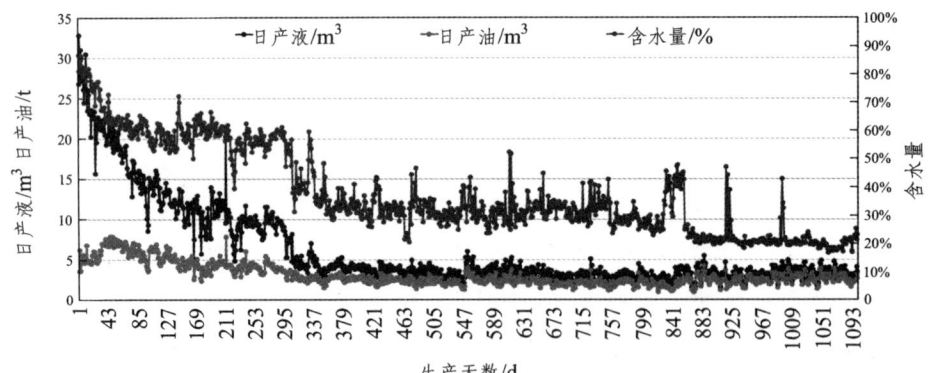

(b)黄陵探区水平井平均单井生产动态曲线

图 8.20 研究区水平井整体生产动态曲线

对水平井产量与其生产时间之间的关系进行拟合，可得到研究区水平井产量预测公式为

$$q = -1.087\ln(t) + 9.64 \tag{8.12}$$

式中　q——水平井平均单井日产油量（t/d）；

t——水平井投产后生产日期（d）。

可见在当前开发模式下，水平井投产后即以自然对数形式递减，且由此可计算得到在投产后 84 天产量即降低 50%至 4.82 t/d，投产 449 天后产量降至 3 t/d 以下。

选取研究区两口典型水平井生产动态数据进行分析，其中坳平 14 井 2014 年 9 月投产，生产时间较长；坳平 9 井 2017 年 9 月投产，生产时间较短，但就生产动态来看，这两口井生产动态均符合上述产量递减规律，如图 8.21 和图 8.22 所示。

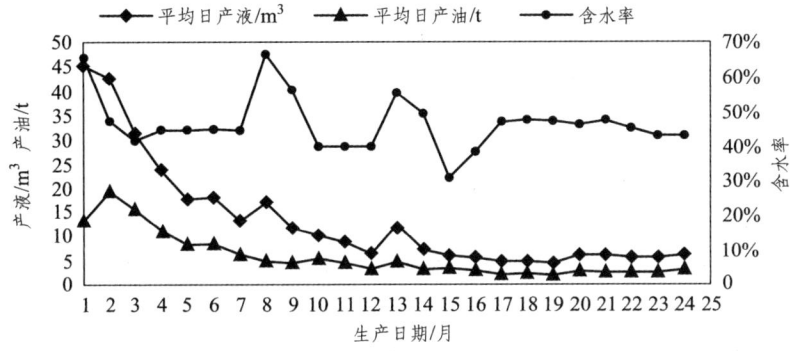

图 8.21　坳平 9 井生产动态曲线

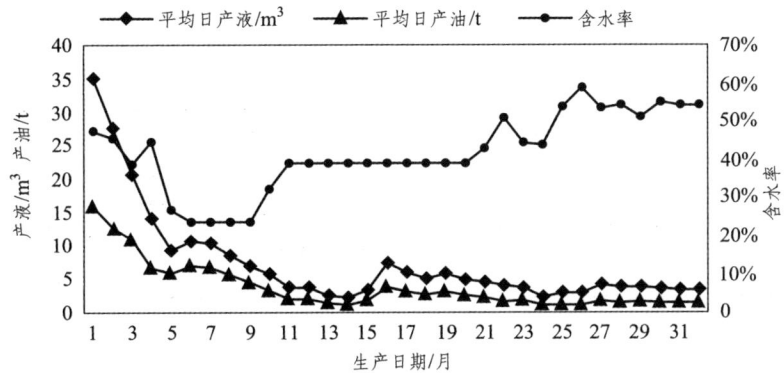

图 8.22　坳平 14 井生产动态曲线

采用区块内储量估算平均参数（有效厚度按照长 6_2、长 6_3 平均有效厚度计），通过式（8.13）计算研究区水平井单井改造体积内原始地质储量。

$$Q_0 = \frac{(l_1 + l_2) \cdot h \cdot L \cdot \Phi \cdot \rho \cdot s_o}{C} \quad (8.13)$$

式中　l_1、l_2——裂缝半长，约等于 160 m；

　　　h——长 6_2、长 6_3 平均有效厚度，取 8 m；

　　　L——水平段长度，取 1000 m；

　　　Φ——长 6_2、长 6_3 平均孔隙度，取 7.5%；

　　　ρ——长 6 原油平均密度，取 0.845 t/m³；

　　　S_o——长 6_2、长 6_3 平均含油饱和度取 47%；

　　　C——长 6 原油体积系数，取 1.198。

计算得到水平井单井改造体积内原始地质储量为 6.365×10^4 t，根据水平井生产数据统计截至 2017 年 12 月底，研究区内水平井平均单井累积采出 2065 t，改造区内采出程度仅 3.24%。

8.5.2　压力保持水平分析

油藏压力保持水平是分析地层能量最主要的指标，本文整理分析了区块内 2015、2016 两年的压力测试数据，结果如表 8.3 和图 8.23 所示。可见，无论静压测试还是压力恢复测试都表明油藏压力在逐年降低，下降速度为 0.5 MPa/a 以上。

表 8.3　研究区压力测试统计

测试类型	2015 年		2016 年		压力下降 /MPa
	井数/口	平均压力/MPa	井数/口	平均压力/MPa	
静压测试	30	3.36	15	2.84	0.52
压力恢复	10	4.15	5	3.56	0.59

第 8 章 储层质量及开发综合评价

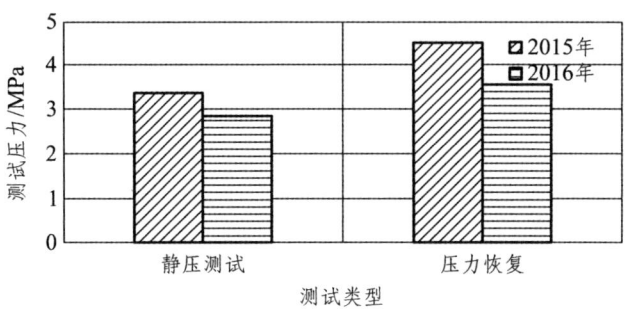

图 8.23 区块压力变化柱状图

进一步对同井压力测试资料进行分析,结果如表 8.4 和图 8.24 所示,结果与区块整体水平变化趋势一致,但由于样本数较少所以波动幅度较大。

表 8.4 区块同井压力测试统计

测试类型	井数/口	2015 平均压力/MPa	2016 平均压力/MPa	压力下降/MPa
静压测试	10	2.6	2.28	0.32
压力恢复	1	5.8	3.82	1.98

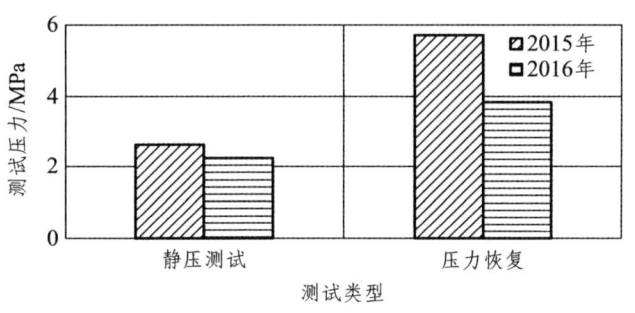

图 8.24 区块同井压力测试统计柱状图

8.5.3 水平井产量递减分析

为研究研究区水平井投产以来整个生产周期内的动态变化特征,对该区水平井动态进行按投产拉齐,得到平均单井生产动态曲线(见图 8.25),去除投产前 42 天生产不正常与从第 830 天开始井数过少等影响因素,可直观地看出产量整体下降趋势,并进一步对研究区水平井的递减方式进行分析。

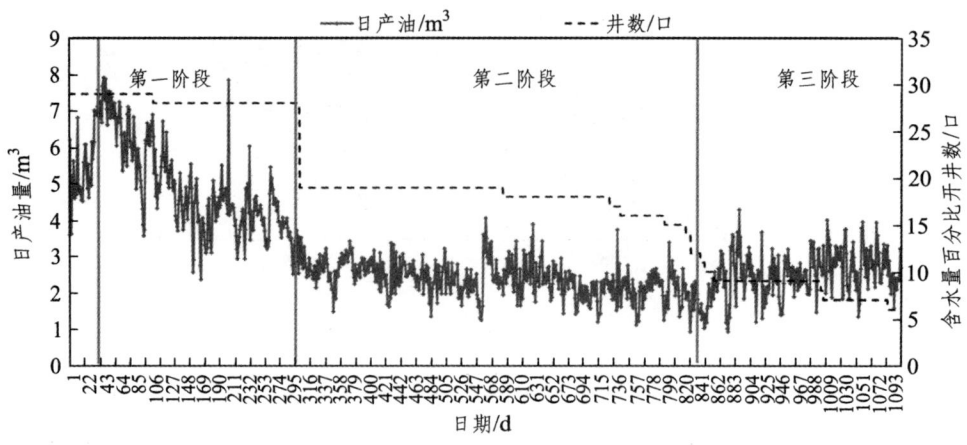

图 8.25 水平井单井平均生产动态曲线

通过对数据进行多次对比拟合，可将递减分为以下三个阶段：

（1）第一阶段，从第 43 天开始到 296 天结束，通过拟合第一阶段的产量数据，可得曲线如图 8.26 所示，此阶段生产时间与产量在半对数坐标下线性关系良好，属于指数递减。

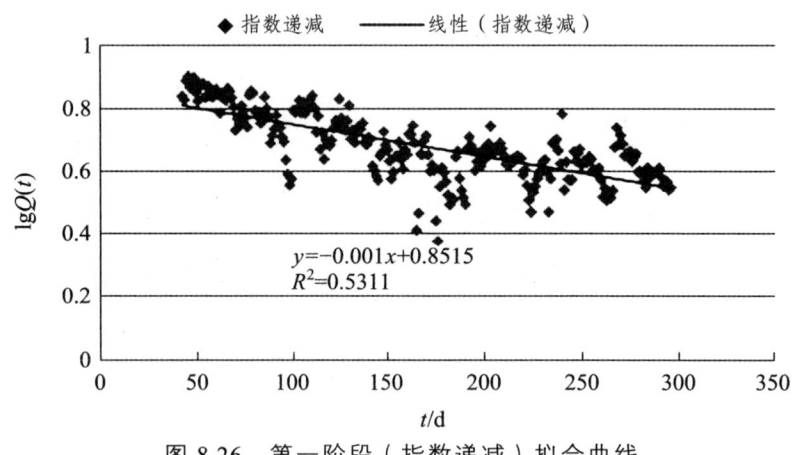

图 8.26 第一阶段（指数递减）拟合曲线

由图 8.26 可得拟合结果为

$$\lg Q(t) = -0.001x + 0.8515 \tag{8.14}$$

相关系数为 0.531 1，并计算到初始递减率 D_o=0.002 3。而对于指数递减 $D_o=D$（递减率），因此可得该阶段递减率等于 0.23%。

（2）第二阶段，从第 296 天开始到 830 天结束，属于双曲递减，n 值为 0~1，于是分别对 n 取多个值（0.1，0.2，0.4，0.6，0.8，1），可得曲线如图 8.27 所示。

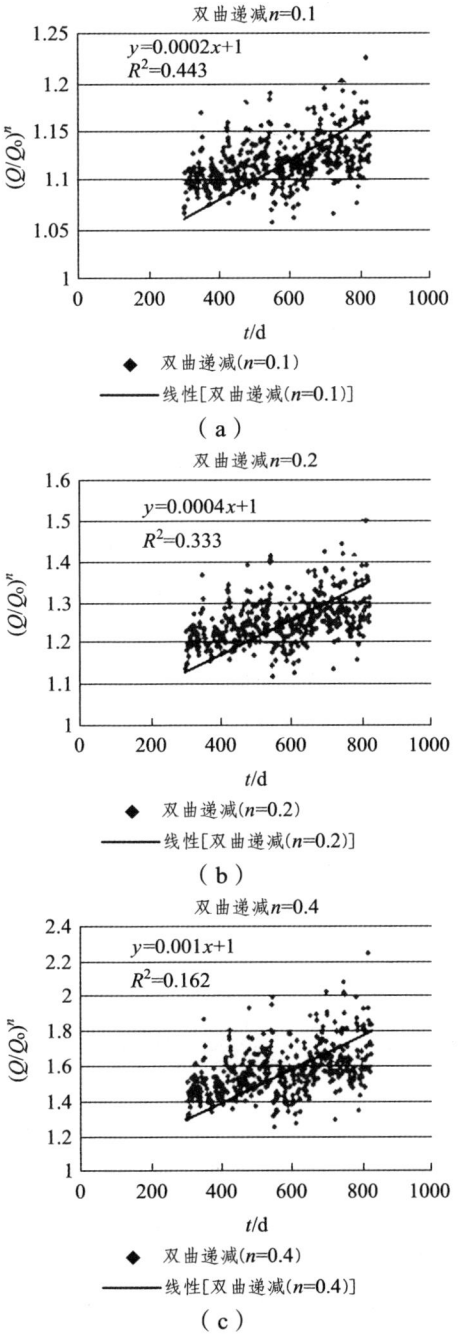

（a）

（b）

（c）

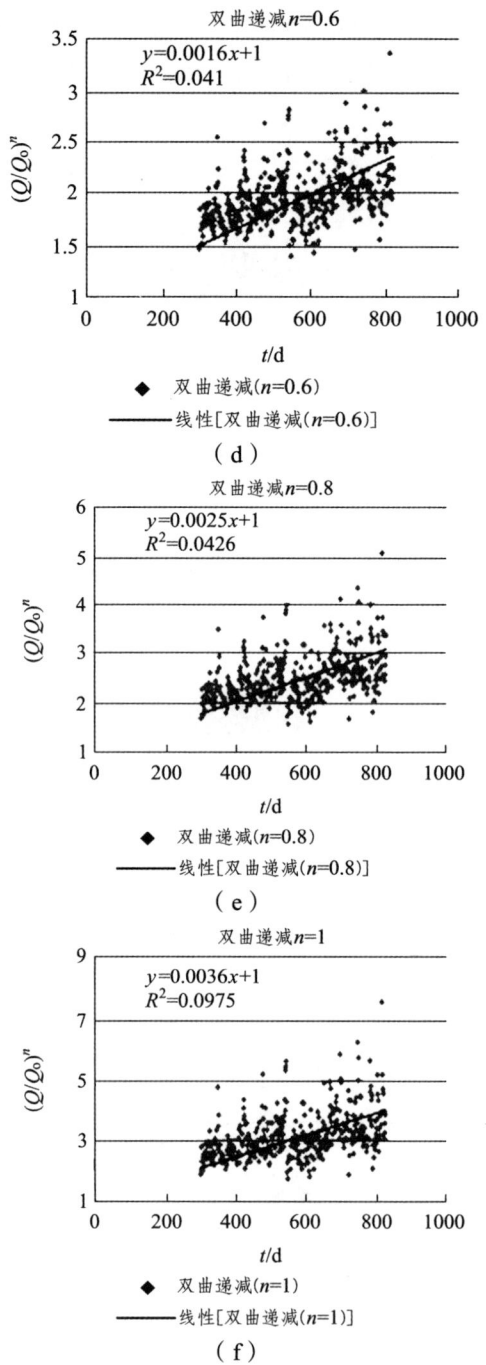

图 8.27 第二阶段（全曲递减）n 值变化拟合曲线

由图 8.27 可见，$n=1$ 左右线性相关系数最大，进一步对 $n=1$ 左右进行加密取值（$n=0.9$，$n=0.95$），寻找最佳值，如图 8.28 所示。

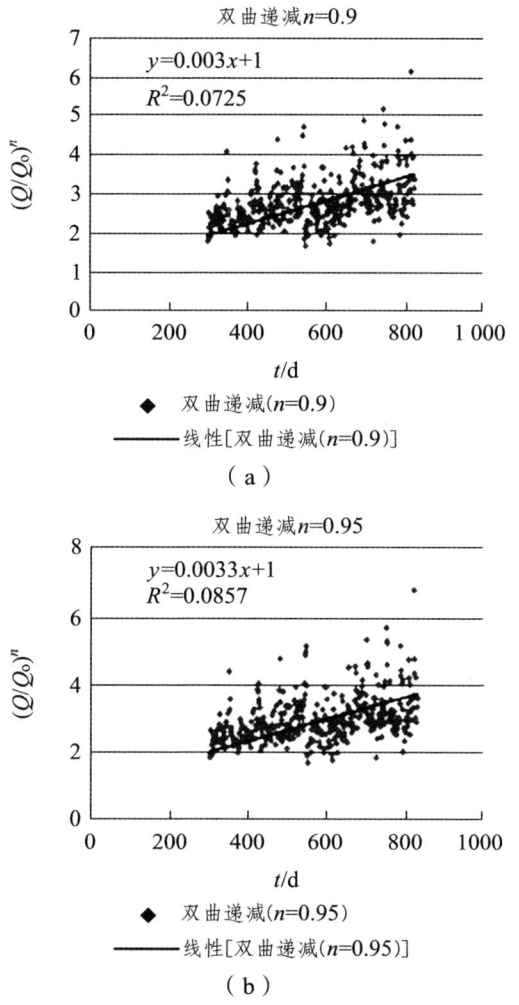

图 8.28　第二阶段（全曲递减）最佳值试凑拟合曲线

可见，当 $n=1$ 时相关系数最高，因此可得该段属于调和递减，且初始递减指数为 $D_o=0.0033$，再根据公式得该阶段的递减指数为 $D=0.0033/(1+0.0033t)$。

（3）第三阶段，从第 831 天开始到 1 100 天结束；

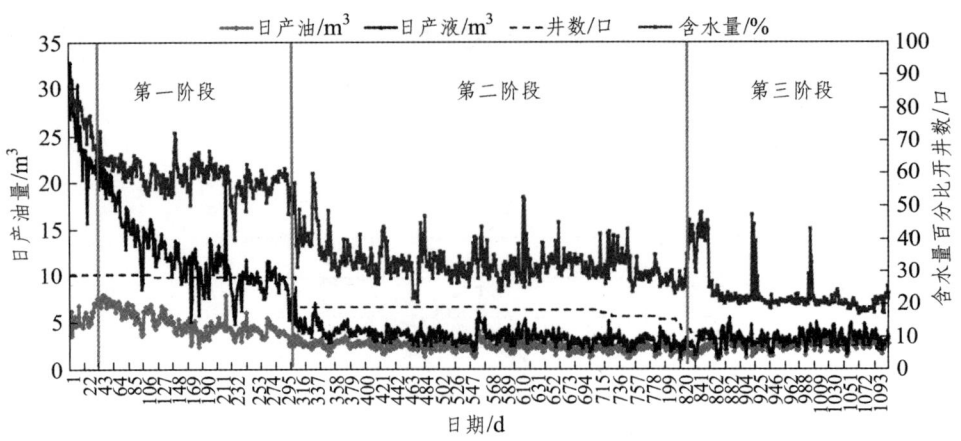

图 8.29 水平井平均单井生产动态曲线

由图 8.29 中可明显看出,从第 831 天开始的第三阶段,该段基本特征表现为产液、产油、含水率都较稳定,但其产能较低,日产油仅 2.5 t 左右。由于该阶段内开井数过少,难以较好地取得平均水平,因此对整体水平代表性较差。

8.6 水平井衰竭式开发机理及影响因素分析

8.6.1 衰竭式开发机理

水平井衰竭式开采的主要参数有早期生产时的产量和比较合适的流动压力。目前,国内外关于致密油层水平井衰竭式合理开采有两种做法,一种是国外做法,在开发早期进行大液量生产,使得早期的产量比较高,投资可以快速地回收,当然,水平井采油也会很快地进入稳定递减阶段;另外一种做法是在开采的初期保持一定的产量,使溶解气驱发挥到最大的作用,能够使开采生产的稳产期尽可能地长。

1. 衰竭式开发规律

通过了解国外长期以来在致密油层衰竭式开发的递减规律,结合长庆油田之前勘探开发的实际情况，可以将致密油水平井开发分为三个阶段，第一阶段即初期稳产阶段，主要受人工裂缝周围通过体积压裂残存的液体的影响，即压裂液未返排液起到超前注水的作用，所以，初期的稳产阶段也可以称为压裂未返排液量压力释放阶段，因此，初期稳产时间与压裂未返排液的量关系密切。第二阶段是产量快速递减阶段，在这一阶段是能量供给转化的过程，随着压裂液未返排液的减少和溶解气的增加，压裂液未返排液驱逐渐向溶解气驱转化。第三阶段属于稳定递减阶段，能量供给形式是溶解气驱，因此，这一阶段也就可以称作地层供液阶段。

2. 水平井衰竭式开采驱动方式

（1）压裂液弹性驱：当累积产液量小于压裂液未返排液量时，驱替方式为弹性压裂液驱。

（2）岩石和流体弹性驱：当累积产液量大于压裂液未返排液量时，驱替方式为岩石和流体弹性驱。

（3）溶解气驱：当水平井井底压力低于饱和压力，原油在地层中产生脱气时，驱替方式表现为溶解气驱。

因此，要使初期的稳产时间延长，应保持合理的地层压力，延长弹性驱阶段，避免溶解气驱过早的出现，是水平井衰竭式开采长期稳产的关键。

8.6.2 衰竭式开发影响因素分析

1. 改造工艺

增大改造体积、提高裂缝接触面积是致密油提高单井产量、确保长期稳产的关键，改造体积越大，初始产能就越高。增加入地液量可大幅度提高裂缝的改造体积，研究区通过"水平井+体积压裂"大幅提高了裂缝与储层的总接触面积。从研究区井下微地震的监测结果来看，入地液量与裂缝带长度均较大，保证了研究区水平井初期的生产能力。研究区压裂入地液量与裂缝带长度统计如图8.30所示。

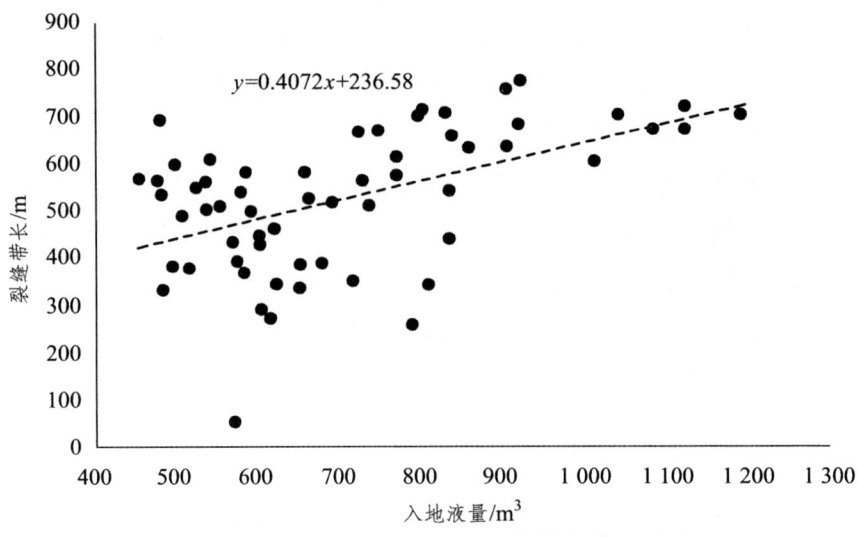

图 8.30　研究区压裂入地液量与裂缝带长度统计散点图

增大排量有利于复杂裂缝的形成。理论计算及压力拟合数值模拟表明，排量增加可提高缝内净压力，易使天然裂缝开启沟通。井下微地震监测表明，提高压裂施工排量，压裂缝带宽和改造体积不断提高。水力桥塞分段多簇压裂更利于形成复杂裂缝。水力泵送桥塞分段多簇压裂工艺具有压裂排量高、射孔簇数多的优势，形成的裂缝长而宽，改造范围更大。现场监测结果显示，通过增加簇数、提高排量，水力桥塞分段多簇压裂裂缝带宽同比增加 50~60 m。

2. 驱动能量

准自然能量开发模式的驱动能量由压裂液弹性驱、岩石流体弹性驱和溶解气驱构成，不同能量的释放时机影响了产能的变化规律。分析研究区水平井的生产规律，按照不同的驱替方式将生产阶段分为如下 3 段（见图 8.31）：

（1）压裂液弹性驱阶段，其为自投产起至 A 点，该段累计产液量小于存地液量，至 A 点时两者相等，该段主要为压裂液提供驱替能量；

（2）岩石和流体弹性驱阶段，其为自 A 点至 B 点，该段累计产液量已超出存地液量，至 B 点时井底压力接近饱和压力，原油开始脱气；

（3）溶解气驱阶段为自 B 点之后，生产井井底压力低于饱和压力，原油在地层中产生脱气，该段主要为溶解气提供驱替能量。

第 8 章 储层质量及开发综合评价

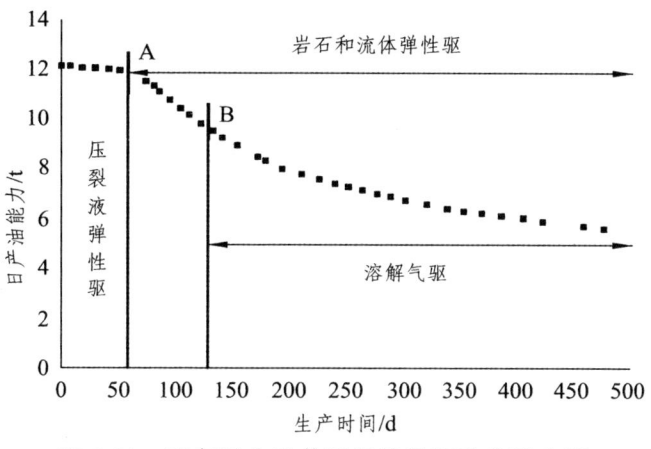

图 8.31 研究区水平井不同阶段驱动类型分析

采用合理的地层能量保持水平可抑制和推迟溶解气驱的出现，确保驱替能量的有序释放，对于致密油准自然能量水平井的长期稳产意义重大。若长期采用较大生产参数衰竭式开发，易导致在压裂液弹性驱阶段结束前就开始了溶解气驱。溶解气驱开始后，随着溶解气从原油中析出，使原油黏度增加，压缩系数减小，对流体弹性能的发挥起到了限制作用，产量迅速下降。由此可见，为了保障研究区长期稳产，并使油藏流体保持在较好的流动状态，需及时补充地层能量，防止溶解气的过度析出导致流体黏度受到不可逆的增加而对区块的长期稳产造成更大的困难。

3. 流体性质

地层流体性质也是试验区水平井高产稳产的重要因素。原油高压物性测试表明，溶解气油比、地层原油黏度及压缩系数等原油物性参数较好的流体性质条件，也是增加原油产量以及长期稳产的有利辅助因素。保持合理的水平井初期产量，避免溶解气驱过早出现，可使水平井保持稳产，提高累计产量。根据相关研究及矿产实践经验，初期稳产阶段生产流压略大于饱和压力，递减较快阶段生产流压略低于饱和压力，稳定递减阶段生产流压保持不低于饱和压力的 80%，此时流体性质变化较小，溶解气析出、散逸程度较小。

参考文献

[1] 蒋凌志,顾家裕,郭彬程. 中国含油气盆地碎屑岩低渗透储层的特征及形成机理[J]. 沉积学报,2004,22(1):13-19.

[2] WATTSR. Objectives of the U. S. DOE's research[J]. The Leaing Edge,1996, 15:906.

[3] 唐海发,彭仕宓,赵彦超. 大牛地气田盒2+3段致密砂岩储层微观孔隙结构特征及其分类评价[J]. 矿物岩石,2006,26(3):107-113.

[4] 胡宗全. 致密裂缝性碎屑岩储层描述、评价与预测[M]. 北京:石油工业出版社,2005:1-7.

[5] 唐海发,彭仕宓,赵彦超,等. 致密砂岩储层物性的主控因素分析[J]. 西安石油大学学报(自然科学版),2007,22(1):59-63.

[6] BATESCR, PHILLIPS DR, GRIMMR. etal. The seismic evaluation of a naturally fractured tight gas sand reservoir in the Wind River Basin, Wyoming[J]. Petrole μm Geoscience, Petrole μm Geoscience,2001,7:35-44.

[7] READING H G,田书文. 沉积相[J]. 国外前寒武纪地质,1981,2:004.

[8] 曹国强. 柴达木盆地西部地区第三系沉积相研究[D]. 中国科学院广州地球化学研究所,2004.

[9] 姜在兴. 沉积学[M]. 北京:石油工业出版社,2001:257-468.

[10] 陈友飞. 沉积相研究及其若干理论[J]. 福建师范大学学报,1998:112-118.

[11] 赵澄林,季汉成. 现代沉积[M]. 北京:石油工业出版社,1997:5-6.

[12] 张尚锋,张昌民,尹太举,等. 中国沉积学研究进展——第五届全国沉积学大会综述[J]. 石油天然气学报,2013,35(12):18-24.

[13] 刘宝珺，韩作振，杨仁超. 当代沉积学研究进展、前瞻与思考[J]. 特种油气藏，2006，13（5）：1-3.

[14] 鲜本忠，朱筱敏，岳大力，等. 沉积学研究热点与进展:第19届国际沉积学大会综述[J]. 古地理学报，2014，16（6）:816-826.

[15] Catuneanu O. Principles of sequence stratigraphy[M]. Elsevier, 2006. 1-50.

[16] 邓宏文. 美国层序地层研究中的新学派——高分辨率层序地层学[J]. 石油与天然气地质，1995，16（2）：89-97.

[17] Lamers and Carmichael SMM. The Paleocene deepwater sandstoneplay West of Shetland[C]. Geological Society, London, Petrole μm Geology Conference series. Geological Society of London, 1999, 5:645-659.

[18] SMALLWOOD J R, GILL C E. The rise and fall of the Faroe-Shetland Basin:evidence from seismic mapping of the Balder Formation[J]. Journal of the Geological Society, 2002, 159（6）:627-630.

[19] CARTWRIGHT J, HUUSE M. 3D seismic technology:the geological 'Hubble'[J]. Basin Research, 2005, 17（1）:1-20.

[20] 刘保国，刘力辉. 实用地震沉积学在沉积相分析中的应用[J]. 石油物探，2008，47（3）:266-271.

[21] MARTIN-PUERTAS C, MATTHES K, BRAUER A, etal. Regional atmospheric circulation shifts induced by a grand solar minim μm[J]. Nature Geoscience, 2012, 5（6）:397-401.

[22] ZENG H, BACKUS M M, BARROW K T, etal. Stratal slicing, part Ⅰ:realistic 3-D seismic model[J]. Geophysics, 1998, 63（2）:502-513.

[23] ZENG H, HENRY S C, RIOLA J P. Stratal slicing, part Ⅱ:Real 3-D seismic data[J]. Geophysics, 1998, 63（2）:514-522.

[24] ZENG H, HENTZ T F. High-frequency sequence stratigraphy from seismic sedimentology:Applied to Miocene, Vermilion Block 50, Tiger Shoal area, offshore Louisiana[J]. AAPG bulletin, 2004, 88（2）:153-174.

[25] 曾洪流. 地震沉积学在中国：回顾和展望[J]. 沉积学报，2011，29（3）：

417-426.

[26] 林正良，王华，李红敬，等. 地震沉积学研究现状及进展综述[J]. 地质科技情报，2009（5）:131-137.

[27] 李斌，宋岩，何玉萍，等. 地震沉积学探讨及应用[J]. 地质学报，2009，83（6）:820-826.

[28] POSAMENTIER H W. Seismic geomorphology and depositional systems of deep water environments;observations from offshore Nigeria，Gulf of Mexico and Indonesia[C]. 64 th EAGE Conference & Exhibition. 2002.

[29] POSAMENTIER H W. Seismic geomorphology and stratigraphy of depositional elements in deep-water settings[J]. Journal of Sedimentary Research，2003，73（3）:367-388.

[30] POSAMENTIER H W. Seismic geomorphology:imaging elements of depositional systems from shelf to deep basin using 3D seismic data:implications for exploration and development[J]. Geological Society，London，Memoirs，2004，29（1）:11-24.

[31] FOLK R L. Petrology of sedimentary rocks[M]. Hemphill Publishing Company, 1980：1-160.

[32] MIALL A D. The geology of fluvial deposits[M]. Berlin:Springer Verlag，1996：1-100.

[33] MIALL A D. Stratigraphic sequence and their chronstratigraphic correlation[J]. Journal of Sedimentary Research，1991，61（4）.

[34] ENGE H D， HOWELL J A，BUCKLEY SJ. The geometry and internal architecture of stream mouth bars in the Panther Tongue and the Ferron Sandstone Members，Utah，USA[J]. Journal of Sedimentary Research，2010，80（11）:1018-1031.

[35] CENTELLI A，PIRMEZ C，JOHNSON S，ETAL. Morphodynamic and stratigraphic evolution of self-channelized subaqueous fans emplaced by turbidity currents[J]. Journal of Sedimentary Research，2011，81（3）:233-247.

[36] OLARIU C, BHATTACHARYA J P. Terminal distributary channels and delta front architecture of river-dominated delta systems[J]. Journal of Sedimentary Research, 2006, 76（2）:212-233.

[37] READING H G. Sedimentary Environments and Facies[M]. 1986: 1-100.

[38] READING H G. Sedimentary environments:processes, facies and stratigraphy[M]. John Wiley & Sons, 2009, 1-103.

[39] READING H G, RICHARDS M. Turbidite systems in deep-water basin margins classified by grain size and feeder system[J]. AAPG bulletin, 1994, 78（5）:792-822.

[40] HESSE R I, READING H G. Subaqueous elastic fissure eruptions and other examples of sedimentary transposition in the lacustrine Horton Bluff Formation（Mississippian）, Nova Scotia, Canada[J]. Lake Sediments（Special Publication 2 of the IAS）, 2009, 104:241.

[41] JOHNSON H D, LEVELL B K. Sedimentology of a transgressive, estuarine sand complex: the Lower Cretaceous Woburn Sands（Lower Greensand）, southern England[J]. Sedimentary Facies Analysis:a Tribute to the Research and Teaching of Harold G. Reading, 1995: 17-46.

[42] OLAVSDOTTIR J, BOLDREEL L O, ANDERSEN M S. Development of a shelf margin delta due to uplift of Munkagrunnur Ridge at the margin of Faroe-Shetland Basin:a seismic sequence stratigraphic study[J]. Petrole μm Geoscience, 2010, 16（2）:91-103.

[43] SHURR G W, RIDGLEY J L. Unconventional shallow biogenic gas systems[J]. AAPG bulletin, 2002, 86（11）:1939-1969.

[44] SPENCER J R, LEBOFSKY L A, SYKES M V. Systematic biases in radiometric diameter determinations[J]. Icarus, 1989, 78（2）:337-354.

[45] 郭永奇, 铁成军. 巴肯致密油特征研究及对我国致密油勘探开发的启示[J]. 辽宁化工, 2013, 42（3）:309-312.

[46] HOLDITCH S A. Tight gas sands[J]. Journal of Petrole μm Technology, 2006, 58（6）: 86-93.

[47] 周家尧，关德师. 煤储集层特征[J]. 天然气工业，1995，15（5）:6-11.

[48] 许化政. 东濮凹陷致密砂岩气藏特征的研究[J]. 石油学报，1991，12（1）:1-8.

[49] 杨晓宁，张惠良，朱国华. 致密砂岩的形成机制及其地质意义——以塔里木盆地英南2井为例[J]. 海相油气地质，2005，10（1）:31-36.

[50] 刘吉余，马志欣，孙淑艳. 致密含气砂岩研究现状及发展展望[J]. 天然气地球科学，2008，19（3）:316-319.

[51] 张哨楠. 致密天然气砂岩储层:成因和讨论[J]. 石油与天然气地质，2008，29（1）: 1-10.

[52] 于兴河. 碎屑岩系油气储层沉积学[M]. 北京:石油工业出版社，2002：1-38.

[53] LOUCKS R G，REED R M，RUPPEL S C，etal. Morphology, genesis, and distribution of nanometer-scale pores in siliceous mudstones of the Mississippian Barnett Shale[J]. Journal of Sedimentary Research， 2009，79（12）:848-861.

[54] 尤源，牛小兵，辛红刚，等. 国外致密油储层微观孔隙结构研究及其对鄂尔多斯盆地的启示[J]. 石油科技论坛，2013（1）:12-18.

[55] DESBOIS G， URAI J L， KUKLA P A， etal. High-resolution 3D fabric and porosity model in a tight gas sandstone reservoir:a new approach to investigate microstructures from mm-to-nm-scale combining argon beam cross-sectioning and SEM imaging[J]. Journal of Petrole μm Science and Engineering，2011，78（2）:243-257.

[56] CAINENG Z， ZHI Y， SHIZHEN T， ETAL. Nano-hydrocarbon and the acc μmulation in coexisting source and reservoir[J]. Petrole μm Exploration and Development，2012，39（1）:15-32.

[57] NELSON P H. Pore-throat sizes in sandstones, tight sandstones, and shales[J]. AAPG buttetin，2009，93（3）:329-340.

[58] 张人雄，邓志展，毛中源，等. 焉耆盆地宝浪油田低孔低渗储集层孔隙结构特征[J]. 新疆石油地质，1998，19（6）:485-489.

[59] 于德利. 扫描电镜在砂岩孔隙铸体上的应用[J]. 电子显微学报，2003，22（6）:639-640.

[60] SOK R M， VARSLOT T，GHOUS A，etal. Pore scale characterization of carbonates at multiple scales: Integraion of micro-CT，BSEM，FIBSEM[J]. Petrophysics，2010，551（6）：379.

[61] 白斌，朱如凯，吴松涛，等. 利用多尺度CT成像表征致密砂岩微观孔喉结构[J]. 石油勘探与开发，2013，03:329-333.

[62] AMS C H， BAUGET F, GHOUS A, etal. Digital core laboratory: Petrophysical analysis from 3D imaging of reservoir core fragments[J]. Petrophysics, 2005, 46（4）:260-277.

[63] LATHAM S， VARSLOT T， SHEPPARD A. Image registration:enhancing and calibratingX-ray micro-CT imaging[C]. Proceedings of the International Symposi μm of the Society of Core Analysts，Abu Dhabi，UAE，October. 2008，29:35.

[64] 于俊波，郭殿军，王新强. 基于恒速压汞技术的低渗透储层物性特征[J]. 大庆石油学院学报，2006，30（2）:22-25.

[65] 王为民，孙佃庆，苗盛. 核磁共振测井基础实验研究[J]. 测井技术，1997，21（6）:385-392.

[66] 王为民，赵规，谷长春，等. 核磁共振岩屑分析技术的实验及应用研究[J]. 石油勘探与开发，2005，32（1）:56-59.

[67] 吴小斌，侯加根，孙卫. 特低渗砂岩储层微观结构及孔隙演化定量分析[J]. 中南大学学报（自然科学版），2011，42（11）：3438-3446.

[68] RIEPE L， SUHAIMI M H， K UMAR M, etal. Application of high resolution Micro-CT imaging and pore network modeling（PNM）for the petrophysical characterization of tight gas reservoirs-a case history from a deep clastic tight gas reservoir in oman [C]. Paper SPE-142472，presented at the SPE Middle East Unconventional Gas Conference and Exhibition，Muscat, Oman. 2011， 31.

[69] BUTCHER A R, HELMS T, GOTTLIEB P. Advances in the quantification

of gold deportment by QEMSCAN[C]. Seventh Mill Operators' Conference. The Australasian Inst. of Mining & Metallurgy, 2000（7）:267-271.

[70] 郭艳琴, 李文厚, 陈全红, 等. 鄂尔多斯盆地安塞-富县地区延长组-延安组原油地球化学特征及油源对比[J]. 石油与天然气地质, 2006, 27 (2):218-224.

[71] NELSON P H. Pore-throat sizes in sandstones, tight sandstones, and shales[J]. AAPG bulletin, 2009, 93（3）:329-340.

[72] SOEDER D J, RANDOLPH P L. Porosity, permeability, and pore structure of the tight Mesaverde Sandstone, Piceance Basin, Colorado[J]. SPE Formation Evalution, 1987, 2（2）: 129-136.

[73] SHUICHANG Z, JINGKUI M, LIUHONG L, etal. Geological features and formation of coal-formed tight sandstone gas pools in China:Cases from Upper Paleozoic gas pools, Ordos Basin and Xujiahe Formation gas pools, Sichuan Basin[J]. Petrole μm Exploration and Development, 2009, 36（3）:320-330.

[74] WARPINSKI N R, BRANAGAN P T, SATTLER A R, etal. Case study of a stimulation experiment in a fluvial, tight-sandstone gas reservoir[J]. SPE Production Engineering, 1990, 5（4）:403-410.

[75] JINXING DAI, YUNYAN NI, XIAOQI WU. Tight gas in China and its significance in exploration and exploitation[J]. Petrole μm Exploration and Development, 2012, 39（3）: 277-284.

[76] HUA Y, JINHUA F, XINSHE L, etal. Acc μmulation conditions and exploration and development of tight gas in the Upper Paleozoic of the Ordos Basin[J]. Petrole μm Exploration and Development, 2012, 39（3）: 315-324.

[77] ZHENGXIANG L, SIBING L. Ultra-tight sandstone diagenesis and mechanism for the formation of relatively high-quality reservoir of Xujiahe Group in western Sichuan [J]. Acta Petrologica Sinica, 2009, 25 （10）:2373-2383.

[78] WARPINSKI N R, WALTMAN C K, WEIJERS L. An Evaluation of Microseismic Monitoring of Lenticular Tight-Sandstone Stimulations[J]. SPE Production and Operations, 2010, 25（4）:498.

[79] ZENG L. Microfracturing in the Upper Triassic Sichuan Basin tight-gas sandstones:Tectonic, overpressure, and diagenetic origins[J]. AAPG bulletin, 2010, 94（12）:1811-1825.

[80] WESCOTT W A. Diagenesis of Cotton Valley sandstone（Upper Jurassic）, east Texas:implication for tight gas formation pay recognition[J]. AAPG Bulletin, 1983, 67（6）:1002-1013.

[81] THIRY M, MARECHAL B. Development of tightly cemented sandstone lenses in uncemented sand:example of the Fontainebleau Sand（Oligocene） in the Pairs Basin[J]. Journal of Sedimentary Research, 2001, 71（3）:473-483.

[82] MAAST T E, JAHREN J, BJORLYKKE K. Diagenetic controls on reservoir quality in Middle to Upper Jurassic sandstones in the South Vikinf Graben, North Sea[J]. AAPG bulletin, 2011, 95（11）:1937-1958.

[83] 梅梓,秦启荣,王时林. 巴喀西山窑组致密砂岩储层特征及主控因素[J]. 吐哈油气, 2012（2）: 101-105.

[84] TRENDELL A M, ATCHLEY S C, NORDT L C. Depositional and diagenetic controls on reservoir attributes within a fluvial outcrop analog:Upper Triassic Sonsela member of the Chinle Formation, Petrified Forest National Park, Arizona[J]. AAPG bulletin, 2012, 96（4）:679-707.

[85] 潘晓添,郑荣才,文华国,等. 准噶尔盆地乌尔禾地区风城组云质致密油储层特征[J]. 成都理工大学学报(自然科学版),2013,40(3):315-325.

[86] 刘焕,彭军,李丽娟,等. 川西坳陷中段钙屑砂岩储层特征及主控因素[J]. 岩性油气藏, 2012, 24（2）.

[87] MORK MBE. Diagenesis and quartz cement distribution of low-permeability Upper Triassic-Middle Jurassic reservoir sandstones, Longyearbyen CO_2 lab well site in Svalbard, Norway[J]. AAPG bulletin,

2013, 97 (4):577-596.

[88] 刘明洁, 刘震, 刘静静, 等. 砂岩储集层致密与成藏耦合关系——以鄂尔多斯盆地西峰-安塞地区延长组为例[J]. 石油勘探与开发, 2014-41 (2): 168-175.

[89] 李思田, 程守田, 杨世恭, 等. 鄂尔多斯盆地东北部层序地层及沉积体系分析: 侏罗系富煤单元的形成、分布及预测基础[M]. 北京: 地质出版社, 1992:10.

[90] 刘少峰, 杨士恭. 鄂尔多斯盆地西缘南北差异及其形成机制[J]. 地质科学, 1997, 32 (3): 397-408.

[91] 李思田, 卢宗盛, 焦养泉, 等. 含能源盆地沉积体系: 中国内陆和近海主要沉积体系类型的典型分析[M]. 武汉:中国地质大学出版社, 1996:69.

[92] 邓秀芹, 蔺昉晓, 刘显阳, 等. 鄂尔多斯盆地三叠系延长组沉积演化及其与早印支运动关系的探讨[J]. 古地理学报, 2008, 10 (2): 159-166.

[93] 王昌勇, 郑荣才, 李忠权, 等. 鄂尔多斯盆地姬塬油田长8油层组岩性油藏特征[J]. 地质科技情报, 2010, 29 (3): 69-74.

[94] 王峰, 田景春, 范立勇, 等. 鄂尔多斯盆地三叠系延长组沉积充填演化及其对印支构造运动的响应[J]. 天然气地球科学, 2010 (6): 882-889.

[95] 邓秀芹, 罗安湘, 张忠义, 等. 秦峰造山带与鄂尔多斯盆地印支期构造事件年代学对比[J]. 沉积学报, 2013, 31 (6).

[96] 李思田, 潘元林, 陆永潮, 等. 断陷湖盆隐蔽油藏预测及勘探的关键技术——高精度地震探测基础上的层序地层学研究[J]. 地球科学, 2002, 27 (5): 592-599.

[97] 陈波, 潘仁芳, 郭甲世. 鄂尔多斯盆地中部三叠系延长组层序地层学探讨[J]. 江汉石油学院学报, 1996, 18 (3): 19-24.

[98] 李凤杰, 王多云, 张庆龙, 等. 鄂尔多斯盆地陇东地区延长组沉积相特征与层序地层分析[J]. 沉积学报, 2006, 24 (4): 549-554.

[99] 曹红霞, 李文厚, 陈全红, 等. 鄂尔多斯盆地宜川地区延长组层序地层研究[J]. 西北大学学报（自然科学版）, 2007, 37 (4): 621-625.

[100] 张天舒，吴因业，郭彬程，等. 鄂尔多斯盆地西南缘晚三叠世前陆冲断活动控制的沉积层序特征[J]. 地学前缘，2012，19（1）：40-50.

[101] 陈飞，胡光义，孙立春，等. 鄂尔多斯盆地南部上三叠统延长组层序地层格架内沉积相特征与演化[J]. 古地理学报，2012，14（3）：321-330.

[102] 党犇，赵虹，李文厚，等. 鄂尔多斯盆地陕北地区上三叠统延长组不同级次层序界面的识别[J]. 中国地质，2007，34（3）：414-421.

[103] 李巧杰，王多云. 鄂尔多斯盆地西峰油田延长组高分辨率层序地层学研究[J]. 天然气地球科学，2006，17（3）：339-344.

[104] 倪新锋，陈洪德，韦东晓. 鄂尔多斯盆地三叠系延长组层序地层格架与油气勘探[J]. 中国地质，2007，34（1）.

[105] 王居峰，郭彦如，张延玲，等. 鄂尔多斯盆地三叠系延长组层序地层格架与沉积相构成[J]. 现代地质，2009，23（5）：803-808.

[106] 赵俊兴，申赵军，李良，等. 大型内陆拗陷湖盆层序结构充填特征及其分布规律-以鄂尔多斯盆地延长组为例[J]. 岩石学报，2011，27（8）：2318-2326.

[107] 王力，崔攀峰. 鄂尔多斯盆地西峰油田长8沉积相研究[J]. 西安石油学院学报（自然科学版），2003，18（6）：26-30.

[108] 杨友运. 鄂尔多斯盆地南部延长组沉积体系和层序特征[J]. 地质通报，2005，24（4）：369-372.

[109] 罗静兰，史成恩，李博，等. 鄂尔多斯盆地周缘及西峰地区延长组长8、长6沉积物源——来自岩石地球化学的证据[J]. 中国科学（D辑：地球科学），2007，37（A01）：62-72.

[110] 杨斌虎，白海强，戴亚权，等. 鄂尔多斯盆地庆阳地区晚三叠世延长期长8沉积期物源与沉积体系研究[J]. 古地理学报，2008，10（3）：251-259.

[111] 刁帆，文志刚，邹华耀，等. 鄂尔多斯盆地陇东地区长8油层组浅水三角洲沉积特征[J]. 地球科学（中国地质大学学报），2013，38（6）.

[112] 孙致学，孙治雷，鲁洪江，等. 砂岩储集层中碳酸盐胶结物特征——以鄂尔多斯盆地中南部延长组为例[J]. 石油勘探与开发，2010，05:543-551.

[113] 高辉，任国富，穆谦益. 鄂尔多斯盆地延长组特低渗透砂岩微观孔喉特征的定量评价[J]. 岩石力学与工程学报，2013，S2:3116-3122.

[114] 夏青松，田景春，张锦泉，等. 鄂尔多斯盆地陇东地区三叠系延长组长6—长8储层评价及有利区带预测[J]. 油气地质与采收率，2003，10(4):11-13.

[115] 钟大康，周立建，孙海涛，等. 储层岩石学特征对成岩作用及孔隙发育的影响——以鄂尔多斯盆地陇东地区三叠系延长组为例[J]. 石油与天然气地质，2012，33(6):890-899.

[116] 张纪智，陈世加，肖艳，等. 鄂尔多斯盆地华庆地区长8致密砂岩储层特征及其成因[J]. 石油与天然气地质，2013，34(5):679-684.

[117] 高辉，解伟，杨建鹏，等. 基于恒速压汞技术的特低——超低渗砂岩储层微观孔喉特征[J]. 石油实验地质，2011，33(2):206-211.

[118] 刘嘉，岩矿分析和测试技术的发展和趋势[J]. 黑龙江科技信息，2016(18):71-72.

[119] 祖振杰，叶松. 纵观近代岩矿测试分析技术[J]. 地学前缘，1994(Z1):188-192.